省域生态文明建设的理论及实践研究

刘忠超　著

中国财经出版传媒集团

经济科学出版社
Economic Science Press

图书在版编目（CIP）数据

省域生态文明建设的理论及实践研究／刘忠超著．
—北京：经济科学出版社，2018.12
ISBN 978 - 7 - 5218 - 0103 - 3

Ⅰ. ①省… Ⅱ. ①刘… Ⅲ. ①生态环境建设 - 研
究 - 广西 Ⅳ. ①X321. 267

中国版本图书馆 CIP 数据核字（2018）第 292222 号

责任编辑：白留杰
责任校对：王肖楠
责任印制：李 鹏

省域生态文明建设的理论及实践研究
刘忠超 著
经济科学出版社出版、发行 新华书店经销
社址：北京市海淀区阜成路甲 28 号 邮编：100142
教材分社电话：010 - 88191309 发行部电话：010 - 88191522
网址：www. esp. com. cn
电子邮件：bailiujie518@126. com
天猫网店：经济科学出版社旗舰店
网址：http://jjkxcbs. tmall. com
北京密兴印刷有限公司印装
710×1000 16 开 18.25 印张 260000 字
2018 年 12 月第 1 版 2018 年 12 月第 1 次印刷
ISBN 978 - 7 - 5218 - 0103 - 3 定价：54.00 元
（图书出现印装问题，本社负责调换。电话：010 - 88191510）
（版权所有 侵权必究 打击盗版 举报热线：010 - 88191661
QQ：2242791300 营销中心电话：010 - 88191537
电子邮箱：dbts@esp. com. cn）

前　言

改革开放之后，我国经历了数十年的高速发展时期，经济实力有了极大增强，国民生活水平也有了显著提高，这些都是我国经济发展所取得的巨大成果。然而，我国在经济高速发展的过程当中也付出了沉重的代价，其中最为显著的就是资源消耗的不断增加，环境污染的日益扩散，以及生态系统的整体失衡。环境污染和生态破坏不仅严重威胁到我国民众的身心健康，并且抵消了我国经济发展的很大一部分成果，在很大程度上降低了我国经济发展的整体效益。

我国经济发展面临的形势十分严峻，究其原因，是因为我国在经济发展的过程当中基本忽视了环境成本和生态代价，片面追求经济发展的速度和规模，经过了几十年的累积之后，如今环境污染和生态破坏已经成为制约我国经济可持续发展的首要障碍。因此，彻底改变我国传统的经济发展模式，使我国经济走上一条可持续发展的绿色健康道路，是21世纪我国面临的严峻挑战与重大机遇。

生态文明是迄今为止人类文明发展的最高阶段，生态文明以可持续发展思想为指导，生态文明追求的是人类与自然的和谐相处，从而保证人类社会实现可持续发展的终极目标。和传统文明一样，经济增长同样是保障生态文明建设及发展的核心动力，生态文明理念下的经济发展，就是要构建一种全新的可持续性的经济发展形态，避免传统经济发展模式的弊端，为生态文明建设提供持久的动力支持。

生态文明作为我国未来的长期发展战略，不能仅仅停留在理论层面，生态文明必须参与我国经济及社会发展的具体实践。综合我国的传统文化，社会结构，政治体制，经济发展等多方面的因素，生态文明在我国最为主要的实践形式就是建设生态省，省域范围内的生态文明建设也就是生态省建设。

和生态文明一样，促进经济发展同样是生态省建设的主要任务之一，生态省实质上就是生态经济省，生态省建设的关键之处就在于省域范围内经济发展模式的转型，这是生态省的基本内涵。而在众多的经济形式当中，绿色经济与生态文明的发展理念最为符合，能够最为全面地体现生态文明蕴涵的可持续发展宗旨。同时，绿色经济也能够为生态省建设提供强大的经济动力，因此，绿色经济是生态省建设的最佳经济模式，生态省建设的关键就是要在省域范围内构建绿色经济的发展模式。

自 1999 年海南省率先在国内开展生态省建设的实践以来，迄今为止我国已有超过半数的省份相继提出了生态省建设的口号，并且大多数省份也都已经制定了详尽的生态省建设纲要。我国生态省建设已经形成了一股时代的潮流，并且也已取得了一定的效果，在一定程度上促进了我国省域范围内的经济发展，同时改善了省域范围内的环境质量。但是，就我国现阶段生态省建设的整体情况而言，依旧存在着一些明显的缺陷和不足之处，主要问题就是我国目前的生态省建设基本是以自然资源和生态系统特性为依据将全省划分为若干个不同的生态功能区，在不同的生态功能区内采取不同类型的生态省建设形式。这种模式较好地兼顾了生态省建设的生态属性，实行起来难度也比较低，有利于生态省建设的迅速推广。但是，这种模式没有能够充分体现出生态省的经济内涵，不能为生态省建设提供有效的经济动力，同时也容易导致行政管辖领域的冲突，出现"政府失灵"的现象，不利于生态省建设的长远发展。因此，在充分总结我国生态省建设基本经验的基础上，必须重新构建我国生态省建设的新型模式，从生态省建设的经济内涵出发，以绿色经济发展模式的转型作为我国生态省建设的核心，充分构建省域范围内的绿色经济体系。

生态文明与生态省二者之间紧密的内在逻辑关系决定了生态省建设

必须要以生态文明理念为指导思想。生态省虽然是以地域范围作为划分依据，但生态省建设绝不仅仅局限于省域内部，生态省建设本身的复杂性，以及生态系统的整体性和流动性决定了生态省建设必定会超越省域范围的限制，在不同省份之间进行资源的合理分配及使用，保证生态系统的综合运转和整体平衡。因此，生态省建设只能够在生态文明思想的指引下，在全国范围内进行宏观调控，协调不同省份之间的资源分配和产业布局，这是我国生态省建设应当注意的首要问题，也是目前我国生态省建设的薄弱环节。

以绿色经济发展为核心的生态省建设模式，首当其冲的就是要在省域范围内形成有明显竞争优势的绿色产业结构，以绿色产业结构体系的构建作为生态省建设的重中之重。绿色产业结构是绿色经济的核心内容，传统经济发展模式的重大弊端就在于产业结构的不合理，传统产业的比重过高，新兴绿色产业没有发挥出应有的作用和优势。生态省建设就是要大力发展绿色产业，提高绿色产业的经济比重，以产业结构的绿色转型推动经济发展模式的彻底变革。同时，省域范围内的绿色产业结构必须建立在自身自然环境和生态系统的基础之上，不能盲目行事。以广西为例，广西总体的生态系统较为脆弱，绿色产业结构的建立对广西经济发展和生态保护有着重要而明显的作用。广西应该在自身省域内部的资源优势和生态系统特性基础之上，大力发展能够充分体现广西地域特色和竞争优势的绿色农业、绿色工业和绿色服务业，并且形成广西区域内部的绿色产业体系，充分发挥出广西绿色产业结构的区位优势和资源优势，减轻广西经济发展过程中的环境污染和生态破坏，促进广西生态省建设的良性发展。

除绿色产业结构之外，绿色制度也是生态省建设的另一项重要内容。和生态文明建设一样，生态省建设也是一个系统工程，生态省建设所覆盖的范畴同样比较广泛。同时，生态省建设也涉及省域内部不同地区、不同部门、不同人群的利益，生态省建设过程中不可避免地存在着矛盾和冲突，而传统制度模式并不能够有效解决这些问题。因此，为维护生态省建设的整体效果，保障生态省建设的长远发展，在注重发展绿色产业结构的同时，必须同步构建生态省建设的绿色制度模式，以绿色制度作为生态省建设的强大保障机制。同样以广西为例，广西在生态省建设的过程当中必须充分重视绿色制度的作用，以完善有效的绿色制度机制来保障广西生态省建设的可持续发展。广西在生态省建设过程中应当形成多方面、多层次的绿色制度模式。具体而言，作为生态省建设最为重要的主体，广西各级政府应当建立与生态省建设理念相符的新型绿色行政制度；此外，公众也是广西生态省建设的微观主体，应当鼓励社会公众通过日常消费行为积极参与生态省建设，在社会层面形成良好的绿色消费模式；与此同时，还应当将广西生态省建设做进一步地分解和细化，构建"省—市—区"的三级生态省建设结构层次和体系。

总之，以绿色产业结构为主，以绿色制度为辅大力发展省域范围内的绿色经济是我国生态省建设及发展的新型模式，和生态省建设的传统模式比较起来，新型模式有着明显的优势，更加符合我国不同省份的实际情况，新型模式也将更加有效地促进我国生态省建设的发展历程，提升我国生态省建设的整体质量。

刘忠超

2018 年 11 月

目　　录

绪　　论

第一节　研究背景及选题意义

一、研究背景

随着经济全球化的日益扩展和深入发展，国际贸易分工格局和全球产业链配置早已成型，源于西方发达国家的工业化浪潮几乎席卷了人类社会的每一个角落，随之而来的便是普遍性地资源过度消耗和环境污染的全球化蔓延。加之生态系统天然的整体性，使得环境污染和生态破坏早已超越了国界和地域的限制，演变成为影响世界各国和地区的全球性问题，环境和生态问题已然成为世界各国，尤其是大国之间博弈和角力的焦点。进入21世纪以来，在APEC、G20等大型国际政府首脑会议上，碳排放、新能源等环境及生态领域的议题和全球经济、世界和平一并成为各国首脑讨论和媒体追逐的热点。

对环境及生态问题的参与程度和解决成效是一国国际形象和国家实力的重要体现，我国现阶段所处的整体环境充分体现了这一点。我国作为当今世界上最大的发展中国家，在国际经济及政治舞台上正扮演着越来越重要的主导性角色，在很多领域都是世界舆论关注的焦点所在，伴随着我国的国际地位日益提高，我国需要承担的国际责任和义务也越来越大。我国不仅是促进全球经济增长，维护区域和平的重要支柱性力量，而且也是全球环境问题改善的重要参与者和影响者。迄今为止，我国不仅是仅次于美国的经济大国，同时更是全球能源消耗和碳排放的大国，我国的能源消费结构和经济发展模式不仅关乎自身的长远发展，而且对全世界的能源分配格局和全球气候变迁有着深远而重大的影响。国际社会对我国在全球环境领域的责任期望愈来愈高，我国作为一个有着几千年历史的文明古国，应该而且能够为全球环境问题的缓解和改善作出更大的贡献，这是我国在促进自身经济及社会发展历程中不可逃避的重大历史责任。

就国内的情况而言，在经历了 30 多年的高速发展之后，我国的经济总量有了极大的增长，但与此同时，我国为此所付出的环境代价也是非常高昂的。由于我国正处于工业化的深度发展阶段，重化工业在产业结构和国民经济中所占的比重依旧比较大，工业化进程中的能源消耗和环境污染问题十分严重，加之我国一直奉行的是赶超型的工业发展模式，使得我国在短短的二三十年间集中爆发了大量的环境问题，更为严重的是我国的环境问题不仅是整体性的，而且是复合型、叠加型的。环境问题已明显影响到我国社会发展的方方面面，不仅威胁到国民身体健康，妨碍了国民整体生活质量的提升，而且在很大程度上降低了经济发展的整体效益。此外，我国是世界第一人口大国，由于人口增长的惯性效应，在未来的几十年之内，我国的资源紧缺程度和生态失衡状况还将持续，甚至很可能会有进一步恶化的趋势，事实上我国国民经济和社会发展的资源承载"瓶颈"及生态容量极限已经到来。因此，尽快由高能耗、高污染、高排放的传统发展模式向高效能、高效率、高效益的新型绿色发展模式转型已成为解决我国经济社会可持续发展问题的首要任务。

绿色发展模式的转型，尤其是绿色经济模式的构建，需要一定的实践区域，也就是需要最为基本的空间格局和地域范围，这是绿色经济得以实现的环境及生态基础。同时，绿色经济模式是一个庞杂的系统工程，生态系统的整体性也决定了绿色经济发展模式的实施必须建立在较大的区域之内，小范围的绿色经济实践不符合生态环境运行的系统原理，而且明显缺乏规模效益。此外，绿色经济发展模式的实施，涉及多方面的领域和因素，需要调配和整合的资源十分复杂，参与和影响的利益主体也是多种多样，这些都要依赖高层次、强有力的权力部门来进行统一协调，统筹安排各方面的权责分工和利益分配。而在现实层面，"省"是我国的一级行政区划，我国许多事关民生大计的经济及社会发展宏观政策和相关法律都是以省为单位制定的。因此，就我国的实际情况而言，在省域范围内进行绿色经济发展模式的探索和实践是比较合理的。

我国是一个幅员辽阔的国度，国土面积横跨多个地理经度和纬度，共有三十多个省级行政区域（包括省、自治区及直辖市）①，不同省份的地形地貌、气候特征、资源禀赋、产业结构、人口数量及构成、风俗民情和社会文化的差异都比较明显。因此，我国省域内部绿色经济发展模式的转型与建设并不存在统一的具体途径，只能因地制宜地构建不同特色的省域绿色经济发展形式，从生态系统的角度而言，也就是大规模地进行不同内容的生态省建设。

"生态省"及"生态省建设"在国内虽非全新的提法，但却是出现频率较高的词汇，尤其是近几年，有关生态省及其建设的话题时常见诸学术杂志、政府文件及新闻媒体。社会各界对生态省的日益关注，充分说明生态省建设和我国社会发展及国民生活的相关程度正在逐步加深，生态省建设不仅是我国政府制定的有关区域发展的战略性发展方针和指导性思想，而且和社会公众的日常生活有着十分密切的联系。因此，对生态省建设模式及其相关问题的探讨和研究也就显得尤为紧迫和必要。

我国生态省建设的实践始于 20 世纪末，自海南省 1999 年率先开始

---

① 为便于比较及叙述，本书所涉及的省、自治区、直辖市统称为"省"。此外，本书所指的生态省范围仅限定于中国大陆地区，暂未包括中国香港、澳门两个特别行政区及台湾地区。

生态省建设的实践以来，迄今为止，我国大部分的省级行政区域都已明确提出了生态省（区、市）建设的口号。由于国家在政策、资金领域的大力扶持与倾斜，以及在海南、吉林、山东等生态省建设先行省份的示范和带动下，生态省建设在我国已经掀起了一股时代的热潮，生态省建设的模式也正在持续的研究与探索中，并且已经取得了一些可供借鉴的理念和经验。

总之，生态省建设在我国的深入研究和广泛实施，是我国经济及社会发展的必然趋势。更为重要的是，我国作为世界上人口最多、国土面积最大、发展速度最快、经济规模最大的发展中国家，为生态省建设的实践提供了难得的机遇和历史舞台，为生态省建设模式的探索提供了众多的可能性。因此，对我国生态省建设及其相关问题的研究既具备必要性，同时也具备可能性。

二、选题意义

本书以广西为样本研究我国生态省建设的基本模式，对我国生态省建设的理论基础及实践过程进行总结和归纳，在生态文明理念的引领和指导下，明确我国生态省建设的基本要求，提升对我国生态省建设的整体认识。并且有针对性地剖析了广西现阶段生态省建设规划及实践中存在的主要问题和误区，进而合理构建广西生态省建设的科学模式，提出加快广西生态省建设实效的对策和建议。

（一）理论意义

虽然我国已有超过一半的省份先后明确提出了生态省规划目标和建设纲要，但对生态省实质内涵和基本模式的研究还在探索和实践的过程当中。就我国现阶段生态省建设的实践而言，海南、吉林、山东、福建等先期开展生态省建设的省份已经积累了一定的经验，但从全国范围内来看，这些省域的生态省建设模式之间存在着明显的趋同和模仿，在生态省建设的内容和类型方面有着高度的相似性，没有充分体现出我国不同地区生态省建设的特色。事实上，我国省际各方面因素的巨大差异性决定了我国不同地区的生态省建设只可能存在着宽泛的生态省建设理念模式的趋同，而不可能有具体的生态省建设实践路径的统一。我国生态省建设的实际推行，只能以不同的省份为单位，在各自省份实际情况的基础上，探寻各具特色的生态省建设途径和方式，这是研究我国生态省建设问题时必须密切关注的理论视角和立足点。

生态省的内涵到底是什么？生态省建设的模式和路径究竟该如何构建？生态省建设的突破口和重点在哪里？从目前国内学术界的研究成果来看，尚无人能够给出明确和权威的答复，在未来较长的一段时期之内，这种状况仍将持续。现阶段学术界对生态省问题的研究，还只是从不同的侧面丰富着生态省建设的理论内涵，全国各地不同时期、不同地域生态省建设的实践也是在不断充实着生态省建设的模式体系。本书将研究的视角放在广西生态省建设模式领域，从广西的实际情况出发，研究广西生态省建设的地域特征和侧重点，在一定程度上丰富了生态省研究的理论体系，使得我国生态省建设的模式研究更为多元化。

本书从绿色经济的角度来研究广西生态省建设问题，明确提出应当将广西生态省建设的立足点定位为生态经济省，在此基础上着重研究广西绿色经济模式的构建路径，以绿色产业结构和绿色制度体系的创建作为广西生态省建设的核心与重点，这是对国内生态省理论研究的扩展和深化，突破了以往生态省研究视角的局限，为国内生态省及相关问题的探索提供了新的思路，使得生态省建设的理论研究更具针对性，可操作性更强。

此外，本书的研究以生态文明作为指导思想，生态文明是关乎中华民族未来长远发展的宏观战略理念，生态文明是生态省建设的思想根基，生态省建设实质上就是生态文明思想在省域范围内的实践，对生态省建设的研究必须站在生态文明的历史高度，从人类文明发展的角度来对生态省建设模式进行审视和考量。因此，本书将广西生态省建设放在我国生态文明体系构建的时代背景下，使得广西生态文明建设与广西新型绿色经济发展模式转型有机地结合起来，不仅为广西生态文明理念的实践提供了科学合理的途径，而且使得生态省建设的理论研究上升到了新的高度，是对传统生态省研究理论的一次升华。

（二）实践意义

广西是隶属西部地区的落后省份，尤其是在经济领域处在明显的欠发达地位，区域整体经济实力偏低，地区经济发展的后劲不足。但值得注意的是，广西在自然资源和生态环境方面却处于领先水平，广西具备巨大的环境及生态比较优势，广西生态环境的有效保护和合理开发利用对维护我国西南地区的生态平衡，促进西南地区经济社会的可持续发展具有重大的战略意义。现实因素决定了广西经济实力的增长绝不能以牺牲生态环境为代价，广西经济发展模式的转型只能是以生态省建设为平台和契机，构建多元化的绿色经济发展模式，这是事关广西未来几十年发展战略的生态基础和资源依据。因此，本书的研究在现实层面为广西经济及社会发展模式的转型提供了思路参考与借鉴。

广西于 2007 年制定了《生态广西建设纲要》，广西生态省建设的实践也已持续了数年时间，但现实情况表明广西生态省建设的实际效果并不十分理想，这充分说明广西现阶段的生态省建设模式尚存在明显的缺陷和值得改进之处，本书的研究较为全面地总结了广西生态省建设的提出背景和实施历程，归纳和探讨了现阶段广西生态省建设模式的一些误区和不足之处，并且从绿色产业及绿色制度的角度重新构建了广西生态省建设的新型模式，对更好地促进广西地方经济的可持续发展，提升广西地区民众的生活水准和生态福祉，具有重大的现实意义。

从全省范围内来看，广西境内的生态系统具有明显的多样化特性，是一个生态多元化的典型省份。同时，广西境内的区域发展也存在明显的不均衡现象，不同地区的产业结构差异程度也比较大，这些都为广西生态省建设的研究提供了丰富的样本。因此，对广西生态省建设模式的研究具有较强的代表性意义，不仅可以有效提升广西自身生态省建设的实际效果，而且能够对云南、贵州、湖南、广东、海南等相邻及相似省份，以及国内其他地区的生态省建设提供值得参考的模式和经验，为丰富我国生态省建设的实践创造了更多的可能性。

第二节　国内外研究现状及评述

实际上，早在生态省建设目标提出之前，不同领域的专家、学者就已经对生态省建设进行了先期的探索。在诸多省份明确制定出生态省建设指标和规划纲要之后，学术界对生态省建设的理论研究又深入到了一个新的发展阶段，对生态省建设模式的探索也呈现出多元化、多角度的发展趋势。

一、国内对生态省问题的研究

自从生态文明思想被我国政府正式确定为治国方略之后，作为生态文明理念重要实现途径的生态省建设又迎来了一个新的时代高潮，国内对生态省建设及其相关问题的研究范围在逐步扩大，研究的层次也在逐渐深入。

（一）对生态省建设标准的研究

自海南省 1999 年提出生态省建设目标以来，吉林、山东等省份紧随其后，生态省建设迅速在我国普及，为更好地指导生态省建设的顺利推进，提高生态省建设的整体质量，制定有关生态省建设的指标体系也就成为相关政府部门的当务之急。在这种形势下，国家环保总局于 2003 年 5 月 23 颁布了《生态县、生态市、生态省建设指标（试行）》（见图 0-1）的文件，这是我国政府针对生态省建设问题提出的第一个正式的指导性纲领文件，对我国生态省建设起到了积极的监督和促进作用。

在国家层面的生态省建设标准（试行）颁布之后，对我国生态省建设起到了明显的促进和推动作用，我国生态省建设随之走上了正规化、快速化的发展道路，我国大部分省份相继开展了生态省建设的实践。就整体情况而言，我国生态省建设已经起到了一定的效果，明显加快了我国"两型社会"的建设步伐，在追求省域经济及社会发展的过程中充分重视与兼顾资源环境承载力和生态系统的良性循环已成为很多省级政府部门的共识，这些都体现了我国生态省建设指标制定的功不可没。但与此同时，我国生态省建设的首套指标体系也绝非完美无缺，随着我国生态省建设实践的深入发展，开始逐步暴露出生态省建设原有指标体系的一些问题，例如部分指标的针对性不够强，没有充分考虑到我国不同省份的实际情况，部分指标的操作性不够明确，对生态省建设的规范性和强制性程度不高。此外，随着我国各省份经济实力的整体增长和我国生态环境的进一步变迁，生态省建设的宏观经济基础及整体环境系统发生了较大程度的变化，亟须既能体现国家整体环境保护的时代新要求，又能充分反映我国省域生态文明建设实际的新的生态省建设指标的出台，以

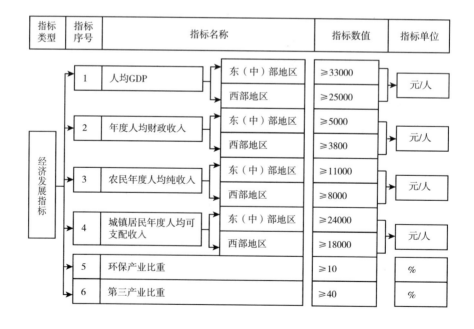

指标类型	指标序号	指标名称		指标数值	指标单位
经济发展指标	1	人均GDP	东（中）部地区	≥33000	元/人
			西部地区	≥25000	
	2	年度人均财政收入	东（中）部地区	≥5000	元/人
			西部地区	≥3800	
	3	农民年度人均纯收入	东（中）部地区	≥11000	元/人
			西部地区	≥8000	
	4	城镇居民年度人均可支配收入	东（中）部地区	≥24000	元/人
			西部地区	≥18000	
	5	环保产业比重		≥10	%
	6	第三产业比重		≥40	%

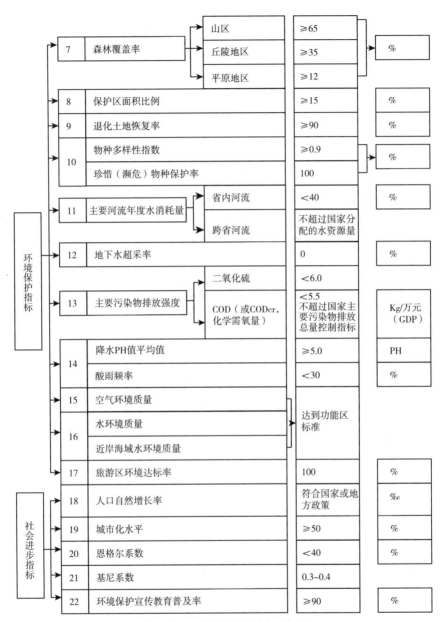

图 0-1　生态省建设指标（试行）

资料来源：国家环保总局：《关于印发生态县、生态市、生态省建设指标（试行）的通知》（2003 年 5 月 23 日）。

便更好地加强我国各省份，尤其是经济发展落后地区和生态系统脆弱地区生态省建设的实际效果。

因此，在充分调研和实践的基础上，2005年国家对生态省建设指标（试行）中的部分指标进行了微调，2007年12月26日，国家环保总局再次颁布《生态县、生态市、生态省建设指标（修订稿）》（见图0-2）的正式文件，这是我国政府在生态省建设领域的第二份指导文件。新标准制定之后，原标准并没有立刻废除，而是过渡到了2010年12月22日，新旧标准的交替持续了3年时间，这说明我国的生态省建设是一个庞杂的系统工程，同时也是一个循序渐进的过程，生态省建设在我国不可能一蹴而就，生态省建设的标准必须在实践的过程当中逐步进行修订和改良。

对比一下前后颁布的两份文件，不难发现其中的异同之处。生态省建设指标（试行）和生态省建设指标（修订）都将经济发展指标放在首位，表明经济发展是生态省建设的核心与动力，经济模式的转型是生态省建设成败的关键。在体系结构上，试行指标和修订指标都由经济指标、环境指标、社会指标三大部分构成，这就充分体现出生态省建设的系统性和宏观性，同时也充分表明生态省建设是一个多方协调、循序渐进的过程。另外，在保持指导思想、基本原则一致性的同时，和生态省

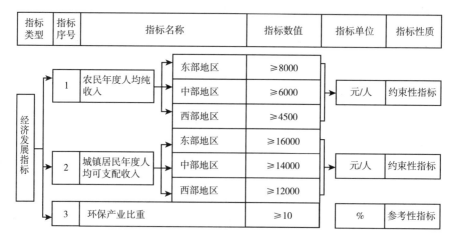

指标类型	指标序号	指标名称		指标数值	指标单位	指标性质
经济发展指标	1	农民年度人均纯收入	东部地区	≥8000	元/人	约束性指标
			中部地区	≥6000		
			西部地区	≥4500		
	2	城镇居民年度人均可支配收入	东部地区	≥16000	元/人	约束性指标
			中部地区	≥14000		
			西部地区	≥12000		
	3	环保产业比重		≥10	%	参考性指标

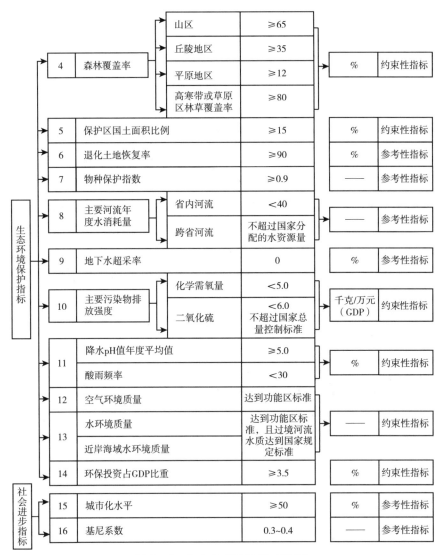

图 0－2　生态省建设指标（修订）

资料来源：国家环保总局：《关于印发生态县、生态市、生态省建设指标（修订稿）的通知》（2007 年 12 月 26 日）。

建设指标（试行）比较起来，生态省建设指标（修订）有着明显的改进和完善之处，前后两种指标体系之间的差异主要体现在以下几个方面。

　　首先，修订指标将原指标体系中的"环境保护指标"综合为"生态环境保护指标"，将原指标体系中的经济发展指标由 6 项减少为 3 项，社会进步指标由 5 项减少为 2 项，而环境指标则保持 11 项不变，使得生态环境指标在总体指标体系中的比重明显加大。其次，新制定的修订指标将原有指标由三大类的 22 项减少到了 16 项，将原经济发展指标中的"人均 GDP""年度人均财政收入""农民年均纯收入""城镇居民年均可支配收入"四类指标统一为"农民年度人均纯收入""城镇居民年度人均可支配收入"两类指标。将社会进步指标中的"人口自然增长率""城市化水平""恩格尔系数""基尼系数"四类指标综合为"城市化水平""基尼系数"两类指标，其他指标也进行了一些删减，从而使得生态省建设的评价指标体系更加精简。再次，新指标体系的划分更为细致，更进一步地增强了生态省建设的针对性和可操作性。例如将原经济发展指标中的"东（中）部地区"与"西部地区"两类指标进一步细分为"东部地区""中部地区""西部地区"三类指标，将原森林覆盖率指标中的"山地""丘陵地区""平原地区"三类指标细分为"山地""丘陵地区""平原地区""高寒带或草原区林草覆盖率"四类指标，使得指标的适应性和针对性大大增强。此外，鉴于不同省份发展水平和资源特征的巨大差异，修订指标将原指标区分为"约束性指标""参考性指标"，以便不同省份针对自身的实际情况适当选择指标权重和评价标准。

　　以上这些指标体系的调整和指标内容的变更使得生态省建设的修订指标更加符合我国生态省建设的实际情况，也更好地指导了我国广泛的生态省建设实践。同时，生态省建设的指标修订并非完善，仍存在需要进一步改进的地方，比较突出的就是修订指标将所有细化指标笼统分为"约束性指标（强制性指标）""参考性指标（选择性指标）"两大类，使得参考性指标在总体指标体系中的重要性被人为限制和降低。从整体上看，经济指标基本属于约束性指标，参考性指标大多都是环境指标和社会指标，尤其是对生态环境保护起到重要作用的"环保产业比值""退化土地恢复率""物种保护指数""主要河流年度水消耗量""地下水超采率"指标，以及对社会公平与正义极为重要的"基尼系数"指标都被纳入参考性指标的范畴，这些或多或少都违背了生态省建设的初衷，与生态文明的理念不相符。因此，新修订的生态省建设指标体系的"经济"色彩依旧比较浓厚，生态和环境的意味仍然较为淡薄，有待加强。此外，即便就我国的实际情况而言，部分环境及生态指标的量化尚存在困难和不便之处，但至少可以依据不同省份的实际情况，分阶段、有目的地逐步向约束性指标转变，这种方式的可行性是比较大的，也是我国生态省建设指标体系的亟待改进之处。

除了政府的正式文件之外，我国的一些科研机构和专家学者也尝试制定了生态省建设的相关指标体系与评价标准，并且在这方面开展了充分有效的国际合作，比较典型的代表就是中国国际经济交流中心和世界自然基金会共同制定的与我国实际情况契合程度较高的有关生态省建设的绿色经济指标体系，成为我国生态省建设官方评价指标体系的重要补充。2012 年 11 月 30 日中国国际经济交流中心和世界自然基金会共同发布了《超越 GDP——中国省级绿色经济指标体系研究报告》。该报告采用的指标体系以绿色经济为核心，包括经济和社会发展、资源环境可持续和绿色转型驱动三个维度（见图 0－3）。

对比一下中国国际经济交流中心和世界自然基金会发布的我国省级绿色经济指标体系与国家环保总局颁布的生态省建设指标，不难发现二者之间有着高度的相似之处，都是以经济发展指标为核心，同时要求有效兼顾环境指标与生态指标，二者之间在指标内涵和指标范畴的界定方面是基本一致的，区别仅在于少数具体指标的表述和选择。相比较而言，中国国际经济交流中心和世界自然基金会发布的我国省级绿色经济指标体系更加突出绿色经济的转型与绿色发展的驱动。这些都充分说明生态省建设的核心是实施经济发展模式的彻底变革，绿色经济发展模式的构建是生态省建设的重中之重。

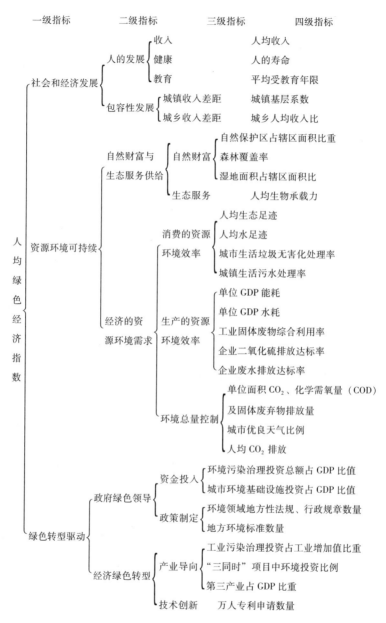

图 0 - 3 省级绿色经济指标体系

资料来源：张焕波：《中国省级绿色经济指标体系》，载于《经济研究参考》2013 年第 1 期。

（二）对生态省建设经济发展模式的研究

生态省建设的内容复杂多样，需要照顾各方面、各领域的利益分配，但从以上生态省的评价指标体系中不难看出，生态省建设的关键在于经济发展方式的转型，因此，如何构建合理有效的绿色经济模式也就成为国内生态省建设研究的热点所在。国内诸多学者从不同省份的资源特性和产业优势出发，探讨了不同类型的省域绿色经济发展模式。

刘庆广（2007）以甘肃省为样本，主要研究了甘肃省循环经济的发展模式①。刘庆广的研究仔细分析了甘肃省的自然条件和经济社会发展概况，在甘肃省经济发展落后，生态环境总体恶化，资源、环境和人口压力不断加大的背景下，明确指出大力发展循环经济是甘肃省实现自然、经济、社会可持续发展的必然选择。刘庆广的研究从不同的角度对甘肃省循环经济发展模式进行了细分，构建了甘肃省循环经济的总体模式和主要形式：在地形地貌特征的基础上将甘肃省循环经济模式划分为河西干旱区循环经济发展模式、黄土高原区循环经济发展模式、甘南高寒区循环经济发展模式、陇南山地循环经济发展模式；从城市经济的角度将甘肃省循环经济模式细分为综合中心型城市循环经济发展模式、矿产资源型城市循环经济发展模式、工农互动型城市循环经济发展模式；从产业结构的角度将甘肃省循环经济发展模式划分为钢铁行业循环经济发展模式、有色行业循环经济发展模式、石化行业循环经济发展模式、煤电行业循环经济发展模式。在此基础上，刘庆广从政府和社会的视角，以技术和法律为主要途径，更为广泛地构建了甘肃省循环经济发展的制度与机制保障体系。

李赋屏（2005）以广西矿业经济作为研究视角，探讨了广西矿业循

---

① 刘庆广：《甘肃省循环经济发展模式研究》，兰州大学博士学位论文，2007 年。

环经济的发展模式①。李赋屏运用 PEST 分析法总结了广西矿业循环经济发展的外部因素与条件，以循环经济理念为指导，对广西矿业经济发展的概况与趋势进行了思考与研究，分析了广西矿业经济发展的现状、主要问题及形成原因，对广西矿业经济发展模式进行了总结，明确提出广西必须以矿业循环经济为主要途径大力发展矿业经济。在此基础上，李赋屏提升了对广西矿业循环经济的整体认识，构建了广西矿业循环经济的主要模式，提出整合广西现有矿业经济，以产业结构调整为突破口，发展广西 6 大矿业集团，并且与之配套形成 11 个生态工业园区，14 个矿业生产基地，以此来大力促进广西矿业循环经济的发展实效。

刘淼群（2009）鉴于黑龙江属煤炭资源大省，而且黑龙江省煤炭资源主要集中于鹤岗、鸡西、双鸭山、七台河四大煤炭城市经济带的基本省情，提出发展黑龙江煤炭资源城市的循环经济发展模式②。刘淼群构建了黑龙江发展煤炭城市循环经济的战略目标，运用 SWOT 法分析了影响黑龙江煤炭城市循环经济发展的主要内部及外部因素，在此基础上明确提出了黑龙江发展煤炭城市循环经济的基本内涵及规划目标，并且更进一步地明确了黑龙江发展煤炭城市循环经济的"三层次循环"模式（大循环——循环城市；中循环——循环矿区；小循环——循环企业）和"5R 模式"（rethink——再思考；reduce——减量化；reuse——再利用；recycle——再循环；renovate——再修复），而且从整体层面构建了黑龙江发展城市煤炭循环经济的指标框架。

秦丽杰（2008）结合吉林省的实际情况，以生态园区的建设为侧重点，研究了吉林省循环经济的发展模式③。秦丽杰在详细分析吉林省自然资源优势、产业结构特征、生态环境现状等基本条件的基础之

---

① 李赋屏：《广西矿业循环经济发展模式研究》，中国地质大学博士学位论文，2005 年。
② 刘淼群：《黑龙江省煤炭城市发展循环经济模式研究》，哈尔滨工程大学博士学位论文，2009 年。
③ 秦丽杰：《吉林省生态工业园建设模式研究》，东北师范大学博士学位论文，2008 年。

上，以可持续发展和循环经济理念为指导，充分进行了吉林生态省工业园区发展模式的研究与实践。秦丽杰的研究明确提出要以吉林省的产业模式和资源优势为基础，建立以产业结构划分为依据的多层次、多体系的吉林省生态园区模式。具体而言，就是要创建以汽车产业和石油化工为核心、为龙头的吉林省生态工业园区，以生态农业和现代中药为代表的吉林省生态农业园区，并且大规模建设以通化张家省级生态工业示范区为代表的吉林省地方生态园区建设，构建吉林省范围内的生态园区链条。

余春祥（2003）结合云南省自身优势，将绿色经济的理念与云南省的战略发展相结合，研究了云南省的绿色经济发展模式[①]。余春祥的研究详细分析了绿色经济与产业发展之间的辩证关系，总结了云南省传统产业发展模式进程中的资源、环境、人口现状及约束，明确了绿色产业在云南地区经济发展中的重要地位，详细分析了云南发展绿色产业的优势及劣势，并且对云南省绿色产业发展的侧重点进行了科学选择，制定了推进云南省绿色经济及绿色产业发展的对策建议。

从以上的研究可以看出，生态省建设并不存在统一的具体途径与方式，作为生态省建设核心的经济模式的转型，只能在仔细分析各省实际情况的基础之上，因地制宜地制定与各省情况匹配程度最高的经济发展模式。

（三）对生态省建设制度的研究

生态省建设虽是以经济建设为核心，但由于生态系统自身的庞杂性，生态省建设势必涉及与经济领域紧密相关的其他方面，这就需要动用更多的资源，形成生态省建设的制度保障体系。在这方面，国内学者也有了一定的研究。

---

① 余春祥：《绿色经济与云南绿色产业战略选择研究》，华中科技大学博士学位论文，2003 年。

白廷举（2012）以青海省的法制建设为例，研究了生态省建设的制度安排①。白廷举在研究中明确指出，省域经济及社会发展需求是生态省建设的现实条件和基础，"生态立省"是省域经济及社会发展方式转型的必然要求。白廷举以青海省的法制建设为例，充分论证了"生态立省"发展战略与省域法制体系建设二者之间的辩证关系，强调全面重视青海生态省发展的法律制度建设，法律制度要及时适应青海生态省建设形势的发展需要，法制建设是青海"生态立省"战略的重要内容，青海省法制建设在立法理念和执法程序上，要更加充分地体现出生态化的特性及需求。要以青海生态省建设为历史契机，加快促进青海法制体系建设的完善和提高，加大法律体制对青海生态省建设的保障力度。

陈铁雄（2005）指出，森林生态效益补偿基金制度对浙江生态省建设起到了举足轻重的作用②。2001 年，浙江省启动了 3000 万亩重点公益林、2000 万亩一般生态公益林和 4000 万亩商品林建设，但长期以来浙江省的森林生态效益一直处在无偿使用的状态，极大地增加了浙江生态林建设和维护的成本，同时也明显不利于浙江生态省的全面建设与发展。在此背景下，浙江省政府响应国家《关于加快林业发展的要求》的文件精神，建设了专门的森林生态效益补偿基金制度，结束了浙江省长期无偿使用森林生态效益的历史。浙江省森林生态效益补偿基金制度的覆盖范围涵盖省政府公布的重点公益林中的林地和灌木林地，补偿标准按照不同的森林生态功能区划分而有所不同，补偿基金主要用于因禁止商业开发而给公益林投资者造成的损失，以及公益林相关从业人员的劳务支出。森林生态效益补偿基金制度的实施，有效促进了浙江林业及生态省建设的全面发展。

---

① 白廷举：《生态立省战略的理论蕴含和制度安排——以青海生态法制建设为例》，载于《柴达木开发研究》2012 年第 4 期。
② 陈铁雄：《建设生态省的重大举措——省林业厅厅长陈铁雄就浙江省森林生态效益补偿基金制度全面启动答记者问》，载于《浙江林业》2005 年第 1 期。

胡强仁、崔鹤苓（2006）以山西省这样一个煤炭资源大省为样本，研究了综合性的制度保障对建设山西生态省的重大作用①。针对山西省煤炭资源丰富，但煤炭资源开采和使用无序，环境和生态系统破坏严重的现实问题，胡强仁、崔鹤苓提出应当从制度约束的角度出发，遏制山西资源环境进一步恶化的趋势。就具体的制度措施而言，胡强仁、崔鹤苓提出要建立山西煤炭资源的产权归属和使用制度。鉴于山西省在资源开发和使用过程中明显存在的"市场失灵"现象，应当明确国家才是资源最终所有权的代理者，地方政府拥有的仅是资源的使用权，同时，地方政府还应该是生态环境保护的重要主体，但在现实中，地方政府往往缺乏对生态环境进行保护的动力。因此，应当从财税制度入手，加大资源税的征收力度，推进矿业产权拍卖制度，将自然资源的级差收益实质性的收归国家，促进山西地方资源的合理利用。与此同时，山西省还要制定完善的产权交易制度，尤其是要尽快建立排污权自由交易的市场机制，坚持"谁污染、谁付费"的原则，充分实行排污许可证制度，使山西省的资源使用回归正常的社会成本，有效缩减资源使用的私人成本和社会成本之间的价格偏差，加快缓解山西省可持续发展的环境支持系统长期薄弱的不利局面。

谢庆裕（2014）以碳排放的市场交易为例，研究了广东生态省建设的制度基础②。2010 年广东被纳入国家首批低碳试点省份，广东省政府于 2011 年开始碳排放交易权的研究与实践部署工作，2012 年广东省的碳排放交易试点工作正式启动，2013 年首批碳排放交易的额度已经完成。为加强广东生态省建设的实际效果，广东省政府为全省经济社会发展划定了生态底线，相继制定了《在全省范围内开展生态控制线制定工作的通知》《关于促进粤东西北地区加快发展加强环境保护的意见》《关于全面推进新一轮绿化广东大行动的决定》等一系列

① 胡强仁、崔鹤苓：《煤炭大省的生态环境危机及制度措施》，载于《经济师》2006 年第 12 期。

② 谢庆裕：《制度创新夯实生态省建设之路》，载于《南方日报》2014 年 1 月 11 日。

的制度文件。在强有力的制度约束和促进下，广东省在保持经济高速发展的同时，环境问题也得到了一定程度的改善。广东作为降低碳排放任务指标最高的省份，"十二五"期间前三年的碳排放已经减少了14.7%，在全国处于领先水平。在2013年度空气质量排名中，广东在长达8个月的时间之内都是空气"十佳"城市排名最多的省份，不仅如此，广东全省有76.6%的江河达到了优良水质。全面的制度保障有效减轻了广东省域的环境压力，同时给广东的经济社会发展提供了更为广阔的发展空间。

二、国外对生态省问题的研究

实际上，"生态省"是一个比较有中国特色的称谓，西方国家一般没有"生态省"的说法，类似的提法叫"生态城市"或者"生态社区"，出现这样一种差异的原因主要有两个方面：我国的国土面积广袤，人口众多，单独省域范围内的人口总数、GDP总量就几乎相当于一个中等规模的国家，这一点远非大多数西方国家可以比拟。因此，西方国家一般是以市、县（郡）为行政单位，较少有"省"这一级行政区划，即便有，其含义和范畴与国内也是差异明显。另外，就传统文化和社会组织结构而言，我国是一个中央集权制的国家，迄今为止"大一统"的管理痕迹依旧明显，"省"作为一级行政单位，在我国经济社会发展和国民日常生活管理中有着突出的重要地位。而西方许多国家在历史上就是联邦制的松散结构，加之文艺复兴以来受自由主义思潮的影响，是典型的自治型社会，基层社会组织结构的权力和作用远大于我国，因此在西方国家市（县）、社区有着很大的自主权，是本国社会结构框架的主体。

（一）国外对生态城市的研究

生态城市的概念虽然出现于20世纪70年代联合国教科文组织发

起的"人与生物圈"计划，但较早产生生态城市思想萌芽的是 19 世纪的英国社会学家霍华德，他在《明日的田园城市》中较为系统地阐述了自己对生态城市的构想。霍华德在自己的设想中明确提出生态城市必须是城市与乡村的完美结合体，生态城市必须同时兼顾城市及乡村生活的优点，而且还要能够尽可能地摒弃二者的不足之处①。由此可见，早在一个多世纪以前，霍华德的研究已涉及了生态城市的基本内涵，其有关生态城市的超前意识已成为西方国家生态城市建设与发展的思想根基之一。

国外真正意义上的生态城市大规模实践始于 20 世纪六七十年代，原因主要在于第二次世界大战结束之后，西方主要资本主义国家将资源集中于国内的生产恢复与经济发展，从总体上看，西方国家基本都经历了 20 年左右的"黄金时期"，综合国力有了极大增强，但同时也付出了高昂的环境代价。城市作为西方资本主义国家经济发展的核心地带，所承受的环境灾害更为严重，比较有代表性的就是这一时期发生在西方国家的著名"八大公害事件"，这在很大程度上唤起了西方社会民众的生态意识，加速刺激了西方国家生态城市的发展动力。此外，经过几十年的经济高速发展，西方国家普遍积累了大量的社会财富，为本国生态城市建设打下了坚实的物质基础，有能力偿还经济发展过程中的环境和生态债务。

经过了几十年的生态城市建设之后，西方国家生态城市的发展水平明显处于世界前列，生态城市在西方国家可谓是遍地开花，许多城市都正在朝着生态城市的方向迈进。欧洲的伦敦、巴黎、马德里等许多城市都是生态城市建设的典范，哥本哈根、斯德哥尔摩两座城市从 1993～1999 年在城市空气质量、城市饮用水质量、城市交通环境、城市绿化环境、城市废弃物处理、城市综合文明水平等多项指标方面名

---

① ［英］埃比尼泽·霍华德著，金经元译：《明日的田园城市》，商务印书馆 2000 年版，第 6 页。

列世界前茅。美国西部的海滨城市伯克利是一座典型的乡村型生态城市，其建设模式在全球范围内产生了巨大而广泛的影响，被许多国家和地区竞相参考。澳大利亚的哈里法克斯是该国第一个，也是最著名的生态城市，不仅在 1994 年获得了国际生态城市奖，而且在 1996 年被联合国第二次人居会议评为生态城市建设的最佳典范。受国土面积和人口密度的影响，日本对生态城市的建设尤为重视，日本国内的九州、千叶、东京、大阪等众多不同规模的城市很早就开始了生态城市的实践，尤其是在资源回收利用和垃圾综合处理方面成效显著，是循环型生态城市的典型代表①。

从总体上看，就国外生态城市而言，主要有以下五种模式：第一种模式是紧缩型的生态城市，主要是指城市土地的集中规划和节约使用，通过减少土地资源的浪费，提高土地资源的利用率来提升城市资源的综合利用程度。紧缩型的生态城市提倡缩短城市居民日常工作及生活的出行距离，主张大规模的普及公共交通系统。紧缩型的生态城市模式在欧洲的推广情况比较好，主要因为欧洲是工业革命的发源地，城市发展的传统悠久，城市建设的水平很高，再加上人口和资源紧缺程度的影响，欧洲许多城市的发展空间受限，对紧缩型的生态城市建设有着较为迫切的需求。第二种模式是公交导向型的生态城市，主要解决城市人口日常生活过度依赖机动车所带来的日益严重的能源消耗和环境污染问题。作为工业革命的象征物之一，汽车在西方国家早已演变成了日常生活的必需品，汽车消费的普及极大地提高了人们出行的便利，提高了民众的生活质量，加速了城市的发展。但与此同时，汽车的大规模生产和消费也给城市的发展带来许多负面影响，产生了交通堵塞、噪声污染等一系列的"城市病"，率先实行工业革命的西方国家在享受汽车便利的同时，也牺牲了许多城市生活的自然性和健康性。因此，在许多西方国家，尤其是西欧、日本等，人口密度比较

---

① 尹洪妍：《国外生态城市的开发模式》，载于《城市问题》2008 年第 12 期。

大，都在积极鼓励民众在日常出行中首选公共交通系统，在生态城市建设过程中将公共交通系统的规划作为首要问题来考虑，缩短城市居民的出行距离，减少不必要的城市能源消耗和环境污染。第三种模式是社区驱动型的生态城市，这种模式积极鼓励社会公众参与生态城市的建设过程，并且使得公众同时兼具生态城市的生产者、消费者、监督者等多重身份，从而使生态城市建设、运行、管理的主体多元化，这种模式认为生态城市的建设归根到底还是要依靠社区居民的参与和推动来实现。社区驱动型生态城市的典型代表是新西兰的韦塔科，韦塔科在城市建设规划中充分主张市议会和社区共同承担生态城市建设的职责，政府和市民同时成为生态城市建设的主体。第四种模式是网络化和原生态的生态城市，这种模式高度重视城市建设规划与城市自然生态系统之间的匹配程度，追求城市经济社会系统和自然生态系统的和谐统一，突出城市自身的生态特征，为实现这一目的，充分运用网络设计思想和先进工业技术。典型的代表是日本的千叶市在城市规划中利用自然地貌特征，充分依据原有生态系统中的山地、森林、湖泊、河流，设计出不同特色的景观公园，将城市充分融入自然之中。第五种模式是绿色技术型的生态城市，部分西方国家在生态城市建设和规划过程中从生态系统的角度出发，将自然生态系统融入城市系统当中，突出绿色能源、绿色建筑、绿色交通在城市日常运行当中的重要作用。这种模式在日本和欧洲开展得较为普遍，例如日本的大阪运用大量最新技术来建造城市生态建筑，并且用太阳能外墙板、雨水收集设施、封闭式垃圾处理系统来减少城市自身的能源消耗和环境污染。欧洲的马德里和柏林则是通过节能技术、循环材料、绿色植被来改善城市生态系统，效果同样比较显著[①]。

　　除广泛采用绿色技术和生态技术之外，国外生态城市的建设同样十分重视制度的促进和保障作用。国外生态城市建设大都鼓励和号召社会

---

　　① 尹洪妍：《国外生态城市建设研究及其启示》，载于《江西社会科学》2008 年第 5 期。

公众的积极参与，唤醒民众的生态意识，极力将环境教育植入学校和社会教育体系。同时完善环境法律体系和监管制度，充分发挥非政府组织的监督作用，聘请大量的社会人士充当生态城市运行及管理的监督者，有效保障了生态城市规划和建设的顺利进行。

（二）国外对生态社区的研究

西方国家是工业革命的发源地，伴随着产业结构、生活方式、聚居模式的变迁与转型，西方国家城市以及社区的发展也要成熟许多。同时，在充分享受以工业化为基础的城市化便利的同时，西方国家也较早意识到了传统城市和社区发展模式的弊端，因此对生态社区的探索和研究也进行得比较早。

西方国家生态社区的理论研究有着严格的逻辑性和整体性，依次经历了"萌芽—探索—形成—发展"几个主要阶段（见图 0-4），这种现象既带有普遍性，也是和西方国家整体的工业化和社会发展进程相契合的。西方国家是历次工业革命的发源地和领导者，在经历了数次不同类型的工业革命之后，西方发达国家对以工业文明为基础的城市化进程有了更多的领悟和感受，对传统社区发展模式的弊端有了更为清醒的认识，在生态社区建设的理念领域也有了更多的思想借鉴，对生态社区的理论探究逐步地走向深入，生态社区理论研究的范围逐步扩大。尤其是 20 世纪 70 年代之后，西方国家生态社区的研究出现了明显的"分水岭"，之前西方国家生态社区的理论研究比较倾向于技术革新和科学规划，突出的是"硬件"，寄希望于生态技术的广泛运用和生态化的社区系统设计，但从整体上看并没有取得预期的效果，生态社区的理论研究亟须寻求新的突破；进入 20 世纪 70 年代以来，随着第二次世界大战之后西方国家普遍快速发展的"黄金二十年"的结束，西方国家的城市与社区发展出现了新的环境和社会问题。同时，西方国家的民权意识迅速高涨，公民社会已基本形成，在这种背景下，西方国家生态社区理论研究的视角更多地转向生态社区文化培育、生态社区制度建设等"软件"，

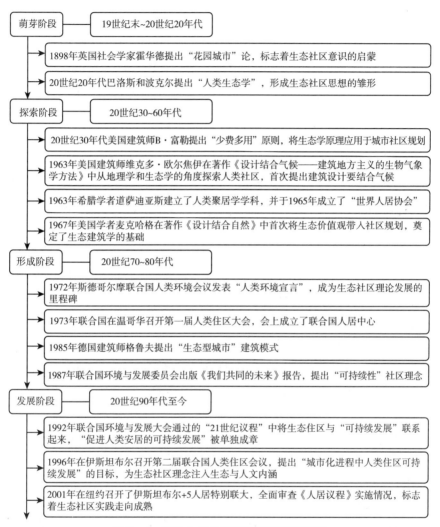

图 0 - 4　国外生态社区理论研究发展历程

资料来源：赵清：《生态社区理论研究综述》，载于《生态经济》2013 年第 7 期。

在保持生态社区"技术"色彩的同时，生态社区的"人文"韵味也越来越浓。从整体上看，20 世纪 70 年代之后西方国家生态社区的理论研究属于由自然生态范畴转向自然生态与人文生态并重的时期，生态社区的理论研究范畴日趋广阔，视角也更为多样。

在生态社区的建设与实践方面，西方国家也开展得较早。原因主要有两个方面：西方国家早已完成了工业化和城市化的进程，进入后工业化和生态城市及生态社区的发展阶段，民间环保主义的呼声很高，国民对自身居住及生活环境的重视程度空前高涨，环境问题在西方国家是一个十分敏感的话题，因此西方国家的生态社区建设有着很强的社会化民意基础。此外，西方国家是工业革命和全球贸易的先行者，长期工业化的积累和世界经济一体化的便利为西方国家提供了大量的物质财富，使得西方国家能够负担起生态社区建设的巨大成本。因此，从整体上看，西方国家不仅在生态社区建设领域处在世界领先水平，而且创造出了不同类型的生态社区建设模式。例如美国的生态社区建设基于自身的信息技术和网络设备优势，充分打造智能化、网络化的生态社区，并且和 NGO 开展广泛合作，实现多元化的生态社区建设和监管主体。英国则是强调生态社区建设中的政府职能，通过环境部、皇家环境污染监督局和全国河流管理局来构建系统化、层次化的生态社区建设实施和监管主体。日本特别重视生态社区建设过程中的法律制定与完善，从 20 世纪 60 年代起日本就在全国范围内相继制定了《关于促进再生资源利用的法律》《环境基本法》《关于控制特定有害物质进出口的法律》，这些系统、详细的法律条文使得日本的生态社区建设很快进入了制度化、规范化的发展道路，在世界范围内处于领先水平①。

迄今为止，西方国家已取得了一些比较成功的生态社区建设范例，例如英国伦敦贝丁顿零能耗小区、德国弗莱堡市的沃邦社区、瑞典马尔默市的明日之城住宅示范区在日常运营过程中都是以太阳能作为主要能源供给渠道②；澳大利亚的哈利法克斯生态城通过生态修复技术将

---

① 许劲松：《国外城市生态社区的发展及对我国的启示》，载于《中共福建省委党校学报》2014 年第 6 期。

② 高喜红、梁伟仪：《国外生态社区能源及技术开发对我国的启示》，载于《城市发展研究》2012 年第 3 期。

被污染的传统工业区改造成生态居住区①；瑞典的哈马碧通过垃圾焚烧发电、供暖以及水循环、水处理将传统的工业港口区打造成高循环、低能耗、与自然和谐相处的全球生态社区典范②；瑞典的哈默比湖城通过封闭式垃圾自动真空收集系统来最大化的减少浪费，确立其"全球生态社区"的典范形象③。这些都是世界范围内生态社区建设的标杆与样板。

西方国家的生态社区建设不仅促进了本国自身生态环境的改善，提高了国民的生态福祉，而且对世界范围内的生态社区发展都起到了促进和示范作用。其他国家在生态社区的实践过程当中广泛参考了西方发达国家的生态社区建设与评价标准，例如美国 1998 年正式提出的能源与环境设计领袖（LEED）、英国 1990 年开发的建筑研究所环境评价标准（BREEAM）、日本在之后诞生的建筑物综合环境性能评价体系（CAS-BEE）④。这些标准虽然存在一定程度上的争议，但就世界范围内而言，依旧是较为权威，可借鉴性较高的生态社区建设指标，为生态社区在全球范围内的普及奠定了一定的技术标准和模式规范。

就整体情况而言，西方国家生态社区建设走的是一条明显的"技术"路线，带有明显的工业文明的身影。这些都源于西方国家在技术层面的整体领先，国家经济实力的巨大优势，以及国民素质的较高层次。终其一点，西方国家是工业文明的发源地，因此西方国家的生态社区建设带有浓厚的"技术"色彩是顺理成章，水到渠成的事情，但西方国家的生态社区建设模式是否广泛适用于落后的国家和地区，尤其是像中国

① 郭磊：《低碳生态城市案例介绍（十七）：澳大利亚哈利法克斯：提出"社区驱动"的生态开发模式（上）》，载于《城市规划通讯》2012 年第 11 期。

② 何媛：《节能双城记之瑞典哈马碧全球生态社区的典范》，载于《房地产导刊》2011 年第 3 期。

③ 梁志秋：《中国的生态社区建设如何吸取哈默比湖城垃圾分类收运的经验》，载于《房地产导刊》2012 年第 11 期。

④ 周传斌、戴欣、王如松：《生态社区评价指标体系研究进展》，载于《生态学报》2011 年第 8 期。

这样的发展中大国，是值得仔细思考的另一个命题。

第三节 研究的主要方法及技术路线

一、研究的主要方法

（一）文献综合研究法

本书的研究建立在大量丰富而全面的文献基础之上，综合总结及归纳了国内及国外学术界在生态省建设及相关领域的主要研究成果。此外，本书中所采用的数据主要来源于国家统计局和广西统计局的年度统计公报以及统计年鉴。

（二）比较分析与归纳分析法

本书的研究对比分析了国家环保总局在不同时期颁布的《生态县、生态市、生态省建设指标》试行版和修订版，对这前后颁布的两套生态省建设评价指标体系进行纵向对比，发掘我国生态省建设的逐步改良和演进过程。与此同时，本书还将中国国际经济交流中心和世界自然基金会共同发布的《中国省级绿色经济指标体系》与国家环保总局制定的生态省建设指标体系进行了横向对比，从这两套官方以及非官方的生态省建设评价指标体系当中总结出共同点和差异之处。

本书疏理了我国生态省建设的发展历程，概括了我国目前生态省建设的主要模式，从中归纳总结了我国现阶段生态省建设主流模式中存在的问题和弊端，并且从本书研究的侧重点出发，提出了我国生态省建设模式改良的对策和建议。此外，本书还总结了北京大学生态省研究的ECI模式和北京林业大学生态省研究的ECCI模式，归纳总结了这两种生态省研究模式的弊端和纰漏之处。

（三）系统分析及整体分析法

生态省建设是一项十分庞杂的系统工程，生态省建设作为省域范围内的生态文明实践，涉及不同的部门，不同的产业，广大的区域以及众多的人口，因此需要不同层次、不同领域的密切配合。本书正是从整体论的角度来看待我国生态文明时代背景下的生态省建设模式问题，突破传统生态省建设及发展的省域范围限制，以国家生态文明战略的整体宏观层面来考量我国现阶段生态省建设的主要问题以及改进方向。

与此同时，本书运用系统论的方法来研究我国生态省建设的内容结构以及层次体系问题。本书从生态经济系统的视角出发，研究了我国生态省建设的绿色产业模式，生态省建设的绿色制度模式，以及生态省建设的"省—市—区"模式。本书以生态系统的整体角度来研究我国生态省建设模式的变革与转型，综合解决我国生态省建设过程中的经济发展与生态环境保护问题。

（四）规范分析与实例分析法

鉴于生态省问题研究还处于初步发展阶段，具备较强的理论色彩，本书采用规范分析的方法，充分论证及总结了生态文明与生态省二者之间的辩证关系，生态省的内涵，生态省的基本构成以及生态省的主要特征，使得对生态省的认识和理解较为全面和深入。

就生态省建设模式的研究而言，目前学术界尚且缺乏较为权威和统一的模型及参数，生态省建设诸多指标的选取和设定也还存在较大争议，计量等数理分析工具在生态省建设模式领域的应用还不普遍。因此，本书在研究的部分章节内容选取了有代表性的案例进行深入剖析，最大化的增强研究的实际意义。

二、研究的技术路线

本书研究的技术路线见图 0 – 5。

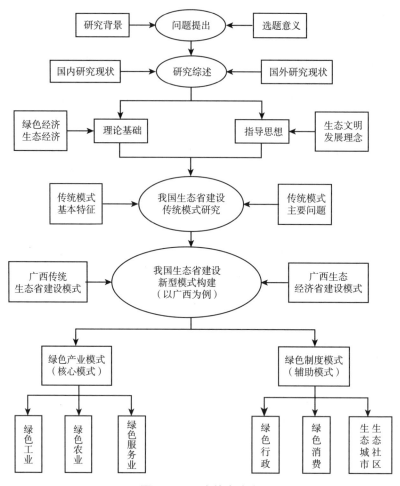

图0-5　研究技术路线

第四节　研究的主要内容及创新之处

一、研究的主要内容

本书的研究综合分析了我国生态省建设的时代背景，探讨了生态省建设的主要理论基础，充分论证了生态省建设与生态文明建设二者之间的辩证关系，剖析了生态省的基本内涵以及生态省建设的核心内容。本书总结了我国生态省建设的发展历程，归纳了我国现阶段生态省建设的主流模式，科学分析了我国生态省建设进程中传统区域生态模式的主要弊端及值得改进之处。在此基础上，本书以广西生态经济省建设为切入点，提出了以发展绿色经济为核心的我国生态省建设的新型经济生态模式。

具体而言，本书的框架结构及章节内容如下：

绪论。首先，绪论是本书研究的前期铺垫及准备工作，绪论结合我国现阶段经济及社会发展正处于战略转型期的实际情况，在综合国内及国际多方面因素的基础之上，充分论证了本书的研究背景，以及理论价值和实际意义。其次，绪论对国内外相关文献及研究基础进行了深入总结及归纳，指出了国内外在本书选题领域的研究视角，主要观点，已有的研究成果及不足之处。再次，绪论简要说明了本书研究的逻辑思路、技术路线和基本方法，以及主要内容和创新之处。

第一章研究的理论基础。本章结合本书研究的学科性质和主要目的，明确了本书研究的经济学理论基础主要包含生态经济、循环经济、绿色经济、低碳经济四种理论，并且对这四种理论之间的相互关系进行了科学界定，合理区分了四种理论之间的共同点和不同之处。明确指出绿色经济和生态经济二者在内涵领域及外延层面基本一致，而低碳经济和循环经济则应当是从属于绿色经济和生态经济的范畴。在此基础上，本章将研究的经济学理论基础明确界定为绿色经济理论和生态经济理论，并且详细分析了绿色经济理论和生态经济理论在国内外产生及发展的时代背景，以及绿色经济和生态经济这两种经济形态的实质内涵、主要内容和基本特征，为本书的后续研究明确了理论方向。

第二章生态文明与生态省。本章总结了我国生态文明思想形成及发展的主要历程，充分论述了生态文明的基本内涵，生态文明的主要构成要素，以及生态文明的基本特征，并且对比了生态文明与原始文明、农业文明、工业文明三者之间的传承与扬弃关系。在此基础上，本章充分论证了生态文明与生态省二者之间的内在逻辑关系，明确指出生态文明建设的重点是构建生态省，生态省其实就是生态文明在省域范围内的实践形式，并且更进一步地指出绿色经济是生态文明以及生态省建设的核心内容及主要实现形式。

第三章我国生态省建设研究。本章主要分析了生态省的基本内涵，构成要素及主要特征，明确指出生态省建设的本质是一种发展模式，生态省建设的核心是构建生态经济省，生态省建设的关键是生态经济系统。本章回顾和总结了我国从生态示范区建设直至生态省建设的发展历程，重点介绍了我国海南、吉林、黑龙江、福建等生态省建设先行省份的基本情况。在此基础上，对比分析了以杨开忠教授为首席科学家的北京大学中国生态文明指数（ecology civilization index，ECI）研究小组对我国生态省建设研究的 ECI 分类模式，以及北京林业大学严耕教授牵头的中国生态文明建设评价指标体系（eco-civilization construction indices，ECCI）研究小组对我国生态省建设研究的 ECCI 分类模式，指出这两种研究模式的明显弊端和不足之处。

第四章广西生态省建设的现状及问题研究。本章总结了广西生态省建设的发展历程，归纳了广西生态省建设的有利条件和不利因素，对广西生态省建设的主要阶段性步骤，广西生态省建设的指标体系，以及广西生态功能区划分模式进行了合理评价。在此基础上，对我国现阶段生态省建设通常采用的生态功能区模式进行了理性分析及质疑，提出了在生态省建设过程中应以新型经济生态模式代替传统的区域生态模式，并进一步地明确了以绿色产业为核心，以绿色制度为保障的生态省建设的绿色经济模式。

第五章广西生态经济省建设的绿色产业模式。本章明确指出绿色产业结构与体系的构建是生态省建设的核心内容，并且以广西生态省建设的绿色产业体系发展为例，归纳了绿色产业的基本内涵及主要特征，总结分析了广西绿色产业发展所面临的生态与资源基础、基本优势及主要障碍。在此基础上，对广西绿色产业的整体发展给出了具备一定可行性的对策建议，提出广西应当优化绿色农业产业结构，合理规划广西绿色农业产业布局，扩大绿色农业的发展规模，完善绿色农业的产业链；广西应合理规划绿色工业发展的产业及区域布局，推进绿色工业发展的生态园区建设，扩大绿色工业企业的循环生产模式与低碳生产模式；广西应充分借助自身的自然生态优势和经济区位优势，大力发展以生态旅游业和国际服务业为核心的绿色第三产业。

第六章广西生态经济省建设的绿色制度创新。本章明确提出生态省建设必须辅之以完善的绿色制度配套体系，并且以广西生态经济省建设的绿色制度体系构建为例，指明广西生态省建设必须要以生态文明理念为指导思想，广西生态省建设必须建立以绿色产业政策和绿色区域政策为核心的绿色行政制度，形成有广泛社会基础的绿色消费制度，构建广西生态省建设的"省—市—区"三级结构及层次体系。此外，本章还通过典型案例的剖析，充分细致地阐述了广西生态省建设过程中的绿色制度构建模式和途径。

结论。本章是对本书写作的回顾与总结，主要归纳了本书所蕴涵的基本观点，存在的主要不足之处以及日后的改进思路与构想。

二、研究的主要创新

本书主要研究的是我国生态省建设的基本模式问题，本书以广西生态经济省建设的实际情况为研究样本，对我国传统的生态省建设模式进行了科学分析与总结，在此基础上提出了我国生态省建设的新型模式，无论在理论层面还是现实领域都有着一定程度的创新意义。

具体而言，本书的主要创新点包含以下几个方面：

研究有着较高层次的思想性，充分论证了生态省与生态文明二者之间的逻辑关系，指明了生态文明是生态省建设的思想及理念基础，生态省建设是生态文明在省域范围内的实现形式。就目前国内生态省问题的研究现状而言，甚少有将生态省建设与生态文明建设二者融为一体，提倡将生态文明理念作为生态省建设的指导思想，将我国各地区的生态省建设置于我国生态文明建设的时代背景当中，从生态文明建设的整体战略发展格局来考量生态省建设的理念和模式问题，突破了传统生态省研究视角的地域局限，从而使得本书的研究有了更高层次的思想基础，提升了研究的整体思想层次。

对生态省建设的理论基础进行了科学的选择和界定，从经济学的视角明确指出生态省建设问题研究主要涉及生态经济、循环经济、绿色经济、低碳经济四种经济理论，在此基础上进一步对以上四种理论之间的相互关系进行了全面细致的剖析，最终将生态省建设的理论基础限定为绿色经济和生态经济两种理论，使得本书研究的理论基础界定在比较合理的范畴，避免了研究的宽泛性和盲目性，不仅突出了研究的侧重点和针对性，同时也更加明显地体现出了研究的学科性质。

指明了生态省的实质是生态经济省，经济发展是推动生态省建设的核心动力，绿色经济发展模式的构建是生态省建设的关键所在。生态省建设所涉及的范畴十分广泛，旗帜鲜明地指出经济可持续发展是生态省建设的基本内涵和本质要求，经济发展模式的转型从根本上决定了生态省建设的成败。为此，提出应当在省域范围内大力构建绿色经济的实践基础和发展模式，将绿色经济作为生态省建设的重点领域和突破口，以绿色经济发展模式的形成和完善作为推进生态省建设的强大动力。

对我国传统的生态省建设模式进行了全面回顾和细致分析，并且合理的指出传统生态省建设模式的不足之处。我国现阶段生态省建设的主流模式是典型的"区域生态模式"，主要是以自然环境和生态系统的不同将全省划分为若干个不同的生态功能区，在各生态功能区内形成不同的生态省建设区域类型。这种模式虽较好地顾及了省域内部不同区域的生态特性，但却带来了区域行政管辖的混乱和地区产业结构的冲突，并且没有充分体现出生态省建设的经济内涵。因此，创造性地提出应当构建我国生态省建设的"经济生态模式"，以省域范围内绿色经济发展模式的建立来促进生态省建设的可持续发展，完整体现出生态省建设的经济内涵。

以广西生态经济省建设为例，提出应当以绿色产业结构为核心构建生态省建设的绿色经济发展模式，将生态省建设的"经济生态模式"进一步地细化为"产业生态模式"。产业结构是绿色经济体系的核心内容，绿色农业、绿色工业和绿色服务业是绿色经济发展的内容要求，绿色产业结构是绿色经济的实现载体和表现形式。生态省建设就是要以省域范围的资源优势和生态特性为依据，形成有明显竞争能力的区域性绿色产业结构体系和产业布局，以保障省域范围内绿色经济的可持续发展。

以广西为研究样本，提出在构建生态省建设的绿色产业结构模式时，还应当形成绿色制度的配套机制。绿色制度作为绿色经济体系的重要组成部分，同时也是绿色经济发展的重要保障。因此，为保证生态省建设的产业生态模式顺利开展，就必须从政府的角度出发构建绿色行政制度，形成全社会范围内的绿色消费制度，并且构建生态省建设的"省—市—区"三级层次结构与体系。

以广西作为研究样本，具有较高的典型性和代表性。广西属于整体发展水平较为落后的省份，对广西生态省建设问题进行研究，能够更加明显地发觉我国生态省建设过程中存在的主要问题，更加真实全面地体现我国生态省建设的整体水平。此外，广西有着优越的自然条件和区位优势，广西不仅是我国西南地区的战略生态屏障，是首先提出生态省建设的少数民族自治区，而且还是"中国—东盟自由贸易区"和"海上丝绸之路"的门户省份。以广西作为生态省研究的样本，可以丰富我国生态省建设模式的研究，对我国其他地区的生态省建设提供有益的参考。

此外，为以广西为代表的民族地区经济发展提供了新的思路借鉴与模式参考。长久以来，由于自然条件、经济基础、人口结构等多方面因素的综合性掣肘，诸如广西、云南、贵州等民族地区的经济发展水平显著落后于发达地区，这种状况不仅违背了我国政府的执政理念，而且从长远来看，也明显不利于我国整体经济的宏观均衡性发展。因此，如何尽快地在较短时期内显著提升民族落后地区的经济发展水平，是摆在各级政府面前的历史性命题。同时，就民族地区自身而言，虽然大多有着不错的资源禀赋，但由于特有的生态脆弱属性，民族地区在资源变现的过程中往往陷入"要发展、必污染"的两难窘境，这不仅从根本上限制了民族地区经济发展的可持续性，而且从综合性的生态成本来考量也是得不偿失的。以生态文明理念为引导，以生态省建设为切入口，以绿色经济发展模式的构建来平衡民族地区经济发展与生态保护二者之间不可协调的矛盾，从而使得民族地区在资源优势转换为经济优势的同时，继续保持良好的生态系统完整性，确保民族地区既拥有"绿水青山"，同时也能开发出"金山银山"。

第一章 研究的理论基础

生态省的范畴很广,生态省建设的基础理论也包含多个学科门类。从经济学的角度来考量,有关生态省研究及其建设的基础理论主要有生态经济理论、循环经济理论、绿色经济理论、低碳经济理论,而在这些理论其中,最为重要,最为全面的还是生态经济理论和绿色经济理论。生态经济、循环经济、绿色经济、低碳经济产生的时代有所交叉,在涉及的主要范畴领域也有着一定程度的重叠,因此比较容易混淆。实际上,国内外学者对这四种理论的起源与发展已经做了较为细致和完善的研究,这四种理论的源起和发展演变的基本情况如表1-1所示。

表1-1 生态经济、循环经济、绿色经济、低碳经济的起源与发展

经济形态	国 际	国 内
生态经济	莱切尔·卡逊首次开展研究 鲍尔丁首次提出概念 列昂捷夫首次定量分析 联合国环境规划署主题会议 戴利发表《可持续发展的经济学》 霍肯发表《自然资本论》	徐涤新发起召开首次生态经济座谈会 1982年召开第一次生态经济讨论会 1984年成立中国生态经济学会
循环经济	莱切尔·卡逊著《寂静的春天》 鲍尔丁提出"宇宙飞船经济理论" 皮尔斯和特纳提出"循环经济"术语	1998年引入循环经济概念 1999年从可持续生产角度进行整合 2003年将循环经济纳入科学发展观 2009年施行《循环经济促进法》

续表

经济形态	国 际	国 内
绿色经济	皮尔斯著《绿色经济蓝图》 20世纪60年代兴起《绿色革命》 Jocobs等提出社会组织资本理论 潘基文提议开启"绿色经济"新时代	1990年召开绿色食品工作会议 1996年实施《跨世纪绿色工程计划》 胡锦涛在气候峰会上提出要大力发展绿色经济
低碳经济	阿列纽斯预测到 CO_2 对气候的影响 1992年《联合国气候变化框架公约》 1993年《京都议定书》 英国白皮书首次提出概念 斯特恩气候变化报告 IPCC"气候变化2007"报告 "巴厘岛路线图"决议	发布《中国应对气候变化国家方案》 胡锦涛在APEC会议上主张发展低碳经济 2008年"两会"将低碳经济提上议题 2010年"两会"政协一号提案主题为低碳

资料来源：杨运星：《生态经济、循环经济、绿色经济与低碳经济之辨析》，载于《前言》2011年第8期。

　　生态经济、循环经济、绿色经济、低碳经济这四种理论在各自产生时所面临的主要环境问题和生态境况都不尽相同，对环境和生态问题关注的侧重点和解决环境生态问题的技术路径也是各有侧重。但尽管如此，这四种理论还是在很大程度上有着相似之处，实质上都秉承了可持续发展的指导思想，是生态文明理念的理论分解与构建。具体而言，这四种理论产生的时代脉络大致如图1-1所示。

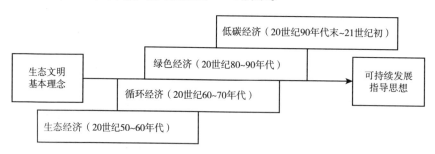

图1-1　生态经济、循环经济、绿色经济、低碳经济的产生阶段

除了在理论的产生时期存在一定程度的交叉和重合之外，生态经济、循环经济、绿色经济、低碳经济在基本内涵和主要范畴领域也是既存在联系，也有所区别，如图1－2所示。

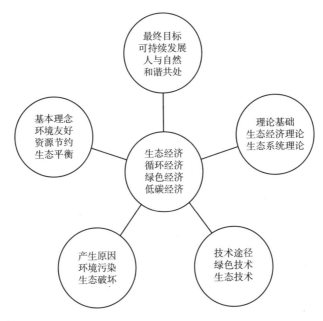

图1－2　生态经济、循环经济、绿色经济、低碳经济共同之处

表1－2　　生态经济、循环经济、绿色经济、低碳经济主要区别

经济形态	产生时代背景	核心思想	侧重点	主要环节
生态经济	20世纪50年代 环境污染与破坏	发展模式转变 生态系统良好	经济活动与生态系统 相互协调	生态系统输入端 和输出端
循环经济	20世纪60年代 环保思潮与运动	资源使用效率 生态效率	资源的循环使用与 减量化使用	资源输入端 废弃物输出端
绿色经济	20世纪60年代 绿色革命	以人为本 全面发展	绿色生产、绿色分 配、绿色消费	自然系统输入端 经济活动输出端
低碳经济	20世纪90年代 全球变暖	低排放 低污染	新能源开发及使用 节能减排	能源输入端 排放输出端

资料来源：杨运星：《生态经济、循环经济、绿色经济与低碳经济之辨析》，载于《前言》2011年第8期。

从表 1 - 2 可以看出，虽然生态经济、循环经济、绿色经济、低碳经济同属于生态省建设的理论基础，都是以生态文明理念为指导，是生态文明理念在经济层面的重要体现，但四者在生态文明体系内部的地位和价值还是有所区别的。

循环经济主要是为了应对经济活动过程中日益严重的资源消耗和废弃物排放，循环经济主要是通过资源使用效率的提升来减少资源的消耗总量，以达到保护环境和生态良好的目的，循环经济的作用主要体现在经济活动的生产环节。低碳经济是为了应对传统的能源消费结构和能源消费模式所产生的排放物对地球生态系统，尤其是大气环境的影响，低碳经济主要是在能源消费领域通过新能源的使用降低社会总体的碳排放，以维护生态系统的平衡。生态经济是将经济行为充分融合到自然环境当中，追求的是人类经济社会系统与自然生态系统的相互平衡与稳定，生态经济旨在通过彻底改变人类社会传统的生产与生活模式，从生态系统的整体角度出发，实现人类社会经济活动良性运转和自然生态系统有效保护的和谐统一。至于绿色经济，其和生态经济的含义基本一致。绿色经济的"绿色"并非本源的绿色，而是一种绿色的发展理念，是一种绿色的发展模式，是一种绿色的发展制度，是一种绿色的发展技术。绿色经济和生态经济一样，需要遵循人类经济行为和自然生态系统的和谐统一，绿色经济倡导人类的生产方式和生活模式不能够逾越自然生态系统本身的承载极限，人类社会自身的运行必须和自然生态系统的运转保持高度一致。

由此可见，循环经济和低碳经济在发展的直接结果层面和具体的技术手段领域存在一定范围的重叠，更为重要的是，循环经济和低碳经济是明显从属于生态经济及绿色经济的，而生态经济和绿色经济二者之间则是基本等同。绿色经济可以看作是生态经济在新时期的新形式、新称谓，生态经济和绿色经济在内涵层面和范畴领域是基本一致的，甚至从某种程度上讲，相对于生态经济而言，广义绿色经济（深绿色经济）的含义可能还要广泛和丰富一些。

相比较而言，循环经济和低碳经济更像是一种经济发展的技术途径与手段，生态经济和绿色经济则明显地体现出经济发展的更高层次——理念层面的色彩。因此，综合比较起来，生态经济和绿色经济的内涵及范畴最符合生态文明的理念及宗旨，也最符合生态省建设的时代需求，生态文明及生态省建设最恰当，最合适的理论基础应当是生态经济和绿色经济（见图1-3）。

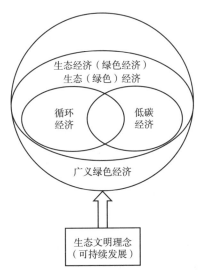

图1-3 生态经济、循环经济、绿色经济、低碳经济四者之间的相互包容关系

资料来源：陈浩、付皓：《低碳经济的特征、本质及发展路径新论》，载于《福建论坛·人文社会科学版》2013年第5期。

生态经济和绿色经济是研究生态省相关问题最直接、最重要的理论基础，这说明生态省理论研究及生态省实践问题的有效解决，必须以生态经济或者绿色经济作为突破口和出发点，探寻解决问题的科学路径和方式。

第一节 生态经济理论

一、生态经济的产生及发展

第二次世界大战结束之后，西方主要的资本主义国家大都逐步地将资源及技术由军事领域向民生领域转移，社会公众在战争期间普遍受到抑制的消费需求也得以充分释放，资源供给、技术进步、需求增长的促进和推动效应在这一时期集中显现，使得这一时期的西方主要资本主义国家获得了广泛的持续经济增长与繁荣，西方主要资本主义国家的经济实力大为增强，国民收入水平也有了极大地提高。然而，伴随着经济的高速增长，西方资本主义国家也都出现了大量严重的环境污染问题，著名的西方社会"八大公害"事件也基本集中爆发于这一时期。环境的严重污染和破坏，迫使西方发达国家开始反思传统经济发展模式的严重弊端，西方的许多学者和有识之士开始认识到，单纯地从经济学的角度来研究经济问题不足以保证经济增长的科学性和持续性，单纯地从生态学的角度来研究环境和生态问题同样不能够解决人类社会的发展问题，只有将经济学和生态学结合起来，从经济系统和生态系统二者合二为一的整体系统角度来看待经济增长和环境保护问题，才能够实现两种目标的和谐统一。与此同时，随着工业化蔓延所带来的产业转移，以及经济和贸易全球化的迅速普及，再加上人口的不断膨胀，环境和生态问题已经超越国家和地域的限制，成为威胁全人类生存及发展的共同问题，在这种背景下，生态经济理论研究的迫切性和重要性日益彰显，生态经济研究也获得了更强的动力支持和更大范围的制度保证。

（一）生态经济在西方的产生

就总体情况而言，西方国家对生态经济的研究要早于国内，而且研究的系统性更强，研究的层次也更为深入。西方国家学术界对生态经济问题的研究与探讨大致开始于20实际60～70年代，在60年代之前，西方国家的书报杂志很难看到"环境保护"这类的字眼，说明彼时环境问题在西方既不是学术研究的热点，也不是主流的社会意识，那时西方社会崇尚的是人类对自然的征服和利用。

在西方国家，第一个开始真正关注人类经济发展进程中环境问题的是美国海洋学家莱切尔·卡逊。1962年，卡逊发表了著名的一部著作——《寂静的春天》，该书在出版的初期产生了巨大的争议，引起了西方学术界的广泛讨论。《寂静的春天》以人类对农药的滥用作为切入点，深刻探讨了环境对人类社会生存及发展的基础性和决定性作用，警示了如果再不对环境问题给予高度的重视，人类社会将面临一片死寂。卡逊的观点受到相关经济部门利益代言人的猛烈批评和指责，但也正因为如此，卡逊的观点开始逐步进入西方学术界和社会公众的视野，环境问题也终于得到了西方国家社会各界的广泛关注。

西方生态经济学研究的另一个代表人物是美国经济学家肯尼斯·鲍尔丁。20世纪60年代，鲍尔丁提出了著名的"宇宙飞船经济"理论，该理论将地球生态系统的运行比作茫茫宇宙当中的一艘小小飞船，基于地球资源的有限性和地球生态系统自身的封闭性，"宇宙飞船经济"强调资源的循环使用和充分利用，并且要求人类将自身视为自然生态系统的一部分，推崇"人—自然"系统的和谐发展。同样是在20世纪60年代，鲍尔丁发表了《一门科学——生态经济学》的文章，在此文章中，鲍尔丁首次明确提出了"生态经济学"的概念。此后，对生态经济的研究和探讨逐渐成为西方学术界的热点，不仅如此，西方国家在生态经济领域的研究视角和研究方法也是逐步扩展，已经超越了纯粹理论探讨的范式，开始走向实证化的发展模式。美国经济学家列昂捷夫使用投入—产出分析法，首先开始对经济发展与环境保护二者之间的关系进行定量分析，经济学家戴利和霍肯主要致力于自然资本理论领域的研究，明确提出自然资本和人造资本一样，都是人类社会生存与发展所不可或缺的。

有了20世纪60~70年代的铺垫之后，进入80年代以后，生态经济学在西方国家开始蓬勃发展，出现了多个生态经济学研究的权威学术机构。比较有名的是在这一时期成立的国际生态经济学会，国际生态经济研究所，北届生态经济研究所。时至今日，西方国家对生态经济的研究仍在不断的探索和进步，涌现了许多新的研究视角和研究方法。

从总体上看，西方国家学术界对生态经济的研究产生了三种主要的流派和观点：悲观派、乐观派和现实派。悲观派以美国的米都斯和英国的爱德华·哥尔德史密斯为首，代表作是《增长的极限》《生存的蓝图》，悲观主义者认为人口增加、经济增长和资源、环境之间的矛盾不可协调，而且会愈演愈烈，解决的唯一途径便是降低经济增长的速度，甚至要求经济"零增长"；乐观派的主要代表人物是卡恩、西蒙和甘哈曼，主要代表作是《即将到来的繁荣》《最后的资源》《第四次资源》，乐观主义者认为从人类发展的历史角度而言，环境污染和能源消耗问题都只是过渡性的阶段问题，是经济发展过程中的暂时性问题而非永久性的问题，人类的技术进步和文明发展最终都会跨越这些障碍，随着人类社会整体层次的进一步提升，生态环境将会日渐好转；现实派的主要代表人物是托夫勒、布朗、佩西，代表作是《第三次浪潮》《建设一个持续发展的社会》《未来的一百年》，现实主义者认为人类面临的环境问题的确十分严峻和紧迫，但也并非无法解决，人类应当运用技术、市场、法律、制度等综合性的多种手段，协调经济发展与自然环境保护之间的矛盾，在不对环境和生态系统造成巨大破坏的基础之上，尽可能地实现经济的稳定增长。

（二）生态经济在我国的发展

虽然从严格意义上讲，生态经济的学术理论源于西方，但实际上生态经济的思想在我国由来已久。我国古代的《老子》《庄子》《周易》等一系列的先贤著作中所内涵的"天人合一""道法自然"的朴素自然主义思想，其实已经蕴涵了生态经济的思想精髓。

国内对生态经济的正式研究基本始于 20 世纪 80 年代，原因比较明显。首先，由于冷战时期东西方的相互对峙，我国和西方国家的学术交流多有不畅，尤其是 60 ~ 70 年代，由于我国正处于一个特殊的历史时期，与西方国家的学术交流几乎完全隔离，西方国家的生态经济浪潮无法及时波及我国学术界。其次，改革开放之后，一方面由于国门逐渐打开，我国与西方国家的学术交流重新启动，另一方面实行对外开放以来，由于与西方国家的经济往来日益加深，西方国家的环境问题也逐渐影响到我国，我国在借鉴西方发达国家经济发展模式的同时，也开始意识到西方传统的经济发展模式是以环境的巨大牺牲为代价，我国的人口和资源条件无法承受这种代价，我国不可能走西方国家的老路，迫切希望寻求一种新型的，符合我国国情的发展道路。在这样一种背景下，西方国家的生态经济思潮引起了我国学术界的广泛关注。

1980 年，我国著名的生态经济学家许涤新先生在西宁召开的全国第二次畜牧业经济理论讨论会上，首次提出了"要研究我国生态经济问题，建立我国生态经济学"的倡议。1982 年，中科院经济研究所、农业经济研究所、中国生态学会等多个部门在南昌召开了全国第一次生态经济讨论会。1984 年 2 月，由中科院主管的中国生态经济学会在北京成立。1985 年，全球第一份生态经济学专业期刊——《生态经济》由中国生态经济学会和云南省生态经济学会在昆明创立。

从整体上看，我国生态经济理论的形成和发展大致经历了三个主要的发展阶段，在不同的发展阶段都有着主要的代表人物和学术研究的热点领域，如图 1 - 4 所示。

在经过了 30 多年的发展之后，生态经济的思想及相关理论在我国也逐渐成熟。在理论层面，国内许多学者结合我国的实际情况，对生态经济进行了更为广泛和深入的研究，在一定程度上扩宽了生态经济的研究领域。在实践方面，随着我国经济发展过程中的环境污染问题日益严重，中央对环境修复和生态保护的重视程度日益提高，尤其是党的十八大之后，生态文明成为我国政府的治国理念，我国的生态经济实践迎来了难得的历史机遇，获得了更为广泛的历史舞台。

二、生态经济的内涵

迄今为止，生态经济学还是一门较新的学科，国内外学者对生态经济都还没有一个相对比较固定和权威的界定，不同领域的专家学者从自

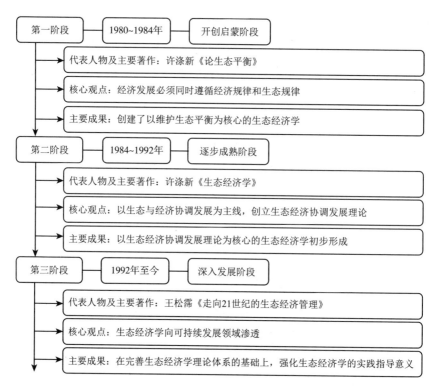

图 1-4　国内生态经济学发展历程

资料来源：刘学谦、杨多贵、周志田等：《可持续发展前沿问题研究》，科学出版社 2010 年版，第 161 页。

身的学科特性和研究侧重点出发，对生态经济都有着不尽相同的表述和领悟。

国外学者对生态经济的阐述时期相对较早，作为生态经济学创始人之一的肯尼斯·鲍尔丁，在其代表作《一门科学——生态经济学》当中，反思了传统经济学的研究视角，重新界定了生态经济学的研究对象，提出了对生态经济学的后续发展有重大影响的"生态经济协调理论"，明确指出人类经济系统和社会系统必须建立在自然生态系统的良性运行基础之上，人类自身经济行为无法摆脱来自自然的限制与呵护。肯尼斯·鲍尔丁的观点更加充分，更为深层次地阐述了"生态"与"经济"二者之间的辩证关系,是对传统经济学发展的一大贡献。赫尔曼·戴利则是从稳态经济的角度对生态经济有所涉及,戴利认为,每一种生产要素,包括资源、环境、人口、技术等均应保持平衡发展,要素之间相互协调与配合,并且将传统的经济问题放入更为广泛的生态系统中进行研究,这样就能够实现人类社会可持续发展的根本目标。罗伯特·科斯坦塔则是更加明确的指出,生态经济是人类经济及社会发展的必然产物,生态经济可以解决传统经济模式所不能有效解决的诸多问题,例如保障经济可持续发展、资源有效配置和收入公平分配。罗伯特·科斯坦塔坚定地认为,人类社会经济系统只是地球生态系统的一小部分,并且人类经济系统的有效运行绝对要以生态系统的良性运转为基础,所以人类经济系统得以存在的前提便是与自然生态系统保持高度一致。

就国内学者而言,我国学者对生态经济的表述带有中国式的哲学伦理和研究范式,著名生态经济学家王松霈认为生态经济的核心理念是可持续发展,生态经济不仅是生态问题,同时也是经济问题,是整体层面的发展问题,因此必须遵循经济发展与生态保护协调统一的思想。生态学家腾有正认为,生态经济的关键之处在于保持生态系统、经济系统、社会系统的同步运转,生态经济的最终目的是实现经济目标、社会目标、生态目标三者的有机统一。

从词根上看,生态经济(ecological economy)源于"经济的"(economic)和"生态的"(ecological)两个词头,因此,简单而言,生态经济就是生态系统与经济系统的合二为一,但生态经济绝不是"生态"与"经济"的简单相加,而是二者的和谐统一。生态经济能否成功实现,关键就在于经济系统与生态系统的结合程度,这也是生态经济发展与推广的困难之处。生态经济不仅仅是在经济发展的过程中考虑环境生态系统的容纳能力,也不仅仅是在保护环境生态系统的基础之上创造合理的经济效益,生态经济是将环境生态系统视为经济发展的重要内生增长要素,将人类社会的经济行为作为自然生态系统和谐运转的天然构成部分,以经济系统和生态系统的互相融合与促进来实现经济增长与生态保护二者目标的同步实现。

综合国内外学者对生态经济的归纳和表述，大体上可以理顺生态经济的基本含义。所谓生态经济，是以生态学、系统学和经济学作为理论基础，在区域经济及社会的发展过程中，充分尊重与考虑生态系统的环境容量和资源承载能力，生态经济以高效的生态型产业为依托，辅之以相应的制度建设和文化建设，在最大限度地保证经济增长、社会进步、环境保护三者目标的有机结合，实现经济系统与生态系统的和谐统一。因此，要准确、完整地理解生态经济的内涵，就需要注意以下两个方面。

生态经济是一种经济发展模式。生态经济是人类社会的一种新型经济形态，归根到底，生态经济也是经济形式的一种。生态经济要求充分重视生态环境的基础性作用，不仅将生态系统看作是经济发展的平台与载体，而且将生态系统视为经济增长的核心内在要素。生态经济推崇对自然的保护，但保护自然绝不是发展生态经济的唯一目的，生态经济对自然的保护是建立在发展基础之上的保护，对于生态经济而言，纯粹地对自然进行保护是苍白无力，也是毫无价值的，生态经济同样需要保持经济的高速发展。生态经济反对只追求经济发展速度，不管环境代价的传统经济发展模式，但这并不意味着生态经济必须放缓，甚至停止经济发展。生态经济借助于全新的生态产业，以及对传统产业的生态化改造，完全可以实现在有效保护自然生态系统的基础之上维持经济的高速、持续发展。生态经济能否取得相对于传统经济的巨大优势，关键就在于能否创建一种新型的绿色、可持续的经济发展模式，这是生态经济发展的最大优势，同时也是生态经济建设的最大困难所在。

生态经济是一套复合生态系统。生态经济的发展涉及经济、自然、制度、文化等多个领域，因此，生态经济实质上是一个"自然—经济—社会"复合系统，在这个复合生态系统中，存在着物质流、能量流、价值流、信息流等多种媒介和物质的交换。同时，生态经济系统又可以内生为经济子系统、社会子系统和自然子系统等若干个子系统，各个子系统内部及子系统之间也存在着互动与冲突的辩证关系。系统之间的矛盾冲突正是生态经济发展的困难所在，要协调这种冲突，就必须站在整体性的宏观复合生态系统的角度上，平衡资源在不同系统内部的合理分配，以复合生态系统的整体效益引导内部子系统的局部利益，最终实现整体利益与局部利益的和谐统一。

三、生态经济的类别

生态经济是一个复合型的生态经济系统，从不同的角度可以对生态经济进行各种类型的划分，以方便对生态经济进行更为细致的探讨和研究。

（一）生态经济的产业划分

经济发展依旧是生态经济的落脚点和核心，从产业结构的角度，可以将生态经济划分为生态农业、生态工业和生态第三产业。

1. 生态农业

所谓生态农业，是指以区域自然环境和生态体系为依据，遵循生态学的基本原理，选择生长速度快、经济效益好的农作物，运用现代农业技术、基因技术和管理技术，开展复合型种植和集约化经营，大力推广生物肥料和生物农药，减少农作物生长对土壤微量元素构成的破坏，提升土壤的积蓄能力和可持续生产能力，实现农民增收、土地增产、农业增效的良性循环，形成经济效益、生态效益和谐统一的现代新型农业格局。

2. 生态工业

所谓生态工业，其实就是可持续发展的工业模式。新型生态工业模式的建立，通常是以低碳经济和循环经济为主要实现手段，将传统工业发展模式的单向线性经济——"资源—产品—废物"改造为新型的封闭型绿色经济模式："资源—产品—再生资源"，使得传统的高能耗、高排放、高污染的经济发展模式向低能耗、低排放、低污染的绿色经济模式转变。生态工业要求大规模的降低单位能耗和污染物排放，最大限度地减轻经济增长对环境生态系统的破坏，实现工业增长的经济效益与生态效益的同步实现，打破"要增长，必污染"的传统魔咒，以最终实现工业增长的可持续性。

3. 生态第三产业

所谓生态第三产业，就是改变人类传统的生活方式和消费观念，抵制过度消费、奢侈消费和炫耀性消费，提倡节约消费、适度消费、合理消费。生态第三产业要求大力发展文化产业，满足人们日益迫切的文化需求，满足人们更深层次的心理需求。生态第三产业和传统服务业有着明显区别，生态第三产业对消费者的需求并非毫无限制、毫无选择地加以满足，而是通过价格、促销等多种手段引导消费者的需求回归理性的轨道，使得国民消费理念和消费模式成为保护生态环境的重要途径之一。

（二）生态经济的区域划分

自然环境和地质结构是生态经济得以运行的天然基础，生态经济发展模式的地区差异也正是由于区域自然禀赋和生态系统的结构性差异所导致的。生态经济并无统一的模式，不同地区都应该选择与自身环境特征和资源优势相匹配的生态经济发展模式，并建立相应的生态功能经济区。

我国早期的生态示范区建设，到后来的生态省建设，直至最新的生态文明示范区建设，都带有明显的区域地方资源和经济特色，尤其是我国已经开展生态省建设的省份，几乎都以省域内部的地区资源分布为依据，将整个省份划分为若干个不同的生态经济区。例如海南省将全省划分为海洋生态圈、海岸生态圈、沿海台地生态圈、中部山地生态圈；吉林省将生态省建设划分为东部长白山地生物资源保护生态环境区、中东部低山丘陵生态建设生态环境区、中部台地平原生态建设生态环境区、西部松辽低平原生态恢复与建设生态环境区；云南将省域内的生态省建设划分为金沙江流域、珠江上游云南境内南盘江流域、澜沧江流域、红河流域、怒江流域、瑞丽江及龙江流域；贵州将全省划分为西部生态综合治理区、中部生态环境保护区、东部生态经济建设区；湖南将生态省建设划分为湘江流域、资水流域、沅水流域、澧水流域、洞庭湖区、其他水系；广东省将省内区域划分为珠江三角洲地区、粤东南沿海地区、粤西沿海地区、韩江上中游地区、东江上中游地区、北江上中游地区、西江中下游地区；广西将全省划分为桂东北丘陵生态区、桂中岩溶盆地生态区、桂中北岩溶山地生态区、桂西北山地生态区、桂东南丘陵生态区、桂南丘陵台地生态区、桂西南岩溶山地生态区、近岸海洋生态区；青海将全省生态省建设划分为黄河源头及上游地区、长江源头及上游地区、草原区、"三北"风沙综合治理区、青藏高原冻融区；浙江省将全省划分为浙东北水网平原环境治理区、浙西北山地丘陵生态建设区、浙中丘陵盆地生态环境治理区、浙西南山地生态环境保护区、浙东海洋岛屿生态环境保护区。

生态经济的区域类型划分，是以不同区域的资源种类、资源丰富程度及地质、地理环境特性为依据，建立合适的生态产业结构和生态经济发展模式，这是生态经济发展的另一种主要类型，在我国生态区建设，尤其是在生态省建设过程中被广泛采用，是我国最为普遍的一种生态经济省建设模式。

四、生态经济的主要特征

和传统的经济发展模式比较起来，生态经济在发展的基本理念，发展的主要模式方面都有着明显的不同，生态经济可谓是一种全新的发展理念和发展模式，生态经济的优势和特征也非常明显，总体而言，主要包括以下几个方面。

(一) 生态经济的系统性

生态经济既不是单纯的生态系统，也不是纯粹的经济系统，生态经济是一套复杂的生态经济系统，系统性是生态经济的首要特征。生态经济的系统性要求生态经济在发展和实践的过程当中，充分考虑和顾及所有的资源和要素，将每一种要素都视为生态经济系统不可或缺的组成部分，每一种要素在生态经济系统中的作用都是相对均衡的。生态经济的系统性也预示着系统内部各种要素之间的匹配程度及和谐程度是决定生态经济成败的关键所在。生态经济就是要充分协调自然系统、经济系统、社会系统三者之间的角色定位和利益分配，以可持续发展思想为指导，实现生态领域内的经济效益最大化，以及经济领域内的生态效益最大化。

（二）生态经济的层次性

生态经济的系统性自然而言地就会引申出生态经济的另一个特性——层次性。层次性实际上是生态经济系统性的另一种表现形式，是对生态经济系统性的解构和细化。生态经济的层次性有三层含义：企业层面的生态经济——微观生态经济；行业层面的生态经济——中观生态经济；社会层面的生态经济——宏观生态经济。微观生态经济又叫作单一生态经济，是以某个企业为基础，微观生态经济是整体生态经济体系的基础；中观生态经济又叫作综合性生态经济，中观生态经济往往是以整个行业为依托，是整个生态经济体系的中坚力量；宏观生态经济也叫作复合型生态经济，它以整个社会作为依据，宏观生态经济是生态经济发展的终极目标。微观生态经济、中观生态经济、宏观生态经济三者之间依次递进，层层相套，共同组建了生态经济的整体性。

（三）生态经济的持续性

生态经济在发展的理念层面充分考虑了生态系统的资源承载极限和环境容纳空间，将生态系统视为经济发展的内生要素之一，这是生态经济建立的根本前提和基础。因此，和传统的经济发展模式比较起来，生态经济的最大优势和最终成果就是发展的可持续性，生态经济的可持续性意味着生态经济能够在根本层面保证人类社会经济发展和生态环境保护二者之间的和谐统一，破解长期以来困扰人类社会的发展与环保的"二律背反"魔咒，使得人类社会最终走上一条可持续发展的科学道路。

第二节　绿色经济理论

一、绿色经济的产生及发展

绿色经济产生的时代背景和生态经济有着较大的相似之处，20 世纪五六十年代，随着战后西方主要资本主义国家社会生产的恢复和繁荣，西方国家的经济发展整体上达到了罕见的高度，社会财富的总量急剧增加，国民的收入水平和生活质量也都得到了极大的提高。但是，西方国家传统的工业化发展模式使得在经济增长的过程当中，环境所承受的压力越来越大，环境所遭受破坏的程度也愈演愈烈，随着经济增长达到一定的临界值，环境对经济增长贡献率的拐点也就随之到来，西方国家的环境问题频发，环境修复和生态保护的紧迫性日益提高。与此同时，随着第二次世界大战结束之后，尤其是"越战"期间西方国家反战思潮的兴起，西方国家的公民社会逐步到来，西方国家的国民对社会公平与正义的期望值越来越高，要求享有更高的个体话语权和更多的社会事务参与权，而此时的环境问题正好成为西方社会的民意诉求口。此外，随着战后西方国家福利制度的逐步形成与推广，社会保障制度逐步完善，西方国家公民对生活质量的要求也在逐步提高，普通民众将环境和生态水平视为衡量个人生活质量的一个重要标准。环境和生态问题的敏感性和重要性日渐提升，有关环境的问题不仅成为西方国家社会公众、大众媒体的长期话题，甚至已经逐步影响了西方国家的政治常态及社会格局，许多西方国家的政党都将环境问题的许诺作为重要的竞选纲领和口号，甚至直接将"绿色"作为自身的代表性政治色彩和文化象征。"绿色"

已超越了狭隘的经济范畴，逐步演变成为西方国家一种普遍性的公众语言和社会符号，并且借助于经济全球化和国际贸易的时代便利，绿色思潮早已突破了国界和地域的限制，成为整个人类社会必须共同面对和关心的重大历史性问题，正是在这样一种时代潮流和背景下，绿色经济的产生及发展也就成为顺理成章的历史演绎。

一般认为，"绿色经济"一词最早是由英国经济学家皮尔斯 1989 年在其出版的《绿色经济蓝皮书》一书提出来的，但绿色经济称谓的产生并不代表着绿色经济思想的诞生。实际上，绿色经济的起源可以追溯到 20 世纪 60 年代在全世界范围内掀起的农业"绿色革命"。在这一时期，随着广大发展中国家政治独立和民族复兴的兴起，发展中国家的经济也有了一定程度的增长，随之而来的便是人口的显著增加和农业生产的资源消耗明显加剧，在这种情况下，人口消费需求不断提升和粮食供给相对固定之间的矛盾日益突出，急需采用现代化的农业技术和生物工程技术提升农业生产的整体规模和效率，以解决日益严重的粮食危机问题。这便是 20 世纪 60 年代在世界农业领域兴起的"绿色革命"，绿色革命有效提升了世界范围内的许多国家，尤其是主要发展中国家的粮食产量，很大程度上平衡了全球的粮食供给，为全世界的粮食安全和世界和平做出了巨大的贡献，为全球经济增长与繁荣奠定了坚实的基础。但就总体发展状况而言，此时的"绿色革命"还主要局限于农业生产和粮食领域，带有天然的质朴与纯粹。此后，随着全球范围内反战运动和民权运动的广泛普及与深入发展，源于传统农业领域的"绿色革命"也逐渐演变成为一场全球性的"绿色运动"，"绿色运动"不仅涉及传统的资源利用和环境保护领域，而且已经深入到人类社会发展的各个范畴，成为一个深层次、宽领域的历史性问题。"绿色运动"在人类社会经济领域的体现便是绿色经济的发展理念和发展模式，绿色经济着重的不仅仅是生产性的局部环节，而是包括绿色生产、绿色交换、绿色分配、绿色消费等一系列社会生产大环节的绿色经济发展模式。绿色经济要求经济增长绝不能以牺牲环境和生态为代价，绿色经济追求的是经济增长与环境保护二者目标的同步实现，绿色经济是对传统经济发展模式的彻底颠覆，绿色经济发展理念的产生及实践，将使人类社会真正能够实现在自身发展过程中人口、资源、环境三者之间的大体平衡，人类也能够获得真正意义上可持续发展的有力保证。

就整体发展情况而言，绿色经济的发展可以分为"浅绿色经济"和"深绿色经济"两个主要阶段。所谓"浅绿色经济"是指绿色经济发展的前期阶段，大致相当于 20 世纪 60 ~ 70 年代，受当时世界范围内第三次工业革命浪潮的影响，这一时期的绿色经济发展带有鲜明的"技术"色彩，走的是一条明显的技术路线，期望通过技术途径能够有效解决经济发展中的环境和生态问题，并对此抱有美好的愿望。然而事实证明，环境问题很大程度上就是由于技术的无限制开发及使用所导致的，因此，片面倚重技术无法从根本上缓解环境污染和破坏，急需寻求新的思路与解决途径。到了 20 世纪 90 年代前后，"深绿色经济"便应运而生，和"浅绿色经济"比较起来，"深绿色经济"同样注重新型绿色技术的研发及使用，但"深绿色经济"对技术并不是盲目地崇拜与推广，"深绿色经济"将经济发展的视野放到更为广泛的社会制度，甚至是社会文化的视角，寄希望于更深层次的绿色制度、绿色文化为经济发展提供更为强大的保障。因此，和"浅绿色经济"比较起来，"深绿色经济"的内涵及范畴明显要广泛得多，"深绿色经济"是绿色经济发展的高级阶段，"深绿色经济"的"深"是经济发展理念的"深"，是经济发展视角的"深"，是经济发展模式的"深"。"深绿色经济"才是最符合可持续发展要求，和生态文明理念契合度最高的经济发展形态和模式。

（一）国外绿色经济的发展历程

绿色经济的提法最早出现在西方国家，从绿色经济发展的基本水平和总体质量来看，西方国家也处在世界领先地位，提出了许多有关绿色经济的理论体系和研究视角，有很多地方值得我国借鉴及参考。

在传统的政治经济学领域，马克思、恩格斯的著作很早就对人类社会经济发展过程中的环境因素有所涉及，开宗明义地提醒人们应当高度重视环境对经济发展的支撑作用，并且明确提醒人类的经济发展模式不可对环境造成过度的伤害，否则人类社会迟早会为此付出巨大的经济及社会成本，如不加强对环境生态问题的重视程度和保护力度，人类历经艰辛所累积的经济成果就会消失殆尽。

马克思所创立的物质变换理论，将人与人、人与自然、人与社会三者之间关系建立在自然生态系统和社会经济系统物质交换的客观规律基础之上，并且将人类的联动过程与生产过程建立在人与自然的物质交换基础之上①。恩格斯 1876 年在代表作《自然辩证法》中郑重地告诫人类：人类绝不能过分沉迷于对大自然取得技术性胜利的美丽幻象，虽然在短时期内，借助于技术革新和社会组织变革的力量，人类或许能够取得对自然界的压倒性胜利，摘取丰硕的经济果实。但大自然始终是人类社会生存及发展的最终母体，人类在自身经济发展过程中对生态环境的毫不顾忌迟早会遭受大自然的猛烈报复，人类经济发展的环境成本终究会兑现，而且拖延的时间越久，偿还的成本只会更高，直至最后彻底抵消经济发展的前期成果，使得人类社会再次陷入贫穷和困苦的泥潭②。恩格斯早在 100 多年前的劝诫对当代人类社会的生存及发展仍然具有极强的警示意义。

除政治经济学领域之外，早期的西方经济学家实际上也对绿色经济有了一定程度的关注。绿色经济在西方经济学界的最早起源可以追溯到17 世纪末到 18 世纪初的古典经济学流派，当时的一些西方经济学家主要关注的是经济增长与土地、自然资源等资源承载力，以及环境对人类经济发展的容量关系，这一时期西方经济学的绿色经济思想虽然较为朴素和简单，系统性、逻辑性都不是很强，但毕竟开辟了绿色经济思想的萌芽。要素分配理论的代表人物之一威廉·佩第所提出的"劳动是财富

---

① J. B. , Maxs Ecology, Monthly Review Press, 2000, P. 157.

② 文岚、何金泉：《生态文明与经济建设协调发展的几点思考》，载于《传承》2008 年第 4 期。

之父，土地是财富之母"的经济学思想虽然是建立在劳动价值理论之上，但还是肯定了资源要素对经济发展的基础性作用，蕴涵了绿色经济的部分核心思想。此后，西方早期著名的人口学家马尔萨斯在其著作《人口论》中，认为人类社会生产力的发展水平无法赶上人口的增长速度，人类社会发展过程中的人口——资源冲突终将到来。马尔萨斯关于人口问题的经济学思想可以概括为两个公理、两个级数、三个命题和两种抑制，马尔萨斯虽然因为自己的悲观态度和学术思想的绝对性而受到诸多的批判，但马尔萨斯对人类经济发展过程中资源承载极限与人口增长速度的严格关注还是值得称道的。马尔萨斯的学术思想对其后的另一位著名经济学家大卫·李嘉图产生了重要而深远的影响，李嘉图部分继承了马尔萨斯的人口思想，但李嘉图并不同意马尔萨斯的"资源绝对稀缺论"，李嘉图认同的是"资源相对稀缺论"。李嘉图认为资源的相对稀缺在于人类对资源利用的不合理，以及人口增长的不合理等多方面因素所导致的。因此，李嘉图认为资源相对稀缺问题的解决不在于技术进步和发展社会生产力，而是降低人们不合理的消费欲望，提升人类社会总体的文明水平。实际上，李嘉图的思想已经比较接近于绿色经济的宗旨。在大卫·李嘉图之后，另一位著名的西方经济学家约翰·穆勒在其代表作《政治经济学原理》中提出了较有特色的"静态经济学"理论，穆勒认为人类社会的财富和经济增长并不总是无限的，经济增长的尽头便是一种稳定的静态均衡状态，当人口、资本、技术等生产要素处于一种相对平衡的稳定状态时，人类自身依旧可以依靠文明和社会的进步来获得更为广阔的发展前景。穆勒的思想和绿色经济的和谐发展理念有着一定程度上的相似之处①。从总体上看，早期西方经济学家的思想对绿色经济的涉及还处在一种总体上的自发状态，对绿色经济并无专门性的论述和探讨，即便涉及绿色经济的部分，其目的性也不是十分明确，但

---

① 刘学谦、杨多贵、周本田等：《可持续发展前沿问题研究》，科学出版社 2010 年版，第 123 页。

尽管如此，毕竟还是为绿色经济在西方学术界的产生奠定了萌芽性的思想基础。

到了近代，尤其是第二次世界大战结束之后，西方绿色经济理论的发展呈现出明显的加速状态，不论是进行绿色经济研究的相关学者，还是有代表性的著作数量都有着明显的增加，造成这种境况的原因主要有两个。一是早期西方经济学家的研究所产生的积累效应，到了这一时期，西方绿色经济的理论研究经过长期的发展，已经达到一个相对成熟和完善的发展阶段。第二个更为重要的原因是西方国家此时的经济社会发展状况对绿色经济有着迫切的时代需求。第二次世界大战之后西方国家的经济普遍性地经历了高速发展，西方社会整体的经济实力和物质财富也急剧增强，普通民众的生活水平也获得了极大的提升，西方社会的发展总体达到了一个前所未有的历史高度。但是，伴随着经济发展巨大成就的，是西方国家普遍存在的能源危机、资源短缺、环境污染、生态破坏，这给西方国家的经济社会发展戴上了沉重的环境枷锁，在很大程度上削弱了西方国家经济发展所能保存的实际效果。因此，至 20 世纪五六十年代开始，西方国家的一些学者开始逐渐有意识地反思传统的经济增长方式和经济发展理论，研究的重点也由传统的物质要素逐步地向自然资本和生态要素转移。1962 年，美国学者莱切尔·卡逊发表了震惊世界的《寂静的春天》一书，书中的观点引起了世人的广泛关注，使得环境和生态问题首次大规模地正式进入西方公众的视野，并且受到许多学者的热议和追捧，引领着越来越多的西方传统经济学家开始反思传统经济学理论的局限性，逐步将经济学的研究视角拓展到环境和生态领域。20 世纪 60 年代，美国经济学家肯尼斯·鲍尔丁提出了令人耳目一新的"宇宙飞船经济"理论，提出了循环型经济模式的经济发展理念以及"人—自然"二者有机统一的观点。在此基础之上，1968 年，鲍尔丁出版了《一门新兴科学——生态经济学》一书，标志着"生态经济"这一新兴经济学术语的正式诞生，使得生态经济和绿色经济正式被纳入学术研究的范畴。1972 年，"罗马俱乐部"的部分主要成员出版了著名的《增长的极限》一书，在那个视增长为第一要务的年代，此书的出版引起了巨大的争议。在这份全球性的环境和生态问题研究报告中，指明增长应该是一种广泛的，超越经济增长的发展模式，经济的增长不是无限的，而是有着资源和人口限度的。该书旗帜鲜明地指出，资源及生态系统的有限性决定了人类社会经济增长的极限，生态系统的反馈回路是全球性环境问题爆发的系统原因，全球性生态系统的均衡构建是解决环境生态问题的唯一出路。此书的问世，对人类社会传统的经济发展模式敲响了警钟，在全世界的范围之内掀起了环保主义的热潮。此后，美国学者莱斯特·R. 布朗的《B 模式》系列图书，将西方学术界对可持续发展和绿色经济问题的研究带入了更深层次的研究领域，提供了一个更为新颖的研究视角。

至 20 世纪 70 年代以来，在西方社会，绿色经济及绿色发展不仅成为学术领域的研究热点，而且越来越受到国际机构和组织的关注。1972年 6 月，联合国在斯德哥尔摩召开了第一次人类环境大会，首次就"可持续发展"问题进行了讨论，使得绿色经济的发展有了更为强大的理念基础。1987 年，联合国环境与发展委员会发表《我们共同的未来》的报告，报告中首次对可持续发展进行了明确界定，充分强调可持续发展的代内公平和代际公平。1992 年 6 月，联合国环境与发展大会在巴西召开，会议通过了《里约环境及发展宣言》《21 世纪议程》等重要的国际性文件，对可持续发展和绿色经济做了更深层次的探讨。2012 年 6 月，联合国可持续发展大会（"里约 + 20"峰会）在巴西里约热内卢召开，会上再次重申，绿色经济的本质是以生态、经济二者协调发展为核心的一种可持续发展的经济形态[①]。此次峰会在整体层面提升了关于绿色经济认识的统一性和层次性，并且进一步丰富了绿色经济的实现形式。

从总体情况来看，国外绿色经济的发展经历了三个主要阶段，产生

---

① 高红贵、刘忠超：《中国绿色经济发展模式构建研究》，载于《科技进步与对策》2013年第 24 期。

了三次主要的绿色浪潮，如表 1 - 3 所示。

表 1 - 3 国外绿色经济发展的主要阶段

	第一次绿色浪潮	第二次绿色浪潮	第三次绿色浪潮
性质	环境主义浪潮	弱可持续性浪潮	强可持续性浪潮
时期	1960 ~ 1970 年	1980 ~ 1990 年	2000 ~ 2010 年
标志事件	1972 年联合国人类环境会议	1992 年联合国环发会议	2012 年"里约 + 20"峰会
主要观点	对无限增长的经济模式进行反思；强调环境问题的末端治理	强调经济、社会、环境的非减性发展；注重从生产过程解决环境问题	强调自然资本的非减性发展；提高有利于绿色经济发展的人力资本规模
代表著作	《寂静的春天》《只有一个地球》《增长的极限》	《我们共同的未来》《倍数4》《绿色经济的蓝图》	《全球绿色新政》《迈向绿色经济》

资料来源：诸大建：《从"里约 + 20"看绿色经济新理念和新趋势》，载于《中国人口·资源与环境》2012 年第 9 期。

（二）绿色经济在我国的形成及发展

严格地讲，"绿色经济"的确是西学东渐的产物，和国外比较起来，国内学术界对绿色经济的研究起步较晚，但是发展速度却比较快。总体而言，国内学者对绿色经济的研究走的也是一条从表象到深层，由简单到复杂的发展道路，对绿色经济的研究逐步地由环境学、生态学过渡到经济学、管理学、社会学等学科领域。尤其是在改革开放之后，我国学者对绿色经济的研究呈现出明显的加速状态，这一方面是由于改革开放之后与西方国家学术界交流的日益便利与畅通，另一方面更为重要的是改革开放之后我国经济发展的速度明显加快，经济规模日益扩张。与此同时，经济发展所带来的环境负面效应也日渐严重，我国作为一个人口众多，经济发展长期滞后的发展中国家，无法承受西方国家传统经济发展的环境代价，亟须对传统的经济发展模式进行彻底改良，这就催生了对绿色经济理论的迫切需求，我国经济建设和社会改革的大规模实践，也为绿色经济在我国的孕育及发展提供了适宜的土壤。所有这些因素综合在一起，共同促成了我国绿色经济的繁荣发展景象。

从现有的文献资料来看，著名生态经济学家刘思华是国内较早对绿色经济开展研究的学者。刘思华教授（2001）在其《绿色经济论》一书中曾对绿色经济下过一个简短的定义：绿色经济是可持续发展的实现形式和形象概括，绿色经济的本质是以生态经济协调发展为核心的可持续发展经济。刘思华教授的绿色经济定义言简意赅，虽然字数不多，但含义却是极为丰富的。从刘思华教授对绿色经济的界定中可以明显看出绿色经济的几重内涵：其一，可持续发展是绿色经济的根本指导思想，绿色经济中的"绿色"不仅是资源利用及生产过程的绿色，从根本上看是经济发展理念及模式的绿色，即绿色经济追求的是经济发展的持续性，推崇的是经济发展的代内公平和代际公平，而绝非经济发展的短期效应；其二，绿色经济是可持续发展的主要经济形态，可持续发展作为一种引领全人类和谐发展的指导思想和口号，最终落脚点还是经济的可持续发展，绿色经济的本质及形式很好地契合了可持续发展思想的精髓；其三，绿色经济发展及实践的核心在于生态系统及经济系统的和谐统一，经济系统运行与生态系统运转是否能够相互匹配，是决定生态经济成败的关键所在，同时也是绿色经济发展的重点及难点所在。

张春霞（2001）认为，绿色经济是可持续发展的现实形式，绿色经济和传统经济发展模式比较起来有着明显的差异。具体而言，主要体现在以下几个方面：首先，是对生产力的界定及理解方面，传统生产力将人作为自然界的对立面，是十分典型的人类中心主义的思想。而在绿色经济看来，生产力是人与自然和谐共处的可持续发展能力，人与自然本身就是一个统一的有机整体，自然生态系统不仅是人类社会生存及发展的根本基础，同时也是生产力不可或缺的重要组成部分。其次，在有关生产要素的构成方面，绿色经济也与传统经济有着明显区别。在传统经济看来，只有资本品才能构成生产要素，自然及环境都不是生产要素的组成部分。而站在绿色经济的视角则不然，绿色经济认为一切自然资源和生态环境都可以被看作是生产要素，自然资本和人造资本一样，都是社会化大生产必不可少的构成要素。再次，在经济发展评价指标体系的构成方面，绿色经济和传统经济也是差异明显。传统经济发展的评价指标体系的核心部分主要是比较显性而且比较容易量化的经济指标，例如GDP 的总量及增长速度、城乡居民人均收入、恩格尔系数、基尼系数等，只要保持经济的高速增长，这些指标就都是相对比较容易达到的。而绿色经济评价指标的完整性和科学性则要严格、规范得多，除去传统的经济指标之外，绿色经济的评价指标体系十分看重环境保护指标和社会进步指标，经济指标在绿色经济评价指标体系中的地位和作用远没有传统经济领域那么重要，因此，要想获得绿色经济评价指标体系的高度评价，需要付出额外的艰辛努力。最后，归根结底，在传统经济和绿色经济中，"人"的地位和作用也是完全不同的。在传统经济发展模式中，"人"是绝对的主体和中心，"人"居于其他任何生产要素之上，对其他因素有着无可争议的支配权和使用权。而在绿色经济模式中，"人"则只是生态经济系统的一个组成部分，"人"和其他要素的地位及作用基本上是一致的，它们之间存在的是相互依存，共同促进的关系①。

余春祥（2003）分析了绿色经济从以技术为基础的"浅绿色经济"到以制度、文化为根本的"深绿色经济"的发展过程，并且明确指出绿色经济实质上就是可持续发展，二者在本质和内涵上是一致的。绿色经济是经济系统与生态系统协调一致、良性发展的一种新型经济发展模式，绿色经济是追求以人为本、可持续发展，充分考虑环境容量和资源承载极限的一种新型经济发展形态。自然环境和生态资源是绿色经济发展的内生变量，同时也是绿色经济发展的约束条件，为此，必须优化绿色经济发展的规模和速度，并且建立完善的市场配置机制②。

---

① 张春霞：《绿色经济：经济发展模式的根本性转变》，载于《福建农林大学学报》（社会科学版）2001 年第 4 期。

② 余春祥：《对绿色经济发展的若干理论探讨》，载于《经济问题探索》2003 年第 12 期。

刘通（2011）将绿色经济的发展划分为废弃物资源化阶段、工艺技术绿色化阶段、社会绿色化阶段三个主要的发展阶段，并提出要从制度层面保障资源开发及利用的合理成本，资源及生态产权要和一定区域范围内的资源环境条件紧密联系，要进一步完善政府对环境治理的干预程度与体系①。

高红贵（2012）较为详细地探讨了我国现阶段在绿色经济建设及发展过程中多方利益主体的矛盾和冲突，明确指出我国绿色经济的发展过程实际上就是一个多方利益主体相互博弈的过程。具体而言，就是中央政府、地方政府和企业三者之间的博弈和冲突，这三大主体虽然在最终利益层面是基本一致的，但在利益诉求的时限和侧重点方面还是有所差异：中央政府是以全国范围内的生态系统平衡和环境及社会整体利益最大化为宗旨，地方政府往往是以短期、局部的经济利益最大化为主要目标，企业则是从"经济人"的角度出发，以盈利为最高目标，追求的是行业及企业经济利益的最大值。中央政府、地方政府、企业三者之间目标的不一致、不协调就会不可避免的产生矛盾与冲突。因此，为保证绿色经济建设及发展的长远效果，就必须建立科学的监管和激励机制，营造正确的社会舆论，构建有利于绿色经济健康发展的制度机制②。

曹东（2012）站在经济全球化和绿色浪潮的视角，详细分析并总结了发达国家高度重视政策信息的透明性和公开度，充分强调政府政策与企业市场选择的高度相关性，政府与不同部门之间的利益协调机制等一系列国外绿色经济发展的成功经验，并且深入细致地分析了我国现阶段绿色经济发展所面临的资源环境压力巨大、体制机制缺陷、法律及政策工具不健全、科技创新能力不足、社会绿色价值体系尚未建立等一系列困难。在此基础上，更进一步地提出要充分尊重市场在绿色经济发展中的基础性作用，政府宏观经济政策与绿色产业结构转型要协调一致，财税制度与产业结构的调整要同步进行，科技创新与行业内部绿色转型协

---

① 刘通：《分阶段推进绿色经济发展的思考》，载于《宏观经济管理》2011 年第 1 期。
② 高红贵：《中国绿色经济发展中的诸方利益博弈》，载于《中国人口·资源与环境》2012 年第 4 期。

调发展等一系列的我国现阶段绿色经济发展的对策和建议①。

李忠（2012）认为绿色经济是一种资源节约型、环境友好型的经济发展形态，发展绿色经济是一个长期性的渐进过程。同时，绿色经济可以从微观、中观、宏观三个层面来进行考量。微观层面的绿色经济，是一种具体的绿色产业发展状态，是绿色经济的基础；中观层面的绿色经济，是一种可以有效节约资源，保护生态环境的一种新型经济发展模式；宏观层面的绿色经济，则是一种全社会范围内的绿色制度和绿色文化，是一种整体性、系统性、根本性的绿色发展理念②。

除了学术领域的热捧之外，我国政府对绿色经济发展的重视程度也在日渐提高。早在 1990 年，农业部就组织召开了绿色食品工作会议，推出了专门性质的绿色食品工程。1996 年，我国政府开始正式实施《跨世纪绿色工程计划》，2004 年，国家环保总局和国家统计局共同发布了《中国绿色 GDP 核算报告 2004》，提出 GDP 核算不能只算经济指标，还要考虑到环境和生态成本。2009 年，国务院明确提出在 21 世纪的经济及社会发展进程中要"做好节能减排工作，大力发展环保产业、循环经济和绿色经济"。2009 年，胡锦涛同志在出席联合国气候变化峰会时明确表示我国要承担更多的环境责任，未来一段时期内我国要"大力发展绿色经济，积极发展低碳经济和循环经济"。在 2012 年召开的"联合国可持续发展大会"上，我国政府公布了《中华人民共和国可持续发展国家报告》，为我国绿色经济的进一步发展和实践做出了庄严的国际承诺。

二、绿色经济的内涵

绿色经济的兴起，实质上是源于对工业化和现代化进程以来传统经济发展模式和社会生存状态的一种反思及考量。和传统的经济学分支比

---

① 曹东、赵学涛、杨威杉：《中国绿色经济发展和机制政策创新研究》，载于《中国人口·资源与环境》2012 年第 4 期。

② 李忠：《促进我国绿色经济发展的对策建议》，载于《宏观经济管理》2012 年第 6 期。

较起来，绿色经济诞生及发展的时间并不算长，不论是在理论层面还是在实践领域，对绿色经济尚未形成统一及固定的认识，但这并不妨碍对绿色经济内涵及本质的探讨和研究。

　　想要科学地探讨绿色经济的内涵及本质，就不能仅仅局限于一个视角，相反，必须在充分了解绿色经济产生及发展历程的基础之上，从多个不同的角度对绿色经济进行解构和剖析。其中，对绿色经济的狭义和广义的划分，以及浅色和深色的比较，是研究绿色经济内涵的一种比较全面合理的方式。

　　在学术界，绿色经济一直有着狭义绿色经济和广义绿色经济之分。所谓狭义的绿色经济，一般而言指的是绿色环保产业，如果进行更进一步细分，环保产业也有着狭义和广义之分，狭义的环保产业主要指的是产品的绿色生产和生产过程中污染物排放的绿色处理，而广义的环保产业除了生产环节之外，还要包括产品的绿色设计、绿色采购、绿色服务等其他领域；所谓广义的绿色经济，除了传统的绿色产业之外，范围要广泛得多，包括绿色交换、绿色分配、绿色消费、绿色金融、绿色财政、绿色行政等构成社会化大生产的诸多领域。

　　绿色经济除了有狭义绿色经济和广义绿色经济之分，还有着浅绿色经济和深绿色经济的区别。所谓浅绿色经济，是指经济发展所带来的环境和生态问题基本上可以依靠技术途径来解决，技术进步不仅可以进一步推动经济增长，而且能够为经济发展的环境负面效应提供有效的解决途径，由此可见，浅绿色经济的经济发展观念是十分狭隘的，而且充满了盲目的技术崇拜与自信，带有鲜明的工业文明的色彩；而深绿色经济在很大程度上是对浅绿色经济的否定和纠正，深绿色经济同样重视新型绿色技术的研发及应用，但站在深绿色经济的角度看来，技术并不能完全解决经济发展所带来的环境问题，环境和生态问题的解决是一个长期的、渐进式的过程，因此需要在全社会范围内构建更为广泛的制度体系和文化氛围，以促进绿色经济的有效发展，从而实质性地解决经济发展过程中的环境污染和生态破坏问题。

对比一下狭义绿色经济和广义绿色经济，浅绿色经济和深绿色经济，不难发现二者之间既存在天然的联系，又有着一定的区别。不管是广义绿色经济还是深绿色经济，都是绿色经济发展到一定阶段的产物，是相对比较高级的绿色经济形态，二者对绿色经济的内涵也都有着更深层次的领悟，二者的出现也都在一定程度上促进了绿色经济的健康发展。与此同时，虽然有着较多的相似之处，互相之间也比较容易混淆，但狭义绿色经济和广义绿色经济，浅绿色经济和深绿色经济这两种划分方式还是有着一定程度上的区别。狭义绿色经济和广义绿色经济主要针对的是绿色经济的范畴及主要内容，而浅绿色经济和深绿色经济则偏向于绿色经济的实现形式。简单而言，比较起来，狭义绿色经济和广义绿色经济的划分比较侧重于理论探讨，而浅绿色经济和深绿色经济则更多地倾向于实践领域，这或许就是这两种绿色经济划分方式的主要区别所在。

从以上分析可以看出，不管是广义绿色经济还是深绿色经济，都能充分表明绿色经济和传统经济之间有着明显的不同。绿色经济自身的发展及实践也证明的确如此，和传统经济发展模式比较起来，绿色经济的确是一种新型的经济发展理念及形态，绿色经济是对传统经济的整体扬弃。具体而言，绿色经济和传统经济的主要区别如表1-4所示。

表1-4 **绿色经济和传统经济的主要区别**

	传统经济	绿色经济
首要目标	经济增长目标最为重要，为此可牺牲、甚至忽视其他目标	经济发展、社会进步、生态和谐三者目标和谐统一，并且要求大体上同步实现
经济重心	以"人"为中心	以整体生态系统为核心
经济性质	不可持续的经济发展模式	可持续发展的绿色经济模式
衡量指标	单维指标（以经济指标为主）	复合指标体系（包含生态指标和社会指标）
增长模式	无限增长、市场主导、消费支撑	有限增长、理念指导、制度保障
产业结构	第一、第二产业比重大	第三产业比重大
能源结构	不可再生资源、黑色能源	可再生资源、绿色能源
消费模式	过度消费、奢侈消费、炫耀消费	适度消费、合理消费、绿色消费

综合以上几个方面的分析，就可以比较系统、完整地概括总结出绿色经济的基本内涵和本质，主要有以下几个方面。

绿色经济在本质上是生态文明及可持续发展在经济层面的实现形式。虽然从产生及发展的时间轴线来看，可持续发展诞生于绿色经济之前，但可持续发展只是一种关乎全人类共同发展的根本理念和科学口号，这就意味着可持续发展具有很强的政策性和理念性，可持续发展的实现必须依赖于现实有效的科学途径。可持续发展所涉及的领域很多，具体到经济领域而言，可持续发展实现的理想路径便是绿色经济。绿色经济作为人类社会发展至今的一种新型经济发展理念和形态，是对传统经济发展模式的深刻反省和改良，绿色经济在本质上完全契合可持续发展的思想精髓，是可持续发展思想在经济领域的具体体现。就我国的实际情况而言，我国政府和学术界早已接受了源自西方社会的可持续发展理念，并且充分结合我国的传统文化、政权结构和社会性质，创造性地在世界范围内率先提出了生态文明的新理念、新思想。生态文明是我国未来很长一段时期的治国方略，生态文明是西方可持续发展思想与我国国情相结合的时代产物，是有中国特色的可持续发展。生态文明作为一个新鲜事物，其内涵也十分丰富，生态文明包括经济文明、制度文明、社会文明、文化文明、技术文明，和可持续发展一样，生态文明在经济领域的最佳实现模式也是绿色经济，因此，绿色经济同时也是我国生态文明建设实践的科学途径。

绿色经济的根本理念是以生态经济系统为核心的可持续发展经济。我们说可持续发展正是绿色经济的本质所在，那么，这就引申出另一个命题，绿色经济如何才能真正实现可持续发展呢？经济可持续发展的根本要求就在于经济系统运行与生态系统运转的协调一致，而要做到这一点，就必须构建完整的生态经济系统，这就需要在根本层面对传统的经济发展理念进行彻底的批判和否定。受发展理念的局限，长期以来传统的工业化经济发展模式都是以"人"为中心，人为地隔离了人类社会系统和自然生态系统，使得人类的生产行为和生活方式无节制地攫取自然界的资源，同时无限制地向自然生态系统排放废弃物，导致人类社会系统和自然生态系统的对立程度日益加剧，最终一旦到达无可调和的地步，生态系统的反弹效应就会使得人类的经济成果化为乌有。而绿色经济则不然，绿色经济从一开始遵循的就是"人—自然—社会"三者和谐统一的思想，绿色经济追求的是自然系统、经济系统、社会系统的完整统一，绿色经济需要构建的是一整套科学的生态经济系统，在这个系统内部，不同要素的地位、功能和价值是和谐统一的，不存在绝对的谁主要、谁次要的问题，各要素之间通过高效、合理的配合，共同实现整个生态经济系统的良性运转。生态经济系统是绿色经济得以建立的根本性保证，也正是由于生态经济系统的建设和维护，才能在经济持续发展的同时，有效地保证生态系统的自然运转，实现绿色经济可持续发展的根本宗旨，系统的完整性和复合性是绿色经济的最大优势之一。

绿色经济的终极目标是一种"可承受的经济"。所谓"可承受的经济"，是指在经济发展过程中要主动、充分的考虑资源的消耗极限和环境的承载容量，这正是绿色经济的重大优势之一，同时也是绿色经济与传统经济的主要区别所在。传统经济以经济增长为第一目标，且传统经济过度依赖于市场及技术，因此传统经济增长模式不可避免地会对环境和生态系统造成巨大的破坏，传统经济的增长一旦超越了资源和环境的承载极限，环境要素的刚性约束就会立刻显现，经济增长立马就会陷入减速，甚至是停止的状态，这也就是传统经济增长模式不可持续性的根本原因。而绿色经济和传统经济有着巨大的不同，绿色经济不像传统经济那样将环境仅仅视为支撑经济增长的外在条件，而是把环境和生态系统内化为经济系统不可或缺的重要部分，环境和生态系统不仅是经济发展的资源供给地和污染排放地，同时也是保证经济持续增长的重要驱动要素，绿色经济发展首先需要考虑的就是经济模式、经济规模、经济速度对环境和生态系统的影响和破坏程度，资源和环境容量是绿色经济发展的第一约束条件。因此，绿色经济理念下的经济发展不可能突破资源和环境的极限，绿色经济的发展势必要跳出"速度第一，规模至上"的传统误区，绿色经济的发展模式是环境和生态系统完全能够承受的，绿色经济模式能够充分保证生态系统运行的完整性和良好性，从而在根本上保证了绿色经济发展的科学性、合理性和可持续性。

三、绿色经济的主要内容

绿色经济是人类社会发展到迄今为止的一种新型的经济形态，是人类经济发展的高级阶段。因此，绿色经济的内涵和范畴比传统经济要广泛得多，绿色经济的内容也比传统经济要丰富得多。

（一）绿色产业

绿色经济是一种新型的经济发展模式，但绿色经济并不是空中楼阁，绿色经济的实现依旧需要借助于产业的平台，和传统产业结构通常被划分为三大产业一样，绿色经济同样也包括绿色农业、绿色工业、绿色服务业。

和传统产业模式一样，农业依旧是绿色经济得以有效运行的前提和基础。所谓绿色农业，就其内涵而言并不是一个独立的概念，而是一个系统性的概念集合，指的是在农作物的培育、种植、养殖，农产品的加工、储藏、运输、销售、使用等环节严格按照绿色环保、健康生态的要求，制定严格的实施细则和行业标准，大力发展有机农业，逐步减少，直至杜绝农药和化肥的滥用，推广使用农家肥和有机肥，对农作物病虫害进行生物预防和无残留治理。在农产品的加工过程中采用物理加工技术和储藏运输，推广就近种植，就近加工，就近消费，实现农产品的低碳储存和低碳运输，降低绿色农产品的种植和生产成本，扩大绿色农产品的种植面积，使得农民能够从绿色产品的种植和生产中获益，提升绿色农业的经济效益和社会效益。

自从工业革命以来，工业都是整个经济结构的重中之重，绿色经济对工业持有的是一种客观公正的态度，绿色经济并不是盲目地反对工业化，绿色经济反对的只是传统经济模式对重化工业的过分倚重，同时，绿色经济要求构建新型的绿色工业体系。所谓绿色工业，是指通过建立资源节约、低碳环保的高能效、低损耗的新型工业模式，或者对传统的工业模式进行深度改造，以此来实现整个社会工业生产环节的资源消耗量、能源使用量、碳排放量和有毒废弃物、污染物的排放量大幅度下降，从而在整体层面将工业生产环节对环境和生态系统的损害将至最低限度，变相地提升环境生态系统对经济发展的承载量和容纳极限。

服务业在产业结构中所占的比重是衡量绿色经济发展水平的重要影响指标，同时也是绿色经济区别与传统经济的一个重要方面。建设及发展绿色经济，就必须要加快绿色服务业的发展步伐。和传统服务业相比较，绿色服务业不仅要以"绿色、健康、自然、和谐"为服务理念，以绿色农产品和绿色工业制成品为服务的媒介，而且还要更进一步地提升绿色服务的范畴和内涵。如果说传统服务业更多是对消费者需求的迎合及满足，那么绿色服务业则更趋向于对消费者的引导，绿色服务业的根本任务是在全社会范围内形成良好的消费心理和消费模式，建立全面的低碳消费、绿色消费的文化氛围，为绿色经济体系构建提供强大的消费保证和民意支持。

（二）绿色制度

传统经济发展模式仅仅侧重于经济增长，因此传统经济模式相对比较单一，只要完成主要的经济指标即可。而绿色经济则不然，绿色经济需要顾及的因素很多，需要照顾的利益主体也是方方面面，因此，虽然产业结构同样是绿色经济发展的核心，但仅有绿色产业结构的构建是远远不够的，绿色经济的系统性和整体性决定了绿色经济的有效实现还必须依赖于强大的制度建设和保障。制度作为人类社会运行及发展所必不可少的重要因素，对绿色经济的发展，甚至成败也有着至关重要的影响。同时，绿色经济的制度体系本身也是十分庞杂，不管是从政府、市场、社会哪个角度来看，绿色经济的制度体系都是复杂多变，且缺一不可的。

政府层面的绿色经济制度，主要指的是政府对绿色经济的宣传、引导、宏观调控和管理，政府的意愿和倾向往往对绿色经济的发展有着直接而重大的影响，甚至在很大程度上直接决定了绿色经济发展的实际效果。尤其就我国的实际情况而言，政府这支"看得见的手"实际上就是绿色经济发展的指挥棒。政府干预和调控绿色经济的手段多种多样，具体而言，一般包括绿色政策、绿色财政、绿色税收、绿色金融等一系列宏观性、政策性的政府文件、指导意见和法律法规，这些都对绿色经济发展有着明显且强大的风向标作用。

就市场而言，绿色经济制度所涉及的则主要是绿色市场制度。绿色市场制度就是要合理化不同产业之间的配比，加快绿色新型产业的建设步伐，加大绿色产业的产能，降低传统产业的比重。为此，就必须构建合理有效的绿色市场机制，建立严格的绿色市场准入机制，建设合理的绿色市场激励机制，使得真正从事绿色产品研发及生产的企业能够在市场竞争中公平取胜，并且有利可图，提高企业参与绿色产品经营的积极性。与此同时，要构建多元化的绿色市场参与主体，充分引入竞争机制，加大国内不同区域市场，甚至国外市场在绿色产品领域的竞争及合作，提升我国绿色市场竞争的整体水平，促进我国绿色市场的良性发展。

对社会个体成员而言，绿色经济要求尽快建立合理的绿色消费制度。消费作为社会化大生产的重要环节，也是促进经济发展的重要动力之一。绿色经济发展所需的绿色消费制度的建立，就是要每一个社会成员都参与到绿色经济发展的实践中来，以个体的消费倾向影响企业的生产模式和政府决策，使得政府为绿色经济的发展制定更为优惠的政策，企业对绿色产品研发投入更多的资源，从而实现"绿色生产—绿色交换—绿色分配—绿色消费"的良性循环，避免绿色经济"叫好不叫座"的情形出现，为绿色经济的发展注入更为强大的社会机制和动力。

（三）绿色技术

技术是传统经济发展模式的制胜法宝，也是工业文明最值得炫耀之处。但是，从人类历史发展的进程来看，技术是一把被人类所创造出来的"双刃剑"，技术一方面极大地推动了人类社会的进步，刺激了人类经济的发展，另一方面也给自然造成了明显的伤害，严重威胁到生态系统的整体平衡。因此，如何看待和运用技术也就成为人类文明发展的一面镜子。事实上，因技术而产生的问题原因往往不在技术本身，而在于人类对于技术所采取的态度。因此，绿色经济虽不迷信技术的力量，但绿色经济不仅不排斥技术的运用，相反，绿色经济十分热衷于新型绿色技术的研发和推广，绿色技术是绿色经济得以实现的重要途径，也是绿色经济快速发展的重要保证。具体而言，绿色经济的发展及实践，就是要广泛依赖于低碳技术、循环技术、新能源技术、新材料技术等多种类型的绿色技术及手段，大幅度的降低绿色经济发展的资源损耗和能源消耗，使得绿色经济真正走上资源节约、环境友好的良性发展道路。

（四）绿色文化

绿色经济的实践是一项复杂的系统工程，绿色经济发展所处的环境复杂多样，很多问题依靠传统的手段是无法有效解决的，因此，除了市场机制和制度机制之外，绿色经济的实践还需要文化层面的保障。就绿色经济的发展而言，如果说政府是"看得见的手"，市场是"看不见的手"，那么文化则是"隐形的翅膀"，文化对绿色经济发展的推动作用是无形的，同时也是非常巨大的。文化的潜移默化能够为绿色经济的发展营造良好的软环境，有效降低绿色经济发展过程中的阻力和障碍，大幅度降低绿色经济建设的经济成本和社会成本，提升绿色经济的发展速度，扩大绿色经济的覆盖范围，使得绿色经济发展的受益范围最大化，最大限度地实现绿色经济的发展宗旨。

四、绿色经济的基本原则

绿色经济和传统经济相比较有着明显区别，同时，绿色经济的建设及发展也面临着风险和挑战，为提升绿色经济实践的整体效果，就必须遵守一些基本原则。

（一）持续性原则

持续性原则是绿色经济发展的第一要则，可持续发展也是绿色经济必须遵循的核心思想。严格地讲，绿色经济的可持续发展包括经济的可持续发展、社会的可持续发展和生态的可持续发展三个方面，这三个方面既相辅相成、共成一体，同时也有着各自的侧重点。

经济的可持续发展是绿色经济可持续发展的首要命题，绿色经济就是要借助于低碳经济、循环经济等新型的经济发展模式和技术手段，将传统经济发展"高能耗、高污染、高排放"的粗放型模式向"高能效、高效率、高效益"的新型绿色经济发展模式转变，在整体层面实现资源节约、环境友好的经济增长形势，使得经济增长与环境污染的矛盾得以彻底解决，从而真正实现经济的可持续发展。

社会的可持续发展是指绿色经济不仅要保持经济的高速增长，而且还要平衡经济发展的成果，使得社会成员能够更为充分、更为均等地享受绿色经济发展带来的福利。为此，就必须改变传统的收入分配方式和转移支付模式，侧重于对低收入群体和社会弱势群体的收入倾斜，通过绿色财政、绿色金融等手段加大对小微企业的扶持力度，鼓励个人创业。同时要健全社会法律制度，营造平等、和谐的社会生存氛围，使得社会成员能够活出尊严、活出自信。

生态的可持续发展是绿色经济可持续发展的根本保证，生态系统的持续良好运转是绿色经济有效运行的根本前提。绿色经济势必要求经济发展模式和经济增长速度与自然生态系统相互协调一致，既不能违背自然系统的运行规律，同时也不能超越自然生态系统的承载能力。因此，绿色经济势必是一种适度经济，是一种合理经济，绿色经济的发展绝不能逾越生态系统的红线，只有生态系统实现了持续性的运转，绿色经济才能获得可持续发展的最终保障。

（二）公平性原则

公平性原则其实是可持续原则的另一种演绎，国际社会对可持续发展较为统一的界定便是：既满足当代人的生存需要，同时又不能够威胁到后代人的发展需求，由此可见，可持续发展十分看重发展的公平性。因此，以可持续发展为指导思想的绿色经济发展模式，不可避免地会对发展的公平程度给予充分的关注。同时，绿色经济的公平性原则也可以从不同的维度来进行考量和分析。

从纵向来看，绿色经济的公平性原则指的是代内公平和代际公平，"代内公平"是指绿色经济发展要能够满足绝大多数社会成员的物质需要和精神需求，绿色经济要能够明显的缓解贫困状态，尽最大可能实现共同富裕，同时，绿色经济还要能够均衡不同层次社会成员之间的权利分配，实现社会和谐。"代际公平"是指绿色经济发展要留有一定的冗余度，绿色经济不可过分透支，当代人的发展要能够给后代人的发展预留出充分的发展空间，当代经济发展的资源消耗和污染物排放都不能够过度，后代人与当代人享有平等的资源使用权和生态保护权。

从横向上看，绿色经济的公平性原则主要包括区域公平、行业公平、部门公平。也就是说，绿色经济发展要缩小不同区域之间的经济发展不平衡性，减少地区之间的收入差距。同时，绿色经济发展要求最大限度地打破行业垄断和部门垄断，降低市场准入的门槛，减少行政对市场的直接监管，打破局部利益至上的地方保护主义思想，均衡优势资源在不同行业、不同部门之间的自由流转，从而在全社会范围内实现最大化的收入均衡分配。

（三）系统性原则

前文已述，绿色经济是以生态经济系统可持续发展为核心的一种经济形态，宏观性、复合型生态经济系统的构建和良性运转是绿色经济建设成功与否的关键所在。生态经济系统是绿色经济建设及发展的核心，因此，系统性是绿色经济必须时刻遵守的另一重要原则。绿色经济所遵循的生态经济系统包括自然系统、社会系统、经济系统三个大的子系统，各个子系统内部又可以细分出若干个小的子系统。根据系统原理，绿色经济的发展必须要能够平衡诸多子系统之间的矛盾及冲突，在此基础上将自然、经济、社会三大子系统融合成一个完整的"自然—经济—社会"复合型生态经济系统，以此作为绿色经济发展的模式保证和实体支撑。

第二章　生态文明与生态省

　　生态省的理论研究以及实践探索，事关省域内部的环境改善，经济发展和人口健康。更为重要的是，省域作为我国的一级行政区划，是我国经济及社会发展的重要组成部分和驱动力量，在很大程度上决定了我国新时期整体转型与发展的成败。同时，生态系统的关联性和整体性也决定了我国的生态省研究及建设不能就"省"论"省"，而必须跨越省域的范畴，从整个国家的宏观整体层面来加以考量。与此相对应，生态省建设也必须寻求更为有力的理论支撑，确保生态省建设能够获得更加强大的理论源泉和动力。就我国现阶段的政府执政理念和经济社会整体发展所面临的环境资源状况而言，研究我国的生态省及其建设，就必须要上升到生态文明的高度，从生态文明的历史视角来审视生态省建设的相关问题。

第一节　我国生态文明思想的形成与发展

　　众多的文献和资料表明，"生态文明"有着明显的"中国特色"，有关生态文明的概念表述和理论研究都是起源于国内，相对于在工业文明阶段的落后而言，中国可谓是生态文明的先行者。和我国的情况不同，西方国家并不存在事实上的生态文明研究，西方国家的学术界，尤其是西方国家政府并无关于"生态文明"的明确称谓，从整体上看，西方国家似乎对生态文明的热情不高。造成这种差异的原因，可以从国内外两方面来进行解释。

就国外而言，西方国家虽早已完成了工业化，进入后工业化的高度发展阶段，但作为工业文明的开创者和最大受益者，西方国家对工业文明的热情和崇拜尚未减退，依旧沉迷于工业文明的美景当中，认为工业文明是迄今为止人类文明发展的最高阶段，深信依靠工业文明的技术力量可以解决人类社会发展所面临的一切问题。因此西方国家并不认可生态文明是一种全新的文明形态，是超越工业文明的人类文明发展新阶段，至多将生态文明看作是工业文明的高级发展阶段，视其为一种后工业化的文明。此外，自从人类进入近代社会，尤其是工业革命以来，西方国家在世界范围内一直处于发展的前沿地位，以先进文明的榜样自居，视自身为人类文明的中心，形成了一种固有的文明优越感和思维的历史惯性，并且试图长期保持自身在人类文明领域的所谓"领先"优势，在情感和观念层面并不情愿接受人类社会已发展到生态文明这一历史阶段的既定事实。因此，西方国家对生态文明的"选择性忽视"也就成为顺理成章的事情。

就我国的实际情况而言，我国在历史上未能搭上工业文明的"便车"，几次工业革命的浪潮也并未从根本上惠及我国，工业文明对我国发展历程的影响程度远不如西方国家那么强烈，因此，工业文明在我国的色彩也就没那么浓厚，这就为工业文明在我国的扬弃创造了诸多的便利条件。此外，我国作为世界上最大的发展中国家，在实现自身现代化的发展历程中所面临的许多问题是传统的西方国家所没有的，时代的变迁，文明的演绎，以及我国自身各方面实际情况的复杂性和特殊性使得我国不能够完全复制西方国家工业文明的现代化模式。尤其是在改革开放的30多年过程中，"先发展、后治理"的传统西方发展模式使得我国深刻认识到了传统工业文明的弊端与危害，我国在发展过程中所面临的人口、资源和环境状况也使得我国必须突破传统工业文明的桎梏与"瓶颈"，寻求更具优势的可持续发展的新型文明，这些都为生态文明在我国的萌芽和发展提供了有利的历史契机。与此同时，我国作为一个具有5000 多年历史的文明古国，曾经在很长的时期内走在人类文明发展的前列，是人类文明发展的标杆，有着极为强大及丰富的文明底蕴，为生态文明在我国的萌发提供了最大化的思想宝藏。除此之外，应当引起关注的是，我国社会发展的各方面都正处于全面的变革与转型当中，各种思想和理念的激荡层出不穷，为生态文明在我国的孕育与发展提供了有利的时代"温床"，这些都是处于长期均衡发展状态的西方国家所不能比拟的。以上这些因素综合在一起，催生了生态文明在我国现阶段孕育及发展的水到渠成。

第二次世界大战结束之后，西方资本国家将主要资源集中于物质财富的创造与消费市场的培育，美国作为最大的"金主"在整个资本主义世界实施了广泛的"救市"举措，大量"军转民"的技术注入成为西方国家经济增长的加速器，加之因战争而长期受到压制的消费需求的强劲反弹，西方资本主义的经济发展历经了罕见的整体繁荣，规模经济的惯性效应持续了 20 年左右的时间，至 20 世纪六七十年代达到了前所未有的峰值。但如果我们翻开西方国家此时经济这枚"硬币"的另一面，就会明显的发现环境的"背书"，西方国家在经济发展高度繁荣的同时，环境问题也达到了顶峰。这种情况不仅唤醒了西方民众环保意识的觉醒，而且催生了西方学术界对环境议题的关注，并使这种思潮逐渐波及了中国。此外，我国 20世纪 70 年代末期开始实行的经济体制改革，一方面顺应了西方国家剩余资本流转的时代需求，另一方面也不可避免地承接了西方国家环境污染的"附加产品"，改革开放不仅大规模地引入了西方国家的资金及技术，同时也使得我国成为西方国家环境问题的主要输出地。值得庆幸的是，此时国内的部分学者已经注意到了这个问题，尤其是以刘思华为代表的一批国内生态经济学家开始认真反思西方国家传统工业化道路的弊端，思考我国在经济发展过程中的环境成本与代价，虽然此时国内环境问题总体上还处在潜伏期，影响范围和爆发频率还不显著，但并不妨碍国内学者在环境及生态领域研究的超前意识。正是在这样一种背景下，生态文明在我国的萌发有了温润而厚实的时代土壤。

国内学术界对生态文明的探讨和研究基本始于 20 世纪 80 年代，1986 年 5 月，著名生态经济学家刘思华教授就已经明确了我国在社会主义的发展和实践过程中应当倡导物质文明、精神文明、生态文明协同发展的"三位一体"思想，实质上已经蕴涵了生态文明思想的基本内涵。但国内学术界比较公认的还是生态学家叶谦吉教授 1987 年在全国生态农业问题讨论会上首次明确提出了"生态文明"的新观念。20 世纪 90 年代，国内部分学者的研究对生态文明已有所涉及，生态文明的研究呈加速状态。进入 20 世纪以来，尤其是 2007 年党的十七大召开之后，国内学术界对生态文明的理论研究和探索进入井喷时期，呈现出明显的宽领域、深层次的发展趋势，并且已经逐步影响到了政府决策，有关生态文明的称谓和提法开始逐渐出现在报刊媒体和政府文件当中。

在我国，生态文明不仅兴起、繁荣于学术界，而且已经成为我国政府的执政理念，成为中国特色社会主义发展模式的重要理论支撑。我国政府在社会主义建设的实践过程当中，逐步将生态文明思想融入自身的执政纲领，将生态文明上升到国家意志和民族文化的高度，这在历史上都是不曾有过的，不仅说明了我国政府对生态文明建设的高度重视，而且充分表明了生态文明和传统中华文明是浑然一体，一脉相承的，生态文明是中华文明的自然延续与时代升华，是新时期中华文明的新形态、新发展。

生态文明思想成为我国政府执政理念的重要组成部分，是我国社会各领域实践不断发展的时代产物，经历了漫长的发展过程，走的也是一条由模糊到清晰的发展道路。从我国政府不同时期的文件和报告中，可以清晰地反映出生态文明在我国的发展脉络（见表 2－1）。

表 2 - 1　　　　　我国政府"生态文明"执政理念的形成与发展

发展阶段	基本内涵	代表思想
孕育（十二大至十五大）	物质文明与精神文明发展并重	十二大报告提出在建设社会主义物质文明的同时要同步建设高度发达的社会主义精神文明 十二届六中全会做出《关于社会主义精神文明建设指导方针的决议》 十四届六中全会制定《中共中央关于加强社会主义精神文明建设若干重要问题的决议》 十四大提出同步建设社会主义市场经济、社会主义民主政治、社会主义精神文明的三大目标 十五大明确提出 21 世纪中叶建设富强、民主、文明的社会主义国家的宏伟目标，并再次重申只有紧抓"两个文明"才是真正的社会主义
萌芽（十六大）	物质文明、精神文明、政治文明协调发展	十六大报告中提出"政治文明"的理念，号召物质文明、精神文明和政治文明协调发展，同时将生产发展、生活富裕、生态良好的文明发展道路作为全面建设小康社会的重要目标之一 十六届三中全会提出以人为本、全面协调、可持续的科学发展观
提出（十七大）	建设生态文明	十七大报告中明确提出"生态文明"的概念，首次将"生态文明"写入报告，并且要求在全国范围内建设资源节约型和环境友好型的"两型社会"
形成（十八大）	经济建设、政治建设、文化建设、社会建设、生态文明建设"五位一体"	十八大报告中生态文明被独立成章，并且提出将生态文明建设放在突出地位，融入经济建设、政治建设、文化建设、社会建设的各方面和全过程

资料来源：邓正兵：《与时俱进的文明观——中共十二大到十八大对文明的认识历程》，载于《江汉大学学报》（社会科学版）2013 年第 6 期。

从历届党代会和政府工作报告中与生态文明相关的表述中可以看出，生态文明在我国的产生与发展不仅表明了我国政府执政理念的逐渐成熟，而且也反映出我国社会发展的历史必然。虽然就整体情况而言，生态文明尚属新鲜事物，从理论到实践的发展还都不算成熟，但我国正处于全面转型与发展的关键时期，生态文明的理念正好契合了我国社会

发展的历史需求，生态文明也必将在我国社会的实践过程当中得到更好
的验证和改良。

第二节　生态文明概述

　　西方国家中文明（civilization）一词的词根源于拉丁语"civis"（城邦），原意为城市居民及社会控制，后逐渐引申为社会文化和社会制度，包括教育、科技、礼仪、风俗、宗教等诸多方面。按照西方近代的政治学观点，文明是指人类在改造世界的过程当中所形成的物质财富和精神财富的总和。现代汉语中，"文明"是与"野蛮"相对应的一个词汇，主要指的是社会发展的阶段性和生存状态。"文明"在古代汉语最早见于《易经》中的"见龙在田、天下文明"（《易·干·文言》）。唐代的孔颖达则将"文明"进一步地诠释为"经天纬地曰文，照临四方曰明"。从现代汉语的角度来理解，"经天纬地"即为改造自然世界，属于物质文明的领域；"照临四方"则是改造主观世界，应当划归精神文明的范畴①。因此，从古今中外对"文明"的解释来看，不同阶段和形式的文明虽然立足点和侧重点有所差异，但都包含了人与人、人与自然、人与社会三者之间的关系，这是理解和探讨文明内涵时必须首要关注的问题。

一、生态文明的内涵

　　生态文明也是文明的一种形态，至于生态文明的界定，由于生态文明的研究方兴未艾，正处于蓬勃发展的进程当中，而且生态文明涉及的

---

　　① 邓正兵：《与时俱进的文明观——中共十二大到十八大对文明的认识历程》，载于《江汉大学学报》（社会科学版）2013 年第 6 期。

范畴极为广泛，几乎涵盖了人类社会生存与发展的所有领域，不同学科领域的专家学者都对生态文明的相关问题有所涉及，因此就现阶段生态文明研究的实际情况而言，对生态文明的界定和表述尚存在分歧和争议，暂时没有关于生态文明的比较全面，说服力较高的定义。

虽然对生态文明进行准确界定存在较大难度，但这并不妨碍我们对生态文明的本质和内涵进行探讨与研究。生态文明的含义可以从广义和狭义两个角度来诠释。广义的生态文明是从文明发展的纵向角度来看待生态文明，持这种观点的学者认为生态文明是人类社会自身发展历程中所创造出的一种全新的文明形态，是继原始文明、农业文明、工业文明之后人类文明发展的新高度和新阶段。生态文明是对前期文明的反思与升华，尤其是对工业文明的全面扬弃和超越。广义的生态文明观认为生态文明吸取了传统文明的精华，摒弃了传统文明的糟粕，生态文明是从生态系统的整体角度来审视人类自身的生存与发展问题，生态文明将能够从根本上解决人类以往任何一种文明形态中经济社会发展与资源环境、生态系统保护之间不可调和的矛盾，从而能够保证人类社会获得永续发展的动力，生态文明是人类文明真正的曙光与希望所在。狭义的生态文明则是从横向的角度来看待生态文明，将生态文明看作是整体"文明"系统的重要组成部分，是和物质文明、精神文明、政治文明相对应的另一种文明形式，是和物质文明、精神文明、政治文明同时代的并列文明。狭义的生态文明观认为生态文明并非是一种全新的文明阶段，而是人类文明发展到一定时期之后的自然衍生与深度扩展，生态文明是对传统文明的充实与深化，生态文明丰富了文明的整体内涵与有机构成，是对传统文明更深层次的诠释与建构，从而在整体上提升了文明发展的高度。

生态文明的"广义"和"狭义"之分只是研究方式的差异，绝非实质上的分歧。前者是从文明发展的阶段性来看待文明的延续与传承，后者是从文明涉及的范畴来考量文明的构成与内容，二者的研究视角不可避免地存在区别，但在根本目的方面却是基本一致的，都是在探讨与研究生态文明的内涵与本质。因此，作为对生态文明的两种不同诠释和探讨，广义的生态文明研究和狭义的生态文明研究固然需要"存异"，但更重要的是要注意"求同"，不能因小失大，避免因具体内容与细节方面的差异而导致整体目标层面的混沌与冲突，从而产生不必要的分歧与误解，舍本逐末，这是在研究和探讨生态文明基本内涵时需要密切注意的问题，也是部分学者容易走入的泥潭与误区所在，乃至耗费了无谓的精力与资源。

　　综合广义生态文明和狭义生态文明两种研究范式，不难发现，生态文明在基本内涵层面是一种事关人类社会生存与发展的根本理念，生态文明实质上是一种宏观、系统、全面、深刻、长远、科学的伦理道德与哲学思想。生态文明与传统文明的根本区别在于生态文明的终极目标是要构建一套全新的自然生态观，从而在根本上保证人类社会的长远发展。之所以说生态文明是一种全新的文明形态，是迄今为止人类文明发展的最高阶段，是因为生态文明需要考虑的不仅仅是人类社会的经济与社会发展问题，而是人类文明在繁衍过程中时刻需要面临的根本命题——"人""自然""社会"三者之间到底应该是一个怎么样的关系？为什么以往的文明形式无法从根本上保证人口增长、经济发展与环境保护、生态协调之间的和谐统一？人类社会传统文明的弊端与症结到底在哪？人类社会有无可能彻底破解经济发展与生态保护的"二律背反"？人类社会能否找到一种可持续发展的文明形态？这些都需要从根本上回归到人类社会生存与发展的本源问题——人类社会与自然生态系统是两条相互交织的发展轴线，人类与自然之间根本不存在谁为主、谁为仆的问题，人类产生于自然，人类依附于自然，自然是人类活动开发的对象，同时也是人类社会繁衍生息的空间载体，因此人类在充分利用自然的同时必须及时学会保护自然，反馈自然，服务自然。

　　生态文明所遵循的终极目标是人类社会的可持续发展，人类的可持续发展固然是以经济的可持续发展为核心和动力，但生态文明推崇的可持续发展势必要求超越经济的范畴，从最为广泛的"人—自然—社会"

的整体系统角度来构建人类社会可持续发展的全面机制，从而在根本上保证人类社会经济持续发展与环境生态有效保护的和谐统一，使人类社会的可持续发展由愿景变为现实。即便仅从经济学的角度而言，人与自然只是生产要素的不同形态，都具有价值贡献的现实或潜在能力，都是社会化大生产系统不可或缺的要素构成，人类与自然在总体价值层面也是完全均等的。人类在自身的经济活动中不能够，也不应该以自然的主人自居，人类的经济行为不能超越自然的承载极限，脱离了自然的支撑与约束，人类的经济活动即便灿烂一时，硕果累累，最终也只能是一次毫无意义的价值轮回，是一场虚幻的经济泡影。明白了以上这些问题，尤其是明白了生态文明理念下"发展"的真正含义所在，也就真正领悟了生态文明的本质与内涵，抓住了生态文明及其建设的关键所在。

二、生态文明的构成

生态文明是迄今为止人类文明发展的最高形态，和以往的几种文明比较起来，生态文明不仅在核心思想和根本理念层面更为领先，而且生态文明覆盖范围之广泛，涉及因素之复杂也是前所未有的。因此，生态文明的构成也就显得更加多元化，生态文明的基本内容主要包括以下几个方面。

（一）生态理念文明

生态文明首先是一种全新的理念，这是生态文明的本质特性，也是生态文明最核心的内容。如果说原始文明、农业文明、工业文明都是人类社会在自身进化与发展过程中的一种被动选择，是一种无意识的文明，那么生态文明则是有意识的文明，是人类社会第一次真正意义上主动思考自身文明发展的模式和走向。农业文明的故步自封和工业文明的昙花一现说明传统文明的根本症结就在于理念层面的彷徨不前与肆意妄为，要么视人类为自然的奴仆，要么以自然的主人自居，始终都没能够正确处理人与自然的关系，从而使得人类社会与生态系统的天平无法达到平衡状态，人类文明的退缩与激进也就成为在所难免的必然。因此，传统文明，尤其是工业文明所依赖的资源、资金、技术、市场等要素手段无法从根本上保证生态文明的合理建设与持续发展。生态文明建设成败的关键之处在于构建一种全新的、合理的文明理念，摆正人与自然之间的位置关系，以此作为生态文明发展的基点与轴线，同时将全新的生态文明理念升华为人类社会生存与发展的根本指导思想，在此基础上构建生态文明建设的整体框架和基本模式。

（二）生态自然文明

在人类社会发展的历史长河中，自然是人类社会生存的载体，也是人类文明孕育的母体，如何处理与自然的关系也就成为人类文明的重要内容，同时，自然系统的维持情况与运行状况也在很大程度上决定了人类文明的走向。总结一下以往人类文明的发展历程，人类社会在对待自然的态度和能力方面走过了截然相反的两条道路：农业文明时期对自然的极度乞讨，以及工业文明时期对自然的过度索取，在这两个阶段，自然在人类文明的发展过程中都没能够起到合理的作用，要么是极大地限制了人类文明的脚步，要么是过度放纵了人类文明的步伐，都没能够使得人类文明的发展回归到正确的道路上来。生态文明理念下的自然观，既不是农业文明时代的自然中心主义，也非工业文明时期的人类中心主义，而是生态文明背景下的生态整体主义。在生态文明理念下，自然生态系统与人类社会系统是完全对等的互动关系，自然已不仅仅是人类社会生存与发展的外部因素，而是内化成人类社会自身不可或缺的组成部分，自然文明是人类文明的镜子，人类在充分享受自然、利用自然的同时，也必须尊重自然，保护自然，回馈自然，人类社会在善待与呵护自然的同时，也是在维护自身文明发展的命脉。自然是生态文明良性发展的前提，自然文明不是生态文明的华丽外表，而是生态文明的内在灵魂，自然文明更是人类文明可持续发展的母体，没有自然文明的支撑与庇佑，人类文明的发展也只能是幻影。

（三）生态经济文明

文明在现实层面的终极反映是什么？如何衡量文明的先进与落后之分？什么是促进文明发展的驱动力？生态文明如何保证自身强大的号召力和影响力？这些问题都要落实到文明发展的经济领域，和其他文明形态一样，生态文明对人类社会生存及发展的影响最终也是体现在经济层面。经济总量的增长和经济发展模式的转变是保证人类文明得以延续的物质基础，人口数量的不断增加，人均资源分配量的提高都迫使人类社会寻求更加合理、更为有效的经济发展道路。经济已经演变成为人类自身文明发展的体温计，不同时期文明的弊端在经济领域也都有着充分而彻底的体现。原始文明和农业文明时期人类生活的困苦，归根到底是由于生产力水平的低下，能够创造的经济总量十分有限，这就必然导致资源和财富在人类社会分配的极度不均，人类社会的总体贫困也就是在所难免的。工业文明时期，借助于科技的力量，人类改造自然的能力极大增强，创造财富的能力大大提升，人类社会的经济总量达到了前所未有的高度，人类社会的总体生活水平和质量也都有了大幅度的提升。但是，由于工业文明时期的经济发展模式没有考虑到环境成本，对环境生态系统有着长期的历史欠债，从根本上限制了工业文明经济模式的发展后劲，从长远来看，环境的成本最终会抵消经济的收益。生态文明时代的经济文明，追求的是可持续发展的经济模式，既要保持经济的持续增长，不断提升人类的生活水平，同时也要充分考虑生态系统的人口承载极限和经济发展容量，将经济总量限定在生态系统可以承受的范围之内，绝不能以牺牲环境和生态系统的平衡稳定为代价来换取经济的一时发展。此外，生态文明理念下的经济文明还要积极拓展经济发展成果形式的多样化，将人类社会得以分享的福利范畴由传统经济福利向生态福利延伸，提高人类社会的整体生态福祉。

（四）生态制度文明

生态文明的建设与发展影响到人类社会的所有领域，人类生活的方方面面都离不开生态文明的庇护，生态文明涉及的范围之广，需要考虑的因素之复杂多样也是空前的，这就需要辅之以强大有效的制度机制。因此，为保证生态文明的顺利发展，生态文明的制度建设也是必不可少的。制度文明是生态文明的机制保证，制度文明也是促进生态文明有效发展的内在动力。和传统的文明形态不同，全球生态系统的联动性和整体性决定了生态文明的建设与发展需要全人类的共同参与，生态文明的理念要求打破国界和地域的限制，从全球生态系统的角度来考虑资源在全人类范围内的合理分配和使用。像工业文明时期那样不合理的国际产业及贸易分工格局导致的环境问题由西方发达国家向发展中国家普遍转移的制度模式是和生态文明的理念在根本上相违背的。生态文明视阈下的制度文明，必须均衡资源在全世界范围内的分配和使用，重新协调全球产业分工格局与贸易模式，调整不合理的国际市场要素价格，平衡发达国家与发展中国家的权利和义务关系。就国际范围内而言，尽管困难重重，但是也必须构建一套全新的国际政治及经济格局，在国际关税体系、全球碳排放、新能源研发与使用、绿色生态技术转让等诸多领域加强和深化国际合作，增强发达国家在全球环境生态领域的责任和义务，为发展中国家谋取更多的生态权益。就我国内部的情况而言，我国作为人口最大，发展速度最快的发展中国家，同时也是生态文明实践的先行者。但由于我国历史上传统文明延续的时间很长，环境和生态系统的破坏严重，我国现行的社会结构和政治体制进一步加剧了局部范围内的环境污染和生态破坏程度。因此，我国的生态文明建设也必须首先在宏观层面构建全面的制度机制，打破地方保护主义的干扰和局部利益主义的囹圄，在全国范围内平衡资源和要素的分配及使用，合理划分国内的生态功能分区，健全环境保护的全国性法律法规体系，从最为基础的制度层面保障我国生态文明建设的顺利开展。

（五）生态技术文明

技术文明是人类文明发展与进步的标尺，人类改造自然能力的逐步提升就是建立在技术手段不断进步的基础之上的。原始文明和农业文明时期，正是由于技术领域的落后，导致人类社会在自然面前的举步维艰。进入工业文明阶段以来，人类的技术水平突飞猛进，改造自然的能力大为提升，极大地促进了经济发展和人类生活水平的提高。但技术这把"双刃剑"在给人类带来极大便利的同时，也使人类付出了环境污染的高昂代价，随着以技术革新为基础的工业革命在全世界范围内的推行，全球生态系统满目疮痍，已经到达无法承受的临界值，这正是工业文明最大的弊端所在。生态文明是对工业文明的反思与超越，生态文明汲取了工业文明的经验和教训。生态文明的兴起与繁荣同样需要高度借助技术的力量，只是应当引起关注的是，生态文明时代的技术文明理念需要注意两点：一是对待技术的态度问题，生态文明的技术观绝不能像工业文明那样，将技术视为一把万能的钥匙，妄想通过技术能够解决人类社会的所有问题。生态文明视阈下的技术文明理念必须时刻谨记技术只是辅助人类认识自然的一种手段，而不是人类驾驭自然的工具，技术绝非万能，和技术进步比较起来，生态文明时代的技术文明观更加强调的是对技术的合理使用，是技术应用的合理性而非技术手段的先进性，这是生态文明技术观和工业文明技术观的本质区别。二是在具体的技术形式方面，生态文明和传统文明也有着很大区别。生态文明视阈下的技术文明要求摒弃工业文明的传统技术，大力推行新型的绿色生态技术，构建全新的绿色技术模式。具体而言，就是要加强研发和推广低碳技术、循环技术、新材料技术、新能源技术，以及具有更大价值创造能力的信息技术、智能技术、基因技术、绿色农业技术。总之，生态文明技术观的终极目的是减轻人类在经济及社会发展过程中的资源消耗总量和环境破坏程度，从而在整体上提升人类社会可持续发展的能力。

三、生态文明的主要特征

生态文明作为一种全新的文明发展阶段和文明形态，在文明的内涵和外延方面与传统文明相比较而言都有着诸多的不同之处，这也使得生态文明有着明显不同于传统文明的一些特性。

（一）生态文明是一种伦理文明

之所以说生态文明是一种全新的文明，是人类文明发展到迄今为止的最高形态，是因为支撑生态文明的真正基石不是资金，不是技术，甚至不是制度，而是人类社会的基本伦理道德。生态文明所涉及的是文明的根本问题：人与自然究竟是什么样的一种关系？人类社会生存与发展的根本动力是什么？人类社会如何才能真正获得永续发展的保障？只有对这些问题的思考才能真正触及文明的内核，也只有从根本上解决这些问题之后，人类文明才能真正地得以延续。人类社会以往的文明形态都有其进步意义，但最大的不足之处就在于过度的关注制度建设和技术进步，没有充分顾及人类文明的思想本源，因而迷失了文明发展的方向。

"伦理"的含义非常丰富，简单而言，"伦理"其实就是一种规则，或者说是基本秩序。生态文明的伦理所涉及的是人类社会发展的本质规律，因此，生态文明的兴起，就是要追根溯源，使人类文明的发展回归正确的历史轨道，从伦理的高度重新审视人类文明发展的方向与模式。

具体而言，生态文明的伦理可以细分为自然伦理和社会伦理。前者其实就是对人与自然关系的科学界定，从某种意义上讲，人类文明的发展史其实就是一部人与自然的关系史。如何正确处理人与自然的关系从根本上决定了人类文明的根本理念和发展模式。农业文明对自然的畏缩，以及工业文明对自然的无视，都不是合理有效的人与自然关系模式。生态文明的自然伦理观第一次真正意义上将人与自然平等对待，人类不是自然的奴仆，也不是自然的主人，自然不是人类的主宰，也不是人类的附庸。自然天生具有人格的属性，人类也无法摆脱自然的物化，人与自然是相互依存，浑然一体的，没有人类的捧场，自然只是一场苍白的演绎，同样，失去自然的庇护，人类也终将是一次没有归宿的旅途，只有人类社会与自然的同步乐章才是人类文明的理想栖息地。此外，如果说生态文明的自然伦理强调的是人与自然的关系，那么生态文明的社会伦理需要关注的则是人与人、人与社会的关系。传统文明不仅在人与自然的关系方面失调，而且也没能够正确处理人类社会自身的权利与义务关系，导致不同国家和地区之间，以及国家和区域内部的资源分配不均，虽然科技在不断进步，经济总量在不断增长，但却始终无法从根本上消除人类社会的一些顽疾。生态文明的社会伦理，要求保证资源在不同地区，不同群体之间的合理分配，进行社会结构的重组与优化，平衡权力的分配，促进公民社会的加速形成和深度发展，维护社会弱势群体的合法权益和正当利益，缩小经济发展的区域差距和收入分配差距，和谐人际关系，使得生态文明的温暖曙光能够真正照耀到社会的每一个角落，使得不同层次的人群都能够享受到生态文明建设带来的福利与收益。

（二）生态文明是一种系统文明

生态文明不仅是迄今为止最高形态的文明发展阶段，而且涉及的范围和影响因素也是最为广泛的，因此，生态文明也是一种系统文明。生态文明的系统性体现在两个层面：其一是生态文明系统的复杂性，生态文明既包括自然生态系统，又包括人类社会系统，而根据系统理论，不管是自然生态系统还是人类社会系统又都可以内化成多个子系统，而且这两个系统之间也有着千丝万缕的联系。因此，就人类自身文明发展的历程而言，生态文明系统的复杂性和多元性是空前的，这也给生态文明建设带来了极大的难度，使得生态文明的发展前景绝非一片坦途。

生态文明系统性的另一个层面就是系统的整合性，生态文明涉及的因素纷繁复杂，如何才能充分发挥这些因素最大化的综合效益，为生态文明建设提供最大化的服务，这就涉及生态文明系统内部的整合问题。和其他文明系统的运行一样，生态文明系统内部各子系统、各因素之间也不可避免地存在矛盾和冲突，如何合理有效地协调这些矛盾和冲突，在很大程度上直接决定了生态文明建设的实际效果，甚至是生态文明发展的最终成败。因此，生态文明建设的首要问题就是以可持续发展的理念为指引，从生态文明整体系统的角度出发，充分整合生态文明系统内部的各种资源，减少资源的无谓内耗和浪费，使得各种资源在生态文明系统内部发挥最大化的效应，从而保证生态文明整体系统的效益达到最佳状态。

（三）生态文明是一种均衡文明

生态文明的均衡性指的是构成生态文明的不同要素在生态文明体系内部的地位和作用，文明内部各构成要素自身的状态和重要性是决定文明性质和文明发展方向的重要方面。在传统文明内部，各要素的地位和重要性一直是此消彼长，从未真正达到合理的均衡状态。"自然中心主义"的农业文明阶段，自然要素占据绝对的主导地位，人类对自然的开发和利用是十分有限的，致使人类文明发展的步伐十分缓慢，人类文明在总体上长期处在愚昧和落后状态，这当然背离了人类文明的初衷。反之，到了"人类中心主义"的工业文明阶段，文明的天平首次向人类倾斜，人类一跃成为自然的主人，人类对自然的开发达到了空前的高度和深度，从表面上看，人类文明发展取得了极大的成就，达到了前所未有的高度，但人类要素的绝对主导性也导致工业文明的发展是一条激进的不归之路，工业文明在取得巨大成果的同时，也使得人类文明的发展很快达到了"瓶颈"状态。和农业文明及工业文明的顾此失彼不同，在秉承"生态整体主义"的生态文明内部，各要素之间根本不存在谁为主、谁为次的问题，从总体上看，生态文明系统内部不同要素之间的地位和作用是基本均衡的，正是这样一种均衡状态的巨大优势，使得生态文明各构成要素之间的矛盾和冲突最小化，有力地屏蔽和弱化了传统文明的结构性缺陷和弊端，使得生态文明得以长期维持在一种稳定均衡的理想状态。

（四）生态文明是一种可持续的文明

生态文明是一种可持续性的文明形态，这是生态文明最本质的特性，也是生态文明相对于其他文明而言的最大优势所在。国内外学术界对可持续发展的研究已有 30 年的历史，按照惯有的观点，可持续发展是指当代人的发展需求不能够威胁到后代人的发展潜力和权利。由此可见，可持续发展的基本内涵是指发展要有一定的冗余度，不能一味追求发展的极致，人类社会的发展不应该长期透支，否则很快就会迎来发展的极限。

生态文明的可持续性指的是生态文明发展的充分及适度，生态文明的发展既不是农业文明那样无效的低水平发展，也不是工业文明时期的过度化发展，生态文明追求的是发展的合理性和持续性。生态文明同时也能够充分保证自身发展的持久性，其根本原因就在于生态文明的发展充分考虑了生态系统自身的承载极限，生态文明的发展将环境和生态系统作为发展的内在要素来考量，而非视其为传统的外在变量，从而为生态文明的发展预留了充分的弹性空间，使得生态文明的发展不会走入资源和环境的"瓶颈"。

四、生态文明与其他文明的关系

从总体上看，人类文明的发展基本经历了原始文明、农业文明、工业文明几个发展阶段，现正处于工业文明后期向生态文明逐步过渡的中间阶段。生态文明作为人类社会迄今为止文明发展的最高形态，和前期的原始文明、农业文明、工业文明在文明的内涵、文明的范畴等诸多领域有着非常明显的区别，但与此同时，生态文明作为前期文明的延续与升华，不可避免地与其有着千丝万缕的紧密联系。因此，研究生态文明问题，就必须认真思考生态文明与其他文明的关系。

就我国的实际情况而言，在相当漫长的一段时期内我国都是一个农业国家，而当代发达资本国家已经处于后工业文明的高度发展阶段，我国的发展道路只能是赶超型的，我国只能在农业国家的基础上加速工业化的进程，同时还要兼顾生态文明的创新与实践。在这样一种复杂的时代背景下，我国整体层面就不可避免的同时面临着残留的农业文明，尚未成熟的工业文明，以及刚刚兴起的生态文明，这是我国现阶段文明形态的最大特性所在。

（一）　生态文明与原始文明的关系

原始文明也叫渔猎文明或采集文明，原始文明是人类历史上的第一种文明发展形态，同时也是持续时间最长，最落后的人类文明。虽然从整体上看，在当代人类社会中，原始文明的身影几乎无处寻觅，但这并不意味着生态文明这种最先进文明与和原始文明这种最落后文明二者之间毫无关系。实质上，原始文明是生态文明的始祖，原始文明的身影虽早已无法寻觅，但原始文明确是生态文明最早的孕育母体。原始文明时期由于人类文明的极端愚昧和人类社会生产力的极度落后，致使人类对自然界的认识几乎是一无所知，不可避免地导致了人类对自然的绝对神话和盲目崇拜，人类在自然面前是毫无条件的顺从和胆怯，这种愚昧落后的混沌思想固然不可取，但原始文明中天然蕴涵着的自然至上的质朴理念却是值得生态文明借鉴和继承的，生态文明的研究和实践也理应追溯原始文明的星光。

（二）　生态文明与农业文明的关系

就农业文明和生态文明的关系而言，二者之间有着最强的自然属性。如果说原始文明时期人类是自然的弃儿，那么到了农业文明阶段，人类就演变成了自然的婴儿，农业文明时期借助于生产工具的加工制造和社会结构的逐步完善，人类才算真正实现了"从自然中来，到自然中去"，人类文明的发展也才第一次有了"规模效应"。无可否认，朴素的农业文明有着"天人合一"的自然生态观念，农业文明时期由于生产力水平总体上依然十分低下，致使人类社会对自然是一种依附态度，不可避免地对自然存有敬畏之心，这就形成了农业文明中尊重自然，崇尚与自然和谐相处的宝贵思想，这些思想和生态文明的理念是相通的。然而，农业文明只能做到人类社会的基本维持，而不能真正解决人类社会的发展问题。归根到底，农业文明是一种建立在落后生产力基础之上的文明，农业文明无法从根本上提升人类的福祉，这和生态文明的发展理念是彻底相违背的。同时，农业文明时期小富即安的消极落后思想也不符合生态文明的进取理念，这些都是农业文明和生态文明的根本区别。

（三）生态文明与工业文明的关系

相对于原始文明和农业文明而言，工业文明是距生态文明最近的一种文明形态，工业文明与生态文明二者之间的关系也最为密切。尤其是工业文明在自身发展过程当中蕴涵的不断进取、勇于开拓的时代精神，以及对技术不懈追求及应用的实践态度，都是值得生态文明好好继承和继续发扬的。与此同时，我们在保持生态文明和工业文明连贯性的同时，也应当注意到生态文明和工业文明在文明的根本理念，文明的基本宗旨，文明的主要途径等诸多方面还是存在着明显的区别。归纳起来，生态文明和工业文明的主要不同可以用图 2－1 来表示。

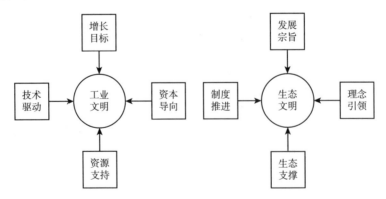

图 2－1 生态文明和工业文明的主要区别

就人类文明发展的广度及深度而言，工业文明的确称得上是人类历史上的一大飞跃，借助于科学技术的迅猛发展和机器的大规模使用，工业文明极大地提高了人类改造自然的能力，同时也显著提升了人类的生活水平。但是，就文明的内核而言，工业文明的发展是不可持续的，工业文明的发展模式建立在资源的大规模使用和废弃物的无限制排放基础之上。工业文明彻底改变了人与自然的关系，人类首次以自然的主人自居，但是，工业文明经不起时间的检验，工业文明在创造巨大财富的同时，也付出了惨痛的环境和生态代价，当代人类社会面临的许多问题都可以追溯到工业文明的影子。传统工业文明其实走的是一条不归路，工业文明虽然提供了发展的动力，但却不能维持发展的持续性，或者说工业文明实质上解决的是增长问题，而不是真正意义上的发展问题，这和生态文明推崇的可持续发展的精髓是从根本上不相符合的。

总之，生态文明和原始文明、农业文明、工业文明三者之间既有着本质的时代区别，同时也带有天然的历史联系。综合起来，生态文明与前任三种文明形态之间的关系可以大体上概括如表2－2所示。

表2－2　　　　　　　　　生态文明与其他文明形态的关系

文明形态	文明理念	文明本色	文明本质	文明性质	文明类别	文明时限	经济形式
原始文明	天然主义	白色文明	进化文明	落后文明	被动文明	100万年	渔猎经济
农业文明	自然主义	黄色文明	制度文明	保守文明	自在文明	1万年	农耕经济
工业文明	人类主义	黑色文明	技术文明	激进文明	自发文明	300年	制造经济
生态文明	生态主义	绿色文明	伦理文明	均衡文明	主观文明	可持续	绿色经济

就生态文明在我国的研究和实践而言，生态文明与其他几种文明形态存在事实上的叠加关系，我国现阶段农业文明、工业文明、生态文明的磨合与冲突是导致我国社会发展过程中环境和生态问题的根源所在，这也提醒我们要想从根本上推进我国生态文明建设的实际效果，就必须解决好这三种文明之间的辩证关系。同时，这也预示着我国的生态文明发展道路面临着许多挑战，归根结底，到底是生态文明扬弃，改造了农

业文明和工业文明，还是农业文明和工业文明同化，甚至异化了生态文明，在相当长的一段时期之内还存在很大程度上的变数，这既是我国生态文明发展面临的巨大历史机遇，同时也是我国生态文明建设无法回避的严峻挑战，需要积极地去予以应对。

从总体上看，我国生态文明的构建之路亟须对农业文明的思想加以扬弃，正确区分农业文明的精华与糟粕，从我国的传统农业文明当中汲取生态文明的智慧，摒弃农业文明当中的消极思想。与此同时，我国的生态文明建设还需汲取工业文明的进取和开拓精神，同时对传统的工业文明模式进行改良和纠正，这是我国生态文明建设的唯一可行，也是科学合理的道路。

第三节　生态文明建设的重点是构建生态省

就现阶段国内的生态文明研究而言，虽然从总体上看是一片繁荣兴旺的景象，但同时也的确存在一种相对混沌和模糊的状态，对生态文明的研究尚无十分清晰的研究体系和科学合理的研究范式，造成这种境况的原因有多种，其中一个不可忽视的重要因素是对生态文明基本概念的区分不够严谨，尤其是很多领域的专家学者在进行生态文明相关问题表述的时候，将"生态文明""建设生态文明""生态文明建设"三个概念几乎等同。而实际上，这三个概念虽然在内涵层面基本一致，同时在范畴领域也十分接近，但如果从严格而科学的角度来进行界定，还是有着较为明显的区别[①]。

一、生态文明的几个基本概念及其关系

如前文所述，生态文明的产生与发展是为了从根本上解决人类文明

---

① 高红贵：《关于生态文明建设的几点思考》，载于《中国地质大学学报》（社会科学版）2013 年第 9 期。

的延续问题，生态文明实际上是一种人类社会自身的生存理念，是一种最高层次的人类理想，是人类文明最终的伊甸园。但是生态文明作为一种全人类共同的美好愿景，必须从理论构想演变成为现实成果，只有这样生态文明才是一种真正有意义的文明形态，生态文明必须要能够从总体上给人类社会带来远超前期文明的经济利益和综合福利。简单而言，生态文明必须体现为一种现实的持续生产力，生态文明在给人类社会带来巨大物质利益的同时，还要能够为人类文明提供持久可靠的生态福祉，否则生态文明只可能是一场乌托邦式的幻想。这就涉及生态文明的解构和细化问题，也即生态文明究竟如何才能从理念转变为现实，这样也就十分自然地衍生出了和生态文明联系十分紧密的另外两个命题：建设生态文明和生态文明建设。

相对于生态文明而言，建设生态文明和生态文明建设是两个更加容易混淆的概念，在很多文献资料当中，这二者之间都是可以完全相互替换的，而实质上则不尽然，建设生态文明和生态文明建设之间的关系辨析并非纯粹的文字咀嚼，二者在基本立足点和研究的侧重点方面还是存在着一定程度的差异。建设生态文明是对生态文明理念的方向性分解，建设生态文明研究的主要问题是生态文明的根本宗旨和基本目标：生态文明的历史意义在哪？生态文明是为谁服务的？这是生态文明理念由理论向实践转换的中间过程，也是非常重要的一个过渡性阶段。建设生态文明的问题研究就是要将生态文明由纯粹的伦理向可供实现的目标转移，将生态文明由理念的迷茫转向实践的路标。

至于生态文明建设，如果说生态文明解决的是哲学和伦理问题，建设生态文明解决的是目标和方向问题，那么生态文明建设需要解决的就是模式和路径问题。生态文明究竟如何才能真正由理论转变为现实，仅仅有建设生态文明研究的方向指引还远远不够，还必须有可供实践的现实途径，这是生态文明理念最终能否实现的关键所在。因此，生态文明建设真正需要探究的就是生态文明实践的具体路径和方法，也正是因为此，相对于生态文明和建设生态文明而言，生态文明建设更加强调的是针对性、实践性、可行性。

此外，另一个值得引起注意的问题就是，生态文明、建设生态文明、生态文明建设三者之间虽然各自都有所侧重，但从总体上讲，其实也还是一脉相承的，对这三个问题的研究走的也正是一条"理念—目标—路径"的科学道路。这是针对生态文明三个基本概念及理念的一种较为科学合理的界定和区分。

综合起来，将生态文明、建设生态文明、生态文明建设三个概念进行提炼和归纳，可以总结如下：生态文明是最为基本的一种思想，是一种理念；建设生态文明是生态文明指向的根本宗旨和最终目的；生态文明建设是实现生态文明的过程和模式。从横向上看，基本上生态文明、生态文明建设、建设生态文明是相互交织，齐头并进的，这也正是这三者之间极易混淆的主要原因所在；就纵向而言，如果说生态文明是起点，建设生态文明是过渡阶段，那么生态文明建设则是终点，三者之间还是有着一定的序列区分。因此，在研究生态文明相关问题的时候，必须清楚地明白生态文明是研究的源点，建设生态文明是研究的基点，生态文明建设是研究的重点，这是对生态文明问题研究的规范分析和总结。

在科学界定和分析了有关生态文明的几个基本概念之后，就会自然领悟生态文明实质针对的是"是什么"的问题，建设生态文明主要涉及的是"为什么"的问题，生态文明建设需要解决的是"怎么办"的问题，弄清楚了这几个方面，也就真正理解了"生态文明重在建设"的含义所在。

二、生态文明建设与生态省构建

就生态文明建设而言，生态文明并不是空中楼阁式的乌托邦，但首先必须明确的是生态文明作为一种文明形态，其实践与发展必须依赖于一定的区域空间。纵观人类的文明发展历程，不难发现文明往往带有

"规模"的背影，人类历史上的文明古国往往都有着较为广阔的疆域，即便某些时期人类文明的发源地是在特定的狭小范围，但从其后文明发展和影响的辐射范围来看，越是先进的文明，其影响的范围越为广泛。这说明文明虽然是一种"人为"的产物，但人类的文明始终无法脱离自然的孕育和庇护，尤其是人类进入近代社会以来，科技的日新月异，人口流动的便利使得人类文明与自然地域的联系更加紧密，人类文明的演进与发展也获得了越来越广泛的自然天地。

　　生态文明作为一种源于我国的新型文明形态，其形成与发展同样需要一定的空间范围。尽管生态文明是未来很长一段时期我国政府的执政理念，是整个国家层面集体意志的体现，而且我国广袤的国土为生态文明的实践提供了广阔的发展空间，但同样是由于我国是一个幅员辽阔的国度，我国整体生态系统的多样性、复杂性，以及我国不同地域之间经济产业模式、社会发展水平、资源禀赋结构、人口基本特征等诸多方面的巨大差异，使得生态文明及其建设在我国的实践只能够走"地方特色"的发展道路。而就我国的文化传统和政治结构，以及国内的经济发展和社会管理的实际情况而言，无论是在哪个领域，"省"都是我国重要的一级行政及区域单位划分。同时，我国的"省"具备明显的规模优势，我国大多数省域范围内的人口规模、资源承载容量、经济总量等许多方面都相当于一个中等规模的国家，"省可敌国"在我国是一种普遍存在的现象。因此，在省域范围内进行我国生态文明建设的研究和实践，既是一种自然和社会层面的必然选择，同时也存在较高的合理性和可行性，甚至从某种程度上讲，我国的生态文明建设可以直接分解为不同地域、不同特色的生态省建设。

　　所以，如果说生态文明的重点是生态文明建设，那么生态文明建设的重点则是生态省的构建与实践，做出这样一种解释，是因为生态文明与生态省二者之间在理念内涵及要素构成两个方面是基本相通的，尤其是省域范围内的生态文明建设其实就是生态省建设。

　　就内涵而言，生态文明和生态省具备高度的一致性。我国的生态文明建设，是要从根本上解决我国人口、资源、环境之间的紧缺状况和矛盾冲突，从而使得我国经济社会获得可持续发展的动力与保证。针对各省的实际情况而言，就是要在省域范围内进行生态文明建设的探索与实践，以不同省份的生态系统特性和经济发展现状为契机，构建不同特色的省域范围内的生态文明发展模式，从而保证在整体层面上提升我国生态文明建设的实际效果，这是我国生态文明建设的科学发展道路。而我国的生态省问题研究，尤其是生态省的建设，是在省域范围内进行的一场发展理念及发展模式的重大根本性变革，生态省建设涉及省域范围内多个领域的彻底变革，影响到省域经济社会发展的诸多方面，尤其是省域经济发展方式的根本性变更，其根本目的是使得省域获得可持续发展的经济动力与机制保证，就这一点而言，生态省建设和省域范围内的生态文明实践是基本一致的。此外，生态省建设虽是以"省"为行政及区域单位，其直接目的是保障各自省份经济社会的可持续发展，但我国生态系统的整体性和流动性决定了生态省建设必须打破省域的行政划分及地域隔阂，从国家整体生态系统的宏观层面平衡不同省份之间的经济利益分配和生态保护责任，这就需要更高层面的思想引导和号召。从根本上讲，生态省建设就是要以生态文明的理念为最高指导思想，以生态文明建设的历史契机为突破口和侧重点，大力进行省域范围内的经济发展方式改革和社会管理体制的变更，改变传统的省域发展模式，从而在根本上实现省域生态文明建设与生态省建设的真正统一。

从构成要素方面来看，生态文明与生态省二者之间也具有较高的相似性。事实上，构成生态文明与生态省的因素纷繁复杂，多种多样，而且二者的范畴边界还处在不断发展的过程之中，但从根本上而言，生态文明和生态省二者最为核心的构成要素基本可以归纳为两大类：资源要素与人口要素。在这两个领域，生态文明与生态省所涉及的范畴也是基本一致的。

就资源要素而言，不管是生态文明还是生态省，资源都是其建设与发展的前提与基础，没有了资源的支撑与养育，生态文明建设和生态省建设只能是一场美好的妄想。生态文明建设与生态省建设都需要动用多种多样的自然资源，资源的紧缺程度、资源的利用效率、资源的使用价格和资源的流通范围都是生态文明建设与生态省建设的重要影响因素。更为重要的是，针对传统工业文明发展理念和传统工业化、城市化发展模式在资源开发与利用领域的巨大弊端，生态文明建设和生态省建设都必须在根本上改变对"发展"及"资源"的认识，将资源作为保障和促进发展的内生要素，而不是传统的外在要素。同时，生态省建设和生态文明建设还都必须大幅度提升资源的使用效率和循环频率，借助于新型的绿色低碳技术和循环技术，深挖传统资源的开发和利用潜力，探索传统资源的多用途、重复性的使用渠道，最大可能减少资源使用过程中的无形损耗和污染物排放，将发展过程中的资源消耗总量降低到最低限度，在资源层面保证自然生态系统与经济系统运转的和谐统一，

此外，如果说资源是构成生态文明和生态省的客观要素，那么人口则是二者构成的主观要素，相对于客观资源要素的基础性作用而言，主观的人口要素对生态文明和生态省建设具有更为重要的能动性作用。"人"作为自然界和人类社会的一种特殊要素，有着天然的两面性，就生态文明和生态省而言也是一样，人口既是生态文明与生态省建设的服务对象，同时又是生态文明与生态省建设的绝对主体，这种"二重性"决定了人口要素是影响生态文明及生态省建设的决定性要素。与此同时。人口要素对自然资源要素的价值转换也起着重要的流转及衔接作用，自然资源优势能否转化为促进生态文明和生态省建设的积极因素，直接决定于人口要素对其的开发理念和使用模式。同时，除了经济领域之外，生态文明和生态省的理念还主要涉及社会分配的公平正义和社会运行的基本伦理，生态文明建设和生态省建设许多制度措施针对的都是"人"，这就需要人口要素的积极参与和主动配合。因此，人口作为构成生态文明和生态省的主观要素，对二者建设的顺利开展有着直接的决定性作用，人口要素也是生态文明与生态省建设和谐统一的直接象征。

总之，生态文明建设与生态省建设有着天然的统一性和一致性，我

国的生态文明建设历程，实际上就是不同地域范围内的生态省建设过程，这是对我国生态文明建设的科学分解，也是我国生态省建设的客观道路。

第四节　生态文明建设的核心是发展绿色经济

生态文明如何才能保持旺盛的生命力？生态文明如何才能具有强大的吸引力？生态文明如何才能体现自身的巨大优势？这是进行生态文明建设研究时不得不认真考虑的问题。从人类文明的演绎与发展来看，新型文明只有给人类社会带来巨大物质利益和经济福利的时候，才能顺利地超越以往文明，迅速地被人类社会所接受并得以广泛传播。更为规范及严谨的表述就是，先进文明首先必须是一种更为先进的生产力，而先进生产力在现实层面的体现就是更为高效、更加具有价值创造能力的经济发展模式。因此，文明的直接竞争力就是经济发展的速度与周期。人类社会从原始社会到农业社会，从农业社会到工业社会的文明发展道路，就是游猎经济被农耕经济取代，农耕经济被工业经济所取代的历程。新时期已经兴起并且发展迅猛的生态文明最终也将会取代持续已久的工业文明，生态文明的新型经济发展模式也必将替换传统工业文明的工业经济模式。

一、文明演绎与经济发展

从人类文明的发展历程来看，虽然文明的表现形式丰富多彩，但文明绝不是虚幻的海市蜃楼，文明在现实层面的终极体现还是经济成果，经济的硕果是人类文明发展的最终落脚点和反光镜。一种文明之所以先进，简单而言就是因为能够为人类社会创造更大的物质福利，只有能够提供丰富物质财富的文明才会具有强大的号召力和导向作用。纵观迄今为止人类文明发展的几个阶段，后任文明之所以能够最终战胜直至取代前任文明，也正是因为相对于前期文明而言，后任文明能够拥有更为夯实的经济支撑，因此不可避免地具备强大的感召力。

农业文明其实是一种保守文明，工业文明的确是一种激进文明，农业文明的保守和工业文明的激进在经济层面也有着截然相反的不同反映。农业文明时期的农耕经济形态是建立在生产工具的简单加工制造和人畜技术的低端使用基础之上的，因此农业文明的经济模式能够创造的财富总量极为有限，人类的生存状态就整体而言极为困苦。农业文明的思想虽然朴素，农业经济虽然很好地呵护了自然，但农业经济的低水平、低效率、低效益绝不是生态文明所要的。相反，到了工业文明时期，工业文明的制造业经济繁荣发展的基础是技术的不断进步和机器的大规模使用，从而使得工业文明时期创造出大量的物质财富，人类社会的经济福利得以极大地增长。但是，工业文明的技术力量使得人类社会在获得巨大财富的同时，也极大地破坏了人类社会赖以生存与发展的生态环境，工业经济发展模式的环境成本不断攀升，人类所获得的经济收益最终会被生态成本彻底抵消。工业文明的经济成果虽然灿烂无比，但其挥霍无度的经济发展理念却是生态文明绝对不能够容忍的。生态文明是迄今为止人类文明发展的最高阶段，生态文明是对人类社会以往文明形态的反思和扬弃，就生态文明在现实层面的终极成果而言，生态文明的胜利，只有通过建立新型的经济发展模式和路径，同时取得相对于农业文明和工业文明的巨大优势，一方面既能够保持经济的持续高速增长，另一方面又能够保证经济发展过程中环境生态问题的逐步改善，使得经济发展走上一条可持续发展的理想模式。总之，无论从理念还是现实层面而言，生态文明建设的核心是新型经济发展模式的构建，最理想的就是绿色经济的新型经济形态。

二、生态文明建设与发展绿色经济

生态文明作为一种人类文明的发展理念，其核心思想是可持续发展，可持续发展是生态文明的灵魂，同时也是生态文明建设的终极目的，也只有可持续发展才能最终保证人类文明的延续。同时，人类社会发展的历史充分证明，文明的可持续发展最为根本的还是经济的可持续发展，而经济的可持续发展就是要求人类经济发展的速度和总量不能超越自然生态系统的承载极限。人类历史上有众多曾经辉煌一时的文明在较短的时期之内销声匿迹，除去天灾及人祸的因素之外，其主要原因就是作为文明支撑的区域经济系统与自然系统之间的严重失衡。这种文明发展的历史陷阱在工业文明时期表现得尤为明显，如果说工业文明之前人类经济行为和生态系统的矛盾与冲突还只是初步的、分散的，那么自从人类社会总体上进入工业文明阶段以来，人类社会的经济发展模式对环境的破坏范围和影响程度都在不断地加深，人口和资源、环境的紧张状况十分严峻，即将到达崩溃的临界值。因此，为保证人类文明的延续发展，就必须彻底改变传统工业文明的经济发展模式，实现向生态文明的绿色经济发展模式的转型。

就生态文明在我国的发展实践而言，党的十八大报告中首次明确提出"五位一体"的发展战略，号召在全国范围内将生态文明建设充分融入经济建设、政治建设、社会建设、文化建设的各方面和全过程，构建我国社会未来很长一段时期之内的发展战略和整体布局。"五位一体"发展战略体系中，最核心、最紧要、最关键的其实就是生态文明建设与经济建设的相互融合。如前所述，经济是文明发展的最终落脚点，建设生态文明的直接目的就是要提高人们的生活水平和综合福祉，而这都必须依赖于经济实力的强大支撑与保障，没有了经济发展的光环，生态文明只会是黯淡无光，毫无说服力可言。生态文明能否最终取得相对于工业文明的绝对优势，关键就在于生态文明建设能成功否探寻到一条持续、高速的经济发展道路，使得生态文明创造出比工业文明时期更为丰富、质量更高的经济成果。所以，新型绿色经济发展模式的建立，是我国生态文明建设的重中之重，也是决定我国生态文明建设成败的现实基础。

绿色经济和生态文明有着天然的紧密联系，二者的理念精髓都是可持续发展的指导思想。简单而言，绿色经济的本质就是以生态经济协调发展为核心的可持续发展经济，绿色经济是可持续发展经济的实现形态和形象概括①。由此可见，绿色经济是与新时期生态文明理念的时代特征相符的一种全新的经济发展理念和经济发展模式，大力发展绿色经济是可持续发展的生态文明理念在经济领域的科学决策，也是唯一正确的选择。这一点对我国现阶段的经济发展而言有着重要的启示意义，在经历了几十年的经济高速发展之后，我国的生态问题已经明显呈现出集中性、叠加型的爆发状态，我国总体的环境和生态压力是任何一个西方国家在工业化的发展过程当中所不曾承受的，我国经济发展模式的根本性变革已经刻不容缓。绿色经济既可以保持我国经济的进一步增长，同时又能够有效缓解我国的环境和生态问题。在微观领域，绿色经济模式可以加快企业和行业的技术革新与进步，淘汰落后产能，倒逼产业升级，重整产业结构，促进绿色产业的高速发展。在宏观层面，绿色经济理念可以通过绿色财政、绿色金融、绿色税收、绿色消费等多种手段逐步提升绿色经济在我国国民经济当中的整体比重，使得绿色经济在我国的发展获得更高层次的制度促进与保证，为生态文明在我国的实现打下坚实的经济基础。

绿色经济发展理念和生态文明的经济思想在范畴领域十分接近，新型绿色经济模式和传统经济模式的最大区别就在于发展理念的本质区别。绿色经济理念并非像传统经济模式那样，将自然资源和生态系统作为一种经济发展的外生变量，相反，绿色经济将自然资源和环境生态系统作为人类自身经济系统的一个天然组成部分，绿色经济的发展理念遵循的是"人—自然—社会"和谐统一的思想，绿色经济是要实现"经济系统—社会系统—生态系统"的同步运行与发展。由此可见，人类经济系统和自然生态系统都是绿色经济和生态文明二者同步关注的焦点，绿色经济很好地诠释了生态文明在经济领域的时代要求和根本理念，也只

---

① 李雪：《论生态文明、绿色经济、和谐社会发展关系》，载于《经济师》2011 年第 1 期。

有绿色经济能够真正实现生态文明可持续发展的经济要求。

绿色经济自身的发展历程也很好地体现出了生态文明的经济发展理念。绿色经济的发展经历了由简单到复杂，由片面到全面的过程。绿色经济由最初的侧重于绿色产业的培育，侧重于绿色技术的研发，逐步地过渡到注重绿色制度的构建，注重绿色文化的孕育，绿色经济所涉及的范畴早已超越经济的领域，扩展到社会生活的方方面面，这就在内涵层面越来越接近于生态文明的理念要求。由此，绿色经济已不是一种纯粹的经济发展模式，而是生态文明在现实社会当中的思想代言人，绿色经济不断完善与发展的过程也正是生态文明的实践过程。

综上所述，生态文明与生态省、绿色经济有着紧密联系。绿色经济是生态文明的经济形态、经济方向、经济目标，生态省是生态文明的地域结构、经济模式、社会文化的集合体。因此，我国的生态文明建设最为主要的就是构建省域范围内的绿色经济发展模式，亦即大规模地建设生态经济省，或者说是绿色经济省。

第三章 我国生态省建设研究

第一节 生态省概述

一、生态省的基本含义

和生态文明一样，"生态省"也是近几年社会各界耳熟能详，在各大媒介出现频率较高的热门词汇。生态省不仅成为学术研究的热点项目，政府决策的重点领域，同时也是社会大众的日常话题。关于生态省的界定，不同领域的学者也都有着不同的表述方式。就一般意义而言，所谓生态省，就是以省级行政单位（包括省、自治区及直辖市）为划分依据，充分追求经济增长、社会进步与自然环境保护之间相互协调，能够符合可持续发展宗旨的一种省域范围内的经济社会发展理念及模式。

综合以上几个方面，可以将生态省的内涵进行一些基本性的提炼和归纳，如图3-1所示。

生态省的内涵具有明显的系统性和层次性：生态省实质上是自然系统、经济系统、社会系统三者的有机结合体，自然系统是生态省的天然平台，经济系统是生态省的物质基础，社会系统是生态省的制度保障。这三大系统对于生态省而言缺一不可，没有自然系统的庇护，生态省无从谈起；缺乏经济系统的支撑，生态省从根本上不具备可行性；失去社会系统的保障，生态省就会举步维艰。生态省所涉及的三大系统决定了

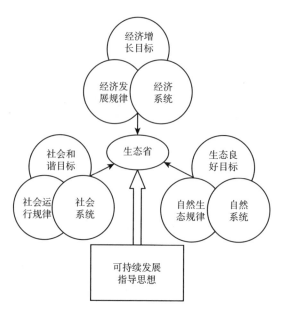

图3-1　生态省的基本内涵

生态省建设过程中必须同时兼顾自然生态规律、经济发展规律、社会运行规律三种基本规律，即在充分尊重自然和生态特征的基础上，探寻科学的绿色经济发展模式，辅之以合理有效的社会制度和文化，以便在省域范围内同时达到经济增长、社会进步、生态和谐的三重发展目标。尽管从短期局部利益来看，这三重目标之间的确存在一定的冲突和矛盾，但就长远利益而言，这三重目标的根本宗旨是基本一致的，都是可持续发展的重要组成部分。这是对生态省内涵的充分认识，也是对生态省内涵的科学细化和分解。

　　生态省的根本目标是在省域范围内以可持续发展理念为指引，以生态学、系统学、生态经济学等交叉学科理论为基础，以经济增长方式的彻底转变和环境生态系统的有效改善为主要目标，以省域范围内的资源禀赋和生态优势为基本出发点，统筹规划和使用省域内的各类资源，从而使省级区域内的经济增长、社会进步和环境保护总体走上一个新台阶，从根本上实现省域内部生产发展、社会繁荣、生态良好的可持续发展道路。

生态省也可以说是生态文明的衍生物，是生态文明在省域范围内的具体体现。生态文明与生态省的指导思想和理念精髓都是可持续发展，但有所不同的是，对于生态省建设的实践而言，可持续发展具备更为纯粹的思想性，生态文明则带有相对明显的系统性，如果说可持续发展是指引生态省建设的思想口号，那么生态文明就是促进生态省建设的系统机制。生态文明作为党的十八大之后我国政府正式提出的治国理念，是对我国经济及社会发展几十年经验教训的历史总结。和可持续发展思想一样，生态文明理念也并无成熟的模式可以借鉴，具体到我国各省域的实际情况而言，生态文明发展的时代要求就是要在不同的省域范围内构建可持续发展的经济社会发展模式与制度体系。从总体上看，生态文明实践与生态省建设二者必须紧密结合，生态省建设要以生态文明理念为引导，克服地方局部利益的桎梏与干扰，生态文明实践要以生态省的建设为实践平台，从根本上提升我国生态文明实践的水平与质量，这是我国生态文明实践的科学模式，也是我国生态省建设的历史契机。

二、生态省的构成要素

如前所述，生态省是一个复合型的庞杂系统，这就决定了构成生态省的要素多样性，而且构成生态省的不同要素之间还会产生相互的作用和影响，这也进一步地增加了生态省建设的难度和复杂性。

（一）资源要素

资源是构成生态省的最为基本的前提条件，不管是从可持续发展的指导思想还是从生态文明的发展理念来看，资源也都是构成生态省的第一要素。诸多专家学者所提倡的构建多种多样、不同类型的生态省建设模式，其理论基点和现实出发点就是省域内部的资源秉性。我国有着幅员辽阔的国土，跨越多个经度、维度和时区，从北到南，从东到西，不同省份的生态特征、资源优势都存在明显的差异，这就从根本上决定了我国生态省的"地方特色"。我国的生态省建设实践，必须建立在资源基础之上，充分发挥省域范围内的资源优势，要求将资源优势有效转化为经济优势、社会优势、生态优势，这是我国生态省建设的出发点。资源对生态省建设的基础性作用，同时要求加强对资源的节约性使用、循环使用、多样化使用，充分提高资源的使用率，降低资源使用的成本和污染物排放，减轻生态省建设的总体成本，以便生态省建设的顺利推进和开展。

（二）经济要素

资源虽然是构成生态省的首要因素，但资源不会天然转化为生态省建设的物质基础，资源必须经过经济的周转和协调才会转变为生态省建设的现实条件。就我国的实际情况而言，一些自然资源明显占据优势地位的省份，在生态省建设方面却徘徊不前的现状充分说明了这一点。生态省建设涉及自然、经济、制度、人文等多个领域，因此生态省建设需要强大的物质保证，经济是推动生态省建设及发展的直接动力，也是生态省建设优势的直接体现，生态省建设的直接目的就是提高民众的生活水准，这也正是生态省建设号召力和影响力的重要体现。

同时，资源的基础性也决定了不同省份之间经济发展模式的必然差异，我们说生态省建设并不存在统一的具体模式，其实就是指生态省经济发展模式的多样性。资源的内在组成结构和资源丰富程度的不同直接决定了不同省份之间经济发展模式的现实基础，各自省份在自身生态省建设过程中，究竟应该采取何种具体的经济发展模式，只有建立在对省份内部资源优势和劣势的充分分析基础之上，资源直接决定了省域经济发展的起点和周期。总之，生态省的经济发展模式必须是可持续性的，否则，一旦生态省赖以生存的经济基础需要经历转型的"阵痛"，成功与否且先不说，仅就所付出的成本而言，往往也是无法承受，得不偿失的。

（三）制度要素

如前所述，生态省是一个复杂的体系，生态省建设也是一个复杂的系统工程。生态省建设的实践涉及诸多领域的利益，生态省建设包含了不同区域、不同部门、不同层次的利益范围，以及政府、企业、社团、个人等多种类型的参与主体，基于"经济人"的广泛假设，各种利益主体之间不可避免地存在矛盾和冲突。同时，利益主体之间的博弈更是会消耗宝贵的自然资源和社会资源，从而在很大程度上降低生态省建设的实际效率，增加生态省建设的总体成本，阻碍生态省建设的顺利推进。因此，经济虽然是生态省建设的根本，但经济并不能解决生态省建设过程中的一切问题，经济学领域中传统的"市场失灵"现象同样会在生态省建设的过程当中出现，这种形势下就需要制度的弥补与配合。

制度是构成生态省不可或缺的重要因素，没有制度的规范和制约，生态省建设就很容易走入经济的绚丽歧途，鉴于生态省自身的系统性和复杂性，构成生态省的制度要素同样具有多样性，生态省的制度要素是不同领域制度的综合体。就市场领域而言，生态省建设需要从财政、税收、金融等多个角度入手，构建全方位、多角度的新型经济制度，大力促进省域范围内绿色经济的发展速度和规模，加快省域范围内的经济转型和产业升级，刺激企业对绿色产业和绿色产品的投资，为生态省建设提供强大的经济保障；就政府领域而言，生态省建设要及早规范各类型的法律制度和规章制度，有效约束省域范围内各级政府部门的行为，防止地方保护主义盛行对生态省建设的结构性破坏，阻断短期利益主义和局部利益主义对生态省建设的干扰；就社会领域而言，生态省建设需要建立健全基础教育和舆论宣传制度，在整个省域范围内营造绿色发展和绿色生活的制度体系，唤起及提高普通民众的绿色环保意识，激发民众对生态省建设的参与积极性，使得生态省建设获得更为多元化的主体保障。

（四）技术要素

技术是人类文明的火种，人类文明发展的演绎进程在很大程度上可以直接体现为技术的革新与改良，和生态文明一样，生态省同样需要借助科技的力量。技术是生态省建设与发展的加速器，生态省与传统省域发展模式的一个主要区别就是新型绿色技术的广泛使用和推广，技术虽不是生态省建设的万能钥匙，但绿色生态技术的确是生态省建设的重要手段与途径。生态省的实践，必须依赖以低碳技术、循环技术、新材料技术、新能源技术等为代表的绿色生态技术，大规模的降低生态省建设过程中的资源消耗总量和污染物排放总量，减轻省域范围内经济发展带来的人口压力，增强经济发展的环境容量。

值得注意的是，生态省建设对技术的应用不是无节制的，而是合理有限的，不是冒进的，而是谨慎的。生态省的技术应用并不片面追求技术的先进程度和经济效益，而是在生态文明的理念指引下，从可持续发展的宏观角度出发，追求技术的社会效益和生态效益最大化，这是生态省和传统省域发展模式在技术领域的明显区别。同时，生态省建设所需绿色技术的投资数额巨大，投资回收期长，投资的风险程度较高，为此，需要构建政府、企业、社会，以及国际化的多元投资主体，降低绿色技术的投资风险，分享绿色技术的投资收益。

（五）文化要素

生态省的建设不仅要体现为经济层面的"硬实力"，还要能够拥有文化层面的"软实力"。生态省建设最终追求的不是经济的硕果，而是文化的升华，文化是生态省建设的重要组成因素，文化也是生态省的重要标签。生态省建设的系统性和复杂性决定了生态省需要不同领域、不同层次、不同类型主体的积极参与，这就必然要求在全省范围内充分营造有效的绿色生态文化氛围，为生态省建设提供强大的文化庇护。

生态省是生态文明理念在省域范围内的实现形式，生态文明作为人类文明发展的高级形态，必然会在生态省范围内打上明显的文化烙印。和其他生态省的构成要素比较起来，文化因素有着自身的明显特性，文化可作为生态省建设的润滑剂，良性运行的绿色生态文化氛围可有效减少生态省建设的资源内耗与冲突，并且明显降低生态省制度建设的成本。更为重要的是，生态文化的潜移默化可以有效保持生态省建设的长期效果，这些都是生态省文化构成要素的巨大优势所在。

三、生态省的主要特征

和传统的省域发展模式比较起来，生态省有着明显的区别，生态省的特征及优势主要体现在以下几个方面。

（一）生态省是省域范围内的可持续发展

实际上，生态省是可持续发展理念的一种二维实现形式。可持续发展作为一种基本的发展理念，具有天然的宏观性、系统性及复杂性。可持续发展能否顺利实现关键在于构建从思想层面到实践层面的合理、有效地转变形式，可持续发展的实现必须借助于一定的模式和路径，就现实情况而言，生态省正是可持续发展思想的科学试验田。

从空间范畴来看，生态省是可持续发展的理想地域范围，我国现行的省级行政区域为数众多，不同区域省份广阔的地理空间，资源系统的相对完整性，生态系统的多样性，人口结构的复杂性，区域文化的传承性，甚至经济发展的不平衡性都为可持续发展的实践提供了充裕的空间，为可持续发展的实现创造了多种可行性，在很大程度上提升了可持续发展实践的可能性。

从时间范畴来看，生态省是可持续发展实践探索发展到一定阶段的科学模式，同时也是我国经济社会发展实践的科学总结。可持续发展的思想理念自从被提出以来，一直都在探寻着科学合理的实践模式与路径。同时，可持续发展的自身实践也充分证明，可持续发展并无固定的模式可供遵循，可持续发展的科学实践只能够建立在区域资源环境和生态系统的基础之上，生态省就是对可持续发展理念的准确领悟和深入贯彻。就我国的实际情况而言，在历经了改革开放几十年的经济高速发展之后，我国绝大部分省份的经济发展水平和总体质量都有了极大限度的增长及提高，为生态省的实施提供了强大的物质财富和基础，为生态省的建设创造了尽可能多的可能性。与此同时，我国很多省份在自身经济发展过程中的资源消耗和生态破坏也是极为严重的，诸多省份的经济发展已接近了生态系统的承载极限，甚至部分省份的经济发展"瓶颈"已经到来，经济发展的环境赤字越来越明显，经济发展的生态成本已到达无法承受的地步。也正是因为如此，顺应时代的要求，生态省的倡议应运而生，生态省的提出就是为了解决传统省域经济发展过程中经济增长和生态保护二者之间不可调和的矛盾，创造新型的，以可持续发展思想为指导的新型省域范围内的绿色经济和生态经济发展模式，使得可持续发展理念在省域范围内能够得到充分有效的体现及实践，这是新时期生态省建设必要性的重要体现。

因此，从总体上看，生态省可谓是可持续发展实践的理想舞台，可持续发展作为生态省建设的核心思想，也将主要体现在生态省建设及发展的历程当中。

（二）生态省具有明显的二重性

仔细剖析生态省的内涵，就会发现生态省带有明显的二重属性，而且这种二重性在很多领域都有着明显的体现。首先，就我国的实际情况而言，生态省既是一种理论创新，同时也是一种实践的探索。改革开放的前 30 年，我国整体上走的是西方发达国家传统的"先发展、后治理"的发展模式，很多省份在经济发展过程中对环境系统的欠债很多，更为严重的是我国的生态系统现状并不允许这种欠债的长期偿付，我国的大部分省份，尤其是生态脆弱地区和资源输出地区、老工业地区省份的环境问题已经十分严峻，环境的历史问题和新兴问题叠加呈现，在人口、资源、环境压力日趋紧张的情况下，我国省域范围内的经济社会发展亟待理论层面的创新。与此同时，发展也是我国各省份的迫切任务，生态省对环境和生态系统保护的迫切需求并不意味着对发展的放缓，我国省域范围内的许多问题都必须依靠发展来解决。因此，我国生态省的理论研究和实践是同步进行的，并不存在谁先谁后的问题，这是我国生态省二重性的第一个层面。此外，就生态省的范畴而言，生态省同时兼具自然属性和社会属性。所谓自然属性，是指生态省的基础是自然界，自然生态系统是生态省实践的对象，对自然的改造和利用也是生态省建设成果的重要体现。所谓社会属性是说生态省建设的主体是社会组织结构和社会个体，生态省建设的服务对象也是全体社会成员，这是生态省二重性的第二层含义。就生态省的主要内容而言，生态省既是经济问题，同时也是广义的社会问题。生态省建设的主要成果除了财富的总量之外，还涉及财富的流通、交换、分配和消费等诸多问题，这些都不仅仅局限于传统经济领域的范畴，而是广泛的社会领域的范畴，这是生态省二重性的第三种解释。

（三）生态省是多维度的复合系统

生态省是一个复杂的、多维度、深层次、宽领域的复合型生态系统，生态省中"生态"的含义并不是狭义的自然生态，而是广义的系统生态。生态省从总体上看是属于"自然—经济—社会"的庞大系统，系统自身内部又可以进一步地分解为自然资源系统、经济发展系统、社会文化系统等多个子系统，各个子系统之间呈相互交织的耦合状态，系统之间和系统内部有着广泛而充分的物质、能源、信息、资源的交换。

一般系统的结构性质和内涵特征在生态省内部同样有着明显的表现形式，此外，生态省尤其要注意系统的开放性和动态性。生态省系统的开放性是指生态省建设的过程中必须充分打破各种资源流通和使用的地域及制度障碍，甚至要在生态文明的理念指导下，从整个国家的宏观角度出发，在省际进行资源的充分调配和交换，最大限度地增加资源使用的收益，降低生态省建设的成本。生态省系统的动态性是指生态省建设的因时而异、因地而异，生态省建设的根本是省域范围内的资源禀赋和生态特性，生态系统的变迁性和流动性决定了生态省在实践过程中绝不能因循守旧，要时刻注意"优势"都是相对，而不是绝对的，不管是从整体系统角度而言还是从内部结构来看，生态省建设的具体模式和路径都需要进行适当的调整和修正。

总之，生态省的系统性决定了生态省建设的长期性和复杂性，也正因为如此，生态省建设需要上升到更高层次的生态文明高度，从生态文明理念的角度出发，协调生态省实践过程中的矛盾与冲突，提升生态省建设的整体效果。

第二节　生态省建设

和生态文明重在建设一样，生态省能否得以实现，关键也在于生态省建设的成功与否。如果说生态省是一种省域范围内的发展目标，那么生态省建设就是省域经济社会发展模式转型的现实基础与路径。生态省建设是生态省由理论向实践转化的必经途径，生态省仅仅有理论研究是不够的，生态省建设是生态省研究主要的构成部分和发展阶段。

一、生态省建设的本质是一种发展模式

生态省的目标是构建省域范围内经济社会的可持续发展，生态省建设就是对这一目标的科学、合理的探求过程。因此，可以说生态省建设实质上就是构建一种发展模式，更为准确地说是构建省域范围内符合可持续发展理念要求，符合"自然—经济—社会"宏观系统整体利益的绿色发展模式。

生态省是一种模式，首先应当引起注意的是此处的"模式"指的是

理念层面的模式，而非实践领域的模式。生态省作为一种省域范围内的新型发展思想，能够统一的只能是发展的理念，而绝非发展的具体方式与途径。实际上，在现实中，生态省建设也不可能存在统一的固定模式，生态省的模式是地域性的、动态性的，而非强制性的、统一性的，这是我国生态省建设，尤其是落后地区生态省建设过程中首先应当引起注意的。生态省作为一项新鲜事物，在我国是逐步开展和推进的，部分经济基础较高，资源生态状况较好的省份先行开展了生态省建设的实践，并已取得了一定成果，积累了一些经验，为后续省份的生态省建设工作提供了一定价值的参考意义。但从我国诸多省份的《生态省建设纲要（规划）》中不难发现，后期开展生态省建设的省份，在生态省建设规划报告的主要内容和基本结构方面与生态省建设先行省份比较起来有着明显的重合及相似之处，这充分说明我国不同省份之间生态省建设模式的相互借鉴和参考还停留在十分肤浅和笼统的阶段，彼此模仿的色彩比较浓厚，许多省份都想走"借鉴"的捷径，殊不知我国不同省份之间的资源容量、生态特征、人口结构等诸多方面差异明显，生态省建设绝不能一概而论，"他山之石"虽可供借鉴，但未必就可攻玉。模式过于单一，缺乏地域特色是我国很多省份在生态省建设过程中容易走进的误区和陷阱，也是制约我国生态省建设整体效果的重要障碍。

此外，我们说生态省建设是一种模式，还要正确看待生态省建设的指标体系。生态省建设指标是评价我国生态省建设实际效果的重要规范，是必不可少的，因此，国家环保总局分别于 2003 年及 2007 年制定了《生态省建设指标》的试行版和修订版，从内容结构来看，先后两套指标体系大体一致，后者在部分指标体系方面对前者进行了一定的细化和归纳，增强了指标体系的针对性和适应性，有其进步意义。但从总体上看，指标体系虽然分为经济发展、环境保护和社会进步三大部分，但这些指标多是一种直接观测和预测，缺乏严格的系统性和完整性，而且并没有充分体现不同指标体系之间的关联度和耦合性，不能深刻反映生态省建设的整体性和可持续发展的内在本质。此外，我国现行的生态省建设指标体系没有能够有效顾及不同区域省份的实际情况，"一刀切"的特征依旧明显①。虽然指标体系被分为东部省份和西部省份两大类型，并有一些细微差别，但从总体上看，也只是指标数值的高低差异而已，并没能够体现出不同省份的实际情况。就拿同处西部地区的 12 个省份来说，不同西部地区省份的自然条件、经济状况和社会文化都不属于同一类型，也都不处在同一层次，西部省份生态省建设的实际情况差异非常大，现行的指标体系无法从根本上体现出这样一种差异，指标衡量的准确性和全面性也就值得考量。

提倡生态省建设是一种模式，就要明确反对生态省建设中的"六化"现象：简单化、指标化、局部化、硬性化、口号化、政治化。所谓简单化，就是将生态省建设直接等同于植树造林、新能源使用，这实际上就是字面意义上的生态省建设，而非实质上的生态省建设，是对生态省建设的简化和异化；所谓指标化，是对生态省建设的直接量化及分解，将生态省建设的主要内容细分成若干数值，侧重对生态省建设的量化考核，忽视对生态省建设的内涵衡量；所谓局部化，就是将省内资源过度集中于部分区域和部分行业，注重生态省建设的少数"亮点"，而非生态省建设的整体效果；所谓硬性化，主要是指对生态省建设制定严格的时限，注重生态省建设的时效，忽视生态省建设的复杂性和长期性；所谓口号化，是指生态省建设的流于形式，以生态省建设之名，谋传统利益之实，借生态省建设之机获取国家更多的政策倾斜和资源分配；所谓政治化，是将生态省建设视为形象工程和政绩工程，将生态省建设短期化和局部化，以牺牲其他利益为代价，不顾成本，片面追求生态省建设的短期效果和局部效应。以上"六化"是我国生态省建设过程中确实存在的不良现象和误区，值得警惕。

二、生态省建设的核心是生态经济省

生态省建设的直接目标是提升民众的生活水平，促进省域范围内的

---

① 李文华：《对生态省建设的几点思考》，载于《环境保护》2007 年第 3 期。

整体发展，生态省建设需要耗费大量的财富和资源，这就要求生态省建设必须要有强大，而且持续的经济实力作为保证。生态省所遵循的可持续发展有多层含义，但其核心层面还是经济的可持续发展，经济的可持续发展是加快生态省建设的核心动力。因此，生态省建设的核心是构建生态经济省，简单而言，生态省其实就是生态经济省，或者说是绿色经济省。

生态经济省是生态与经济的有机结合，生态经济省有两重含义：经济生态化和生态经济化，而且这两方面是相辅相成，浑然一体的。所谓经济生态化，是指生态省的建设要将经济系统充分融入生态系统，生态系统不再是经济系统运行的外在变量，而是演变成经济系统运转的内生要素。由此可见，生态经济省建设提倡的经济生态化，要旗帜鲜明地反对传统的"发展派"，即在保持经济活动社会属性的同时，明显提升经济活动的自然属性；而所谓生态经济化，是说生态系统不能脱离于人类社会之外，生态系统不仅要有自然价值，还要有社会价值，生态系统要能够给人类社会带来充裕的经济收益。所以，生态经济省所指的生态经济化，同时也要反对片面的"自然派"，自然不是绝对的外在，对人类社会而言，经济效益也是生态系统自身价值的重要体现。生态经济省的双重含义，充分体现了生态省建设对生态与经济二者并重的合理思想与科学模式，同时也指明生态经济省是生态省建设的唯一路径。

构建生态经济省是化解生态省建设过程各类型矛盾的有效途径。生态省建设实际上也是一场诸多方面利益博弈的过程，既有不同地域之间的矛盾，不同部门之间的矛盾，也有不同人群之间的矛盾，也正是这些矛盾的存在，严重制约了生态省建设的进程，削弱了生态省建设的实际效果。产生这些矛盾的因素固然很多，但归根结底，这些矛盾在很大程度上还是由于资源的使用和分配不均所引起的，相对于人口数量和需求总量而言，正是由于资源的紧缺性导致了经济层面的竞争与争夺，而这种狭隘的局部利益博弈又进一步降低了资源使用的效率，减少了整体层面的资源收益。面对生态省建设中普遍存在的这种不利局面，生态经济省就是要彻底打通资源流通的环节和频率，在全省范围内综合资源的使用和分配，最大化地提升资源的经济效益，使得生态省建设获得总量上的巨大经济优势，以此来削弱省域范围内的利益冲突，提升生态省建设的整体效果。

生态经济省对生态省建设而言具备良好的示范效应和推动作用。我国幅员辽阔，不同省域之间的发展水平差距较大，生态省建设的基础也是参差不齐，生态省建设不可能一蹴而就，只能是一个循序渐进的过程。然而，推进生态省建设在全国范围内的顺利开展，仅有国家层面的政策号召，法律规范和道德教化是不够的，必须要能够突出生态省自身的明显优势，充分增强生态省建设的强势地位，对其他省份产生积极的示范和带动效应，而"经济"无疑是最直接、最现实、最具说服力的利器。就现实情况而言，我国大部分省份，尤其是西部地区省份的经济发展水平并不高，持续保持经济增长，提升省域范围内社会民众的生活水平依旧是摆在我国大多数省份面前的一项紧迫任务，因此，在生态省建设过程中突出生态经济省的核心与重点，将对广大落后地区省份产生良好的激励作用。与此同时，"经济"的诱饵将极大地减少我国生态省建设过程中的地方阻力，明显加快我国生态省建设的进程，这才是我国生态省建设过程中的真正"捷径"所在。

三、生态省建设的关键是生态经济系统

生态省建设必须要以经济建设为中心，同时，生态省建设又要求在大力发展经济的过程中能够保护生态环境，这种看似两难的境地正是生态省建设的核心所在，也是生态省建设所面临的主要障碍，生态省建设能否真正取得实效，关键也在于能否突破这一难题。而要解决这一问题，做到既能促进省域范围内的经济发展，又能有效维持生态系统的平衡，就需要借助于一种科学有效的生态省建设的实现形式，而就生态省的性质与特征而言，最合理、最有效的生态省建设形式就是生态经济系统，生态经济系统

既是生态省建设的载体，同时也是生态省建设的重要保证①。

　　生态省天然的系统性，再加上生态省建设内涵的经济性，从根本上决定了生态经济系统是生态省建设的核心形式。所谓生态省建设的生态经济系统，就是在生态省建设的过程当中，以经济建设为核心，将资源、人口、环境、技术、制度、文化等诸多要素有机地融为一体，综合成一个规模最庞大、结构最完整、运行最完善的整体系统，在这个大系统中，充分而有效地融合了自然系统、经济系统、社会系统等多个子系统，诸多的子系统之间良性结合与互动，既突出经济系统的核心地位，又很好地兼顾了自然系统和社会系统的和谐稳定。

　　由此可见，要完整、准确地理解生态经济系统的含义，就要对其进行科学的分解和细化，生态经济系统中的"生态""经济""系统"三者之间有着不同的内涵。就生态省建设而言，"生态"突出的是生态经济系统的资源和环境属性，这是生态省建设的前提与基础；"经济"强调生态经济系统的核心与目的，这是生态省建设的动力保障；"系统"注重的是生态经济系统的融合性，这是生态省建设成败的关键所在。生态经济系统中的"生态""经济""系统"三方面是平等的、并列的、平行的，不存在先后次序的区别，更不会有重要程度方面的差异。生态省建设所需的生态经济系统重点就在于子系统之间的融合，经济系统与生态系统能否真正融合为一体，组合成合理有效的生态经济系统，是生态省建设的难点所在。我们所说的生态省建设的多样性，其实就是指生态省建设过程中经济系统与生态系统融合方式的多样性，不同地域省份的实际情况不同，尤其是资源特性和产业模式存在明显区别，在自身生态省建设过程当中，经济发展融入生态环境的具体模式与路径不可避免地存在差异，不同省份在相互借鉴时，对这种差异要保持清醒的认识，切记不可生搬硬套，以免得不偿失。更为重要的是，经济系统与生态系

---

① 王松霈：《用生态经济学理论指导生态省建设》，载于《江西财经大学学报》2005 年第 1 期。

统相互融合的有效与否，直接决定了生态省建设的实际效果，不同省份之间生态省建设水平的差异程度，实际上就是经济系统与生态系统融合程度的高低之分。

生态经济系统是生态省建设与传统省域发展的重要区别所在。传统省域发展模式也注重系统的重要性，但只是仅仅局限于经济系统，省域发展依靠的是单纯的经济系统支撑，以经济增长作为最为主要的目标，将生态系统视为经济发展的外生变量，生态系统仅是经济系统的资源输入端和污染排放地，生态系统的价值和重要性没有能够得到充分体现。这种传统模式和理念不可避免地会造成省域范围内的经济发展是以生态系统的巨大破坏为代价，迟早会导致经济增长受到限制。而生态省建设所依赖的生态经济系统，是将生态系统内生于经济系统，经济系统对生态系统不再是单纯的依附关系，而是联动关系，生态系统既是省域范围内经济发展的基础，同时也是促进省域经济发展的重要因素，经济系统与生态系统二者组建成了新型的更为广泛、更为合理的生态经济系统，在这个大系统中，生态系统与经济系统二者之间是良性融合与互动的关系，也正是因为这二者的有机结合，才能够从根本上保证省域范围内经济发展与生态保护的和谐统一，实现生态省建设的终极目标。

生态省建设提出与实践的过程，其实也是对生态经济系统认识逐步清晰与完善的过程。我国在历经改革开放 30 多年的实践之后，适时提出生态省建设的理念，是对我国省域发展模式的理性反省和科学总结。我国大部分省份在自身经济发展过程中都对生态系统都造成了不同程度的损害，甚至是不可修复性的破坏，说明就省域范围内而言，经济系统的高速运行固然十分主要，但片面倚重经济系统增长机制的省域发展理念与模式对我国诸多省份而言是无法承受的，也是理所当然不可取的，此时，生态系统的重要性逐步显现，对生态系统的认识也开始逐渐清晰和明了。然而，我国很多省份人口众多，经济欠发达的实际情况又决定了经济增长是省域发展的核心任务，单靠生态系统的良好保护无法保证省域经济发展的充分性与及时性。在这种两难情境之下，同时兼顾经济系统与生态系统二者的有效运行也就成为省域整体发展唯一的，也是科学的选择，也正是在这样一种时代背景下，催生了以生态经济系统为基础的生态省建设新型模式，由此可见，生态经济系统是生态省建设发展到一定阶段的必然产物。

就生态省的内部结构而言，生态省建设也是一种有着多重表现形式的生态经济系统。首先是主体的系统性，生态省运行的主体不再仅仅局限于人类这一单一主体，而是综合了资源、环境、生态与人口要素的一种社会发展系统，因此生态省建设的主体其实是一项非常庞大的社会经济系统工程[①]。其次是内容的系统性，生态省建设要同步顾及经济建设、社会建设、制度建设、文化建设、生态建设等多个领域，生态省建设的内容充分体现了生态经济系统的内涵。再次是建设标准的系统性，生态省建设的评价标准包括经济发展标准、社会进步标准、生态保护标准等几个维度，是对生态经济系统的全面概括。最后是建设层次的系统性，生态省可以逐级分解为生态市（县）、生态乡（镇）、生态村（社区），生态省建设的主要内容，尤其是经济建设在生态省的几个层面都能够得到直观而充分的体现，这是对生态经济系统的细化和分解。

第三节　我国生态省建设的现状

一、我国生态省建设的发展历程

（一）生态示范区建设

生态省在我国并非一个十足的全新事物，生态省是我国经济社会发展到一定阶段的必然产物。同时，说起生态省建设，就不能不提及生态示范

---

① 朱孔来：《对生态省概念、内涵、系统结构等理论问题的思考》，载于《科学对社会的影响》2007 年第 6 期。

区，就严格意义而言，生态示范区建设可谓是我国生态省建设的前身。

所谓生态示范区，是指在一定的行政区域范围之内，以生态学、系统学和生态经济学为理论指导，以生态系统良性循环为根本宗旨，追求经济、社会、环境的协调发展。生态示范区既有一定程度的独立性和完整性，同时又是一套开放的、发展的，集自然系统、经济系统、社会系统于一身的复合生态系统。

生态示范区建设是有效实施可持续发展战略的一种基本形式，生态示范区建设就是遵循可持续发展的根本要求，在区域范围内以"自然—经济—社会"复合生态系统为依托，充分建立绿色环保的经济系统和社会系统，在保障区域内部经济持续发展，民众生活水平不断提高的同时，实现对生态环境的有效保护和改善。

生态示范区在我国的发展有其历史性和必然性，20 世纪 80 年代，可持续发展思想成为一种国际潮流，尤其是在 1992 年召开的联合国环境与发展大会上，可持续发展得到世界各国的普遍共识。与此同时，各国也都在积极探寻着可持续发展的实现形式，在此背景下，生态示范区建设成为许多国家进行可持续发展实践的重要途径。顺应这种国际形势，我国自 90 年代开始由国家环保总局倡导在全国范围内开展"生态示范区"建设，1995 年，国务院首次批准了一批县一级的生态示范区建设名单①，由此拉开了我国生态示范区建设的序幕。

我国生态示范区建设分为生态农业示范区建设、农工商一体化示范区建设、生态旅游型示范区建设、城镇工业型示范区建设、城市化示范区建设、生态破坏型示范区建设等几种主要类型②。生态示范区建设与自然环境及生态系统特性的联系十分紧密，因此不同类型生态示范区建设的侧重点都存在一定程度的差异。

此外，生态示范区建设虽然涉及的范围并不太大，但也绝不是一蹴

---

① 张云云、朱玉利：《中国生态省建设研究及思考》，载于《经济研究导刊》2009 年第 6 期。
② 资料来源：全国生态示范区建设规划纲要（1996~2050）。

而就的事情，而是一项长期的发展任务，针对这种情况，我国的生态示范区建设发展纲要已对此做出了规划（见表3－1）。

表3－1　　　　　　　　　我国生态示范区建设规划

建设规划目标	时间	阶段建设性质	生态示范区数量
近期	1996～2000 年	试点建设阶段	50
中期	2001～2010 年	重点推广阶段	350
远期	2011～2050 年	普及推广阶段	占国土面积50%

资料来源：国家环境保护局：《全国生态示范区建设规划纲要（1996－2050）》。

就生态示范区建设指标而言，我国生态示范区建设也根据各地区实际情况，将建设指标分为三大类别（见表3－2）。

表3－2　　　　　　　　　生态示范区建设指标类型

地区性质	人均收入水平（元）	环境状况
经济落后地区	≤400	生态环境质量较差
中等经济水平地区	400～1000	生态环境质量一般
经济发达地区	>1000	生态环境质量较好

资料来源：国家环境保护局：《全国生态示范区建设规划纲要（1996－2050）》。

迄今为止，我国相关政府部门已先后正式公布了七个批次的国家级生态示范区，涉及我国东部、中部、西部的绝大部分省份，覆盖的范围十分广泛（见表3－3）。

表3－3　　　　　　　　　国家级生态示范区分布情况

地区	第一批数量（33）	第二批数量（49）	第三批数量（84）	第四批数量（67）	第五批数量（87）	第六批数量（69）	第七批数量（139）
北京	1	1	1	1	2	2	3
天津	—	1	1	—	2	2	—
河北	—	1	4	—	8	6	11
山西	—	1	6	1	2	3	2

续表

地区	第一批 数量（33）	第二批 数量（49）	第三批 数量（84）	第四批 数量（67）	第五批 数量（87）	第六批 数量（69）	第七批 数量（139）
内蒙古	1	1	1	2	2	2	—
辽宁	5	—	6	5	6	—	—
吉林	2	—	4	1	1	3	—
黑龙江	4	5	6	—	9	6	18
上海	—	1	—	—	—	—	—
江苏	5	9	15	17	10	5	1
浙江	3	3	8	7	9	4	2
安徽	2	4	3	—	2	2	4
福建	—	3	1	—	2	2	4
江西	1	3	1	1	1	1	7
山东	1	5	6	8	4	—	17
河南	1	2	5	10	2	8	9
湖北	2	1	3	—	1	—	—
湖南	1	1	3	6	2	2	17
广东	1	—	1	2	—	—	1
广西	—	2	1	—	8	11	3
海南	1	—	—	—	—	—	—
重庆	—	—	1	1	—	—	1
四川	—	3	1	—	7	4	2
贵州	—	1	—	2	2	1	5
云南	—	1	1	—	1	1	6
宁夏	1	—	—	—	—	—	—
新疆	1	—	1	—	1	—	—
陕西	—	—	—	3	—	4	25
甘肃	—	—	—	—	—	—	1

资料来源：国家环境保护局，各省份生态示范区名单详见环保部网站。

随着生态文明理念成为我国政府的治国方略，我国的生态示范区建设也逐步上升至生态文明的思想高度，更深层面地转变成生态文明

先行示范区建设，有了更高层次的理论根基和思想指引。为此，2013
年12月2日，国家发改委联合财政部、国土资源部、水利部、农业
部、国家林业局共同颁布了《关于印发国家生态文明先行示范区建设
方案（试行）的通知》。该方案以生态文明先行示范区建设的重要性
和总体要求为出发点，构建了生态文明先行示范区建设的空间格局开
发、产业结构调整、资源集约利用、绿色低碳发展、生态系统保护、
体制机制创新、生态文化建设等一系列主要任务，并且更进一步地制
定了国家生态文明先行示范区建设的目标体系。此后，根据《国务院
关于加快发展节能环保产业的意见》中有关在全国范围内有代表性地
选取100个地区开展国家生态文明先行示范区建设的要求，2014年6
月5日，国家发改委、财政部、国土资源部、水利部、农业部、国家
林业局对生态文明先行示范区建设的第一批55个地区名单进行了公
示。此后，六部委在7月22日公布的《关于开展生态文明先行示范区
建设（第一批）的通知》中，将之前印发的《支持福建省深入实施生
态省战略加快建设生态文明先行示范区的若干意见》和《关于印发浙
江省湖州市生态文明先行示范区建设方案的通知》一并纳入第一批生
态文明先行示范区建设，生态文明先行示范区数量也由55个增加到
57个（见表3-4）。

表3-4　　　　　　国家生态文明先行示范区建设目标体系

指标类别	指标名称	指标单位	指标值		
			基本值	目标值	变化率
经济发展质量指标	人均GDP	万元			
	城乡居民收入比例	—			
	三次产业增加值比例	—			
	战略性新兴产业增加值占GDP比重	%			
	无公害、绿色、有机农产品种植面积比例	%			

续表

指标类别	指标名称	指标单位	指标值		
			基本值	目标值	变化率
资源能源节约利用指标	国土开发强度	%			
	耕地保有量	万公顷			
	单位建筑用地生产总值	亿元/平方千米			
	用水总量	亿立方米			
	水源开发利用率	%			
	万元工业增加值用水量	吨水			
	农业灌溉水有效利用系数	—			
	非常规水资源利用率	%			
	GDP 能耗	吨标准煤/万元			
	GDP 二氧化碳排放量	吨/万元			
资源能源节约利用指标	非化石能源占一次能源消费比重	%			
	能源消耗总量	万吨标准煤			
	资源产出率	万元/吨			
	矿产资源三率	%			
	绿化矿山比例	%			
	工业固体废物综合利用率	%			
	新建绿色建筑比例	%			
	农作物秸秆综合利用率	%			
	主要再生资源回收利用率	%			
生态建设与环境保护指标	林地保有量	万公顷			
	森林覆盖率	%			
	森林蓄积量	万立方米			
	草原植被综合覆盖	%			
	湿地保有量	万公顷			
	禁止开发区域面积	万公顷			
	水土流失面积	万公顷			
	新增沙化土地治理面积	万公顷			

续表

指标类别	指标名称	指标单位	指标值		
			基本值	目标值	变化率
生态建设与环境保护指标	自然岸线保有率	%			
	人均公共绿地面积	平方米			
	主要污染物排放总量	万吨			
	空气质量指数（AQI）达到优良天数占比	%			
	水功能区水质达标率	%			
	城镇（乡）供水水源地水质达标率	%			
	城镇（乡）污水集中处理率	%			
	城镇（乡）生活垃圾无害化处理率	%			
生态文化培育指标	生态文明知识普及率	%			
	党政干部参加生态文明培训的比例	%			
	公共交通出行比例	%			
	二级能效家电及节水器具普及率	%			
	城区居住小区生活垃圾分类达标率	%			
	有关产品政府绿色采购比例	%			
体制机制建设指标	生态文明建设占党政绩效考核的比重	%			
	资源节约和生态环保投入支出比例	%			
	研究与实验发展经费占 GDP 比重	%			
	环境信息公开率	%			

注：矿产资源三率指开采回收率、选矿回收率、综合利用率。

资料来源：中华人民共和国中央人民政府网站。

对比《国家生态文明先行示范区建设目标体系》和先前公布的《生态省建设指标》，不难发现，二者在指标体系的内涵和范畴方面有着高度的一致性，前者的指标类别虽然比后者要多，但也可基本概括为后者的经济发展指标、社会进步指标、生态保护指标三大类型。就具体指标细则而言，前者较后者明显更加准确和详细，是对后者指标的细化和分解，两套指标体系的指导思想和本质内涵是基本一致的。

由此可见，不管是前期的生态示范区建设和还是后期的生态文明先行示范区建设，都是生态省建设的有机组成部分。我国生态省建设的提出和发展，也正是生态示范区建设由局部向整体、由简单向复杂、由微观到宏观的逐步发展历程，生态示范区建设不仅为我国的生态省建设提供了丰富的实践经验，而且在很大程度上检验了我国生态省建设的不同模式。就总体而言，生态示范区建设可谓是生态省建设的前期实验，有效地减少了我国生态省建设过程中的误区和障碍。

（二）我国生态省建设先行省份

在生态示范区建设发展到一定层次和规模之后，我国的生态省建设随之被提上日程。在学术界最早提出生态省的是著名学者于光远，1983年9月，其在青海进行调研时，建议将青海的资源优势转化为经济优势，将青海建设成"生态省"①。在国家层面，第一个被批准为生态省建设试点的省份是海南省，1999年3月，海南省政府率先提出建设生态省的发展战略，经国家环保总局批准，成为我国第一个开展生态省建设的试点省份。吉林、黑龙江、福建等其他省份紧随其后，至2012年，我国先后已有海南、吉林、黑龙江、福建、浙江、山东、安徽、江苏、河北、广西、四川、辽宁、天津、山西、河南共15个省级行政区域开展了生态省建设，遍布我国中部、东部、西部三大区域。迄今为止，我国明确提出生态省建设的省份已超过半数，我国生态省建设进入大规模发

---

① 凌欣：《生态省建设的理论及实践研究》，中国海洋大学博士学位论文，2008年。

展阶段。

海南、吉林、黑龙江等先行开展生态省建设的省份，在生态省建设领域已经取得了一定的成果，积累了部分经验，为后续省份的生态省建设提供了有价值的参考和借鉴。

海南省是我国最早开始生态省建设的省份，1998 年 4 月，海南省九三学社部分成员向海南省委提交了《关于把海南建成全国生态示范省的建议》提案，1999 年 2 月 6 日，海南省二届人大二次会议正式做出了《关于建设生态省的决定》，1999 年 3 月 30 日，国家环保总局正式批准海南省开展生态省试点建设①。1999 年 7 月 30 日，海南省二届人大常委会第八次会议审议通过了《海南生态省建设规划纲要》，并在 2005 年对纲要进行了修订，海南生态省建设至此进入了正规化、高速化的发展道路。2007 年，海南省在前期生态省建设的基础上明确提出了"生态立省"的口号，加快了海南国际旅游岛的各项建设工作。2010 年 1 月 4 日，《国务院关于推进海南国际旅游岛建设开发的若干意见》正式颁布，海南生态省建设又迈上了新的台阶②。迄今为止，借助于生态环境的自然优势和先行生态省建设的便利，海南一直走在生态省建设的前列，是国内生态省建设的样板。

吉林省是第二个获批进行生态省试点建设的省份，紧随海南省之后，1999 年 11 月 25 日，国家环保总局批准吉林省进行生态省试点建设。为指导生态省建设的顺利开展，2001 年 12 月，吉林省人大第 27 次常委会通过了《吉林省生态省建设总体规划纲要》，该纲要以吉林省域经济建设为中心，以环境和生态系统的有效保护为根本出发点，旨在通过统筹规划，实现经济、社会、环境的持续健康发展。《吉林省生态省建设总体规划纲要》还充分体现了吉林省生态省建设的长期性和阶段性，纲要将吉林生态省建设划分为三个主要发展阶段，第一

---

① 颜家安、章汝先、刘艳玲等：《推进生态省建设再释放能量——"科学发展观与生态省建设暨纪念生态省理论提出十周年"回顾与展望》，载于《今日海南》2008 年第 12 期。

② 包亚宁：《科学发展观与海南生态省建设》，载于《新东方》2012 年第 1 期。

阶段是 2001~2005 年，是吉林生态省建设的启动期，主要任务是吉林生态省建设的总体布局和启动规划；第二阶段是 2006~2010 年，是吉林生态省建设的发展期，旨在形成吉林生态省建设的绿色产业；第三阶段是 2016~2030 年，是吉林生态省建设的提高阶段，将全面提升吉林生态省建设的综合水平①。就整体建设水平而言，吉林生态省建设在国内也处于领先地位。

2000 年，黑龙江省成为第三个获批建设生态省的省份，2002 年 4 月 2 日，黑龙江省人民政府印发《黑龙江省生态省建设规划纲要》。纲要详细分析了黑龙江省开展生态省建设的资源环境条件和经济社会条件，在此基础上，从生态经济区的角度，将黑龙江生态省建设划分为松嫩平原西部生态经济区，松嫩平原东部生态经济区，三江平原生态经济区，大兴安岭、小兴安岭、东南部山地生态经济区，城市生态经济区，生态旅游经济区②。就整体情况而言，黑龙江生态省建设在注重保护生态环境的同时，大力发展省域绿色经济和生态经济，坚持走以绿色产业为主体的生态农业经济，以循环工业为主导的生态工业经济，以生态景观为基础的生态旅游经济。经过多年建设之后，黑龙江生态省建设取得了良好的效果，社会支持系统能力、可持续发展总体能力、环境支持系统等多个方面的排名都在全国位居前列。

2002 年 8 月，国家环保总局批准福建省加入生态省建设的先行队伍行列，福建成为首批生态省建设试点省份之一。2004 年 11 月，福建省委、省政府正式颁布了《福建省生态省建设总体规划纲要》，纲要分别以 2005 年，2006~2010 年，2011~2020 年为限，将福建生态省建设划分为三个阶段，同时以福建省地质结构情况和生态系统特征为依据，将福建生态省建设划分为闽北闽西山地盆谷生态区、闽东闽中中低山山原生态区、闽东沿海和近岸海域生态区、闽东南西部丘陵盆地生态区、闽

---

① 资料来源：《吉林省生态省建设总体规划纲要》。
② 资料来源：《黑龙江省生态省建设规划纲要》。

东南沿海及近岸海域生态区共五个生态经济区，并实行有针对性的生态经济发展模式①。此外，在取得丰硕成果的同时，福建生态省建设并没有原地踏步，相反，福建生态省建设走的是一条与时俱进的发展道路。2010年，福建省人大常委会通过《关于加快生态文明建设的决定》，将福建生态省建设上升到生态文明建设的历史高度。2011年9月，福建省政府下达《福建生态省建设"十二五"规划》，对福建生态省建设的阶段性目标有了明确而合理的规定。在福建省各级政府部门的高度重视和支持下，福建生态省建设成绩显著，就全国范围内而言，福建省水资源、大气环境和空气质量排名都非常靠前，森林覆盖率位居全国首位，是生态省建设的先进省份。

从以上生态省建设的实践可以看出，海南、吉林、黑龙江、福建等生态省建设先行省份都十分注重自身生态省建设过程的宏观性、整体性、系统性，并且都制定有切实可行的生态省建设规划纲要，对生态省建设都有一套较为完整的评价指标体系，这些都是值得其他开展生态省建设的省份学习和借鉴的。

二、我国生态省建设的模式研究及评价

就目前国内学术界的研究现状而言，对不同省域之间生态省建设模式进行归纳、总结和分析的文献尚不多见，较多的是对不同省份之间生态文明建设模式的横向比较。如前所述，生态省建设是生态文明在省域范围内的实践形式，生态文明在省域范围内的体现就是生态省，因此，对省域之间生态文明建设的对比研究，基本上可以直接置换为不同省域之间生态省建设的比较研究。

（一）我国生态省建设的 ECI 分类模式

北京大学中国生态文明指数（ecology civilization index，ECI）研究

---

① 资料来源：《福建省生态省建设总体规划纲要》。

小组以杨开忠教授为首席科学家，自 2009 起，该小组开始对我国省、市、区的生态文明水平现状进行分析研究，并定期对外正式公布相关研究报告。最新一期的研究报告是《2014 年中国省市区生态文明水平报告》，该报告是国家社科基金重大项目——"新区域协调发展与对策研究"（项目编号：07&ZD010）的阶段性研究成果之一。该报告以生态效率指数（EEI）和环境质量指数（EQI）为主要评价指标，以 2013 年度数据为基准，对我国 30 个省级行政区域的生态文明建设进行了排名，如表 3 - 5 所示。

表 3 - 5   **2014 中国省域生态文明水平排名**

生态排名	省域名称	生态排名	省域名称	生态排名	省域名称
1	福建	11	山东	21	黑龙江
2	海南	12	甘肃	22	四川
3	上海	13	湖南	23	辽宁
4	北京	14	广西	24	内蒙古
5	广东	15	安徽	25	宁夏
6	浙江	16	吉林	26	河南
7	江苏	17	江西	27	新疆
8	重庆	18	天津	28	陕西
9	云南	19	青海	29	山西
10	贵州	20	湖北	30	河北

资料来源：北京大学中国生态文明指数研究小组：《2014 中国省市区生态文明水平报告》，报告中暂未包括西藏自治区及港澳台地区。

从这份报告可以看出，在 2014 年度的国内省域生态文明水平排名中，前 3 名均属于东部地区省份，前 10 名中也有 7 个东部省份位列其中，经济不发达的省份，尤其是西部欠发达省份排名基本靠后。因此，这份报告虽然彰显的是省域生态文明建设排名，但总能给人一种省域 GDP 排名的意味，这也就不可避免地造成了报告本身的巨大争议性。以北京为例，北京连续多年在榜单上排名第 1，直至 2013 年才被福建省所取代，滑落至第 4 位，但排名依旧非常靠前。无可否认，北京是全国的政治中心、文化中心、甚至是一定程度上的经济中心，北京在 GDP 方面具备强劲的竞争优势，但就整体自然环境而言，北京的生态劣势也是非常明显，几乎年年肆虐的沙尘暴、极度短缺的水资源、愈演愈烈的城市雾霾天气、拥堵的市内交通等一系列现象，都很难给北京套上生态文明的光环，因此，这份报告的公正性和可靠性的确值得商榷。此外，如若此份报告真被社会所承认和接受，那么也就意味着生态文明建设和经济发展基本等同，这就势必将导致我国省域生态文明建设走入地区 GDP 比拼的恶性循环，是对省域生态文明建设宗旨的彻底背离。

此外，《2014 年中国省市区生态文明水平报告》还根据生态文明指数、生态效率指数、环境质量指数三个方面的排名及其关系，将我国 30 个省份的省域生态文明建设划分为五大类型（见表 3 – 6）。

表 3 – 6　　　　　　　　我国省域生态文明发展模式分类

省域生态文明类型（数量）	省域名称
综合平衡型（10）	广东、重庆、山东、湖南、广西、安徽、江西、青海、黑龙江、新疆
环境质量主导型（5）	福建、海南、云南、贵州、甘肃
环境质量制约型（8）	吉林、天津、湖北、四川、辽宁、河南、陕西、河北
生态效率主导型（4）	上海、北京、浙江、江苏
生态效率制约型（3）	内蒙古、宁夏、山西

资料来源：北京大学中国生态文明指数研究小组：《2014 中国省市区生态文明水平报告》，报告中暂未包括西藏自治区及港澳台地区。

作为国家社科基金重大项目的研究成果，这份报告对不同省份之间省域生态文明建设模式和发展趋势的归纳、总结及分类有其存在的学术价值及合理意义，但这种分类在实践层面的操作性值得商榷。即便抛却分类的说服力不计，这种分类方式的"包罗万象"也没有能够充分考虑不同省域之间实际情况的巨大差异，其分类仅仅是建立在部分评价指标的基础之上，缺乏完整性和长期性的考量，过分追求"统一模式"的意图比较明显，显得过于牵强，对省域生态文明和生态省建设实践的指导意义则不甚明了。

（二）我国生态省建设的 ECCI 分类模式

在国内省域生态文明建设分类研究领域，除北京大学杨开忠教授领导的科研小组外，北京林业大学严耕教授牵头的生态文明研究中心承担了国家林业局的研究项目——"生态文明建设的评价体系与信息系统技术研究"，构建了中国生态文明建设评价指标体系（eco-civilization construction indices，ECCI），并从 2008 年开始定期向外公布中国省域生态文明建设评价报告。

报告将生态文明评价指标体系按照生态活力、环境质量、社会发展、协调程度四个维度进行区分，以此对国内各省份的生态文明建设进行归类，如表 3 - 7 所示。

表 3 - 7　　　　　　　　我国省域生态文明建设类型

省域生态文明建设类型（数量）	省域名称
社会发达型（5 个）	北京、浙江、上海、天津、江苏
均衡发展型（4 个）	海南、广东、福建、重庆
生态优势型（3 个）	四川、吉林、江西
相对均衡型（9 个）	辽宁、黑龙江、湖南、云南、山东、陕西、安徽、湖北、河南
环境优势型（3 个）	广西、西藏、青海
低度均衡型（7 个）	内蒙古、河北、贵州、新疆、山西、宁夏、甘肃

资料来源：中国生态文明建设评价（ECCI）网，报告中暂未包括港澳台地区。

仔细琢磨则不难发现，在此份报告中，同样存在着明显的不合理甚至是纰漏之处，例如除了概念表述的表象差异之外，表 3 - 7 中所归纳的社会发达型、均衡发展型、生态优势型、相对均衡型、环境优势型、低度均衡型这几种不同省域生态文明建设模式之间的本质区别到底是什么，各种省域生态文明建设模式的突破口和侧重点到底在哪，这些问题在报告中都体现得并不明显，模棱两可的成分比较大。此外，即使暂时抛却这些不确定性，单就同一类型的省域生态文明建设模式内部而言，其所包含的几个不同省份的划分是否科学合理也值得商榷。以低度均衡型省域生态文明建设模式为例，其中总共包含内蒙古、河北、贵州、新疆、山西、宁夏、甘肃7个资源条件、生态特征、经济实力、人口结构等诸多方面差异明显的中西部省份，实际上，这7个不同省份在生态文明建设的现实基础，生态文明建设的模式构建，以及生态文明建设的实现路径等多个方面都有着显著的差异性。因此，这种生态文明建设模式的归纳和划分不可避免地带有主观糅合的色彩和印记，总免不了给人一种牵强附会的感觉。

与此同时，综合考量一下就能发现，北京林业大学的 ECCI 评价法和北京大学的 ECI 评价法在省域生态文明建设模式的分类方面差异明显，在不同的分类模式中，同一类型的省份归属都不一样，这样就充分表明不管是哪种分类标准，其主观性和臆断性都比较强。例如在北京大学的 ECI 分类模式中，北京、浙江、上海、江苏4省份（市）的生态文明建设被划归为生态效率主导型，而在北京林业大学的 ECCI 分类法中，这4个省（市）的生态文明建设又被归纳为社会发达型；此外，海南和福建2省的生态文明建设在北京大学 ECI 分类法中被总结为环境质量主导型，在北京林业大学的 ECCI 分类法中，这两个生态省建设先行省份被归属为均衡发展型。由此可见，ECI 和 ECCI 这两种生态文明建设模式划分的差异性不仅体现在概念层面，而且在内涵性及侧重点等更深层次领域有着各自不同的偏好及倚重，由于生态文明及其建设的复杂性和新生性，对这两种评价模式及指标体系也无法做出孰优孰劣的硬性评价。

总之，在生态文明及建设的研究领域，北京大学中国生态文明指数研究小组和北京林业大学生态文明研究中心的研究成果的确处于领先地位，以上两种省域生态文明（生态省）建设研究报告作为国家科研项目的组成部分，固然有其存在的价值和意义，可供一定的参考和借鉴，但也绝不能将其标准化和权威化。就我国现阶段省域生态文明（生态省）建设而言，不管是对其进行排名还是分类划分，其主观成分都比较浓厚，其目的性也非常明显，对此务必要保持一个清醒的态度。我国的生态省建设不是为了竞争排名的先后，不能以指标为纲，其他省份的生态省建设模式可供参考，但不能照搬，归根结底，生态省建设不是单纯的经济建设，也没有固定的模式和路径，不同地区在生态省的建设过程当中只能够以省域内部的实际情况为基础，探寻符合不同省份实际情况的生态省建设途径。

第四章 广西生态省建设的现状及问题研究

第一节 广西生态省建设的基本情况

在我国 30 多个省级行政区域中，广西可谓是偏安西南一隅，就省域整体的发展状况及层次而言，广西在诸多领域，尤其是经济领域的发展现状并不显著，但这并没有妨碍广西紧随生态省建设的时代潮流，广西是我国第十个提出建设生态省的区域，并且是西部十二省份中第一个提出生态省建设的省份，是西部地区生态省建设的排头兵，更是第一个开展生态省建设的少数民族地区省份。因此，广西开展生态省建设，有着极强的象征意义和代表性，是对我国生态省建设体系的重要补充和完善。在经过了数年的生态省建设实践之后，广西生态省建设也已取得了一定的成果，并且在一定程度上具备了自身区域特色。

一、广西生态省建设的提出及实践

广西是我国西南地区的重要生态屏障，是多条江河流域的源头区域，生态优势明显，生态地位极其重要。与此同时，广西作为一个自然资源较为丰富，生态系统丰富性和完整性较好的省域，在政府层面对自然环境和生态系统的保护也一直都比较重视。在正式提出生态省建设之前，广西已先后开展了省域局部范围内的天然林保护、自然保护区建设、生态示范区建设、生态农业建设和城乡环境综合治理等多项工作，出现了一批比较典型的绿色工业园区和生态型企业，制定了地方性的《桂林漓江生态保护条例》《风景名胜区管理条例》《海洋环境保护办法》等一系列区域环境及生态法律法规，并且形成了一些有特色的环境修复和生态治理模式，积累了一定的经验，这些都为广西生态省建设的提出和实施打下了良好的基础。

为筹备生态省建设工作，广西区政府专门成立了生态省建设工作领导小组。在经过数年的精心准备之后，2005 年 9 月 19 日，广西区政府组织召开了生态省（区）① 建设工作领导小组第一次全体会议，这次会议的顺利召开，标志着广西生态省建设工作在政府层面的正式开启，迈开了广西生态省建设的时代步伐。在充分借鉴其他区域生态省建设理念和模式的基础之上，广西生态省建设制定了宏伟的发展蓝图，其总体目标是用 20 年左右的时间，在广西全区范围内建立起深层次、宽领域、可持续发展的"六大体系"：生态经济体系、资源保障体系、生态环境体系、人居环境体系、科技保障体系、生态文明体系。力争到 2025 年，在广西全区范围内实现可持续发展的经济繁荣、社会进步与生态良好的和谐统一。

为规范和推进广西生态省建设的顺利开展，在获批开展生态省建设试点之后，广西区政府随即便开始了生态省建设规划纲要的研究和制定工作。在综合广西区内各领域、各部门的优势资源和力量，历经半年多时间的全面调研、充分论证、集思广益、反复修改之后，2006 年 4 月 29 日，广西生态省建设工作领导小组召开专门会议，审议通过了《广西生态省建设规划纲要》（送审稿）。此后，再次经历了一年多时间的反复敲定和广泛征求意见之后，2007 年 9 月 10 日，广西壮族自治区人民政府

---

① 按照国家行政区划的正式称谓，广西生态省应该叫作广西生态区，但为了方便表述及相互比较，本书仍称其为生态省。

颁布了关于印发《生态广西建设规划纲要》的通知，至此，广西生态省建设有了强大的政策和法律保障，开始走向正规化、良性化的发展道路。

在正式开始生态省建设工作，并且已经取得了一定的阶段性成果之后，广西生态省建设并没有止步不前，而是与时俱进，不断变更广西生态省建设的新理念、新模式。2006 年，广西区政府把生态建设和环境保护作为建设"富裕文明和谐新广西"的核心奋斗目标，2007 年广西区政府制定《关于落实科学发展观建设生态广西的决定》，2010 年广西区政府又作出《关于推进生态文明示范区建设的决定》，党的十八大之后，顺应建设"美丽中国"的时代潮流，广西区政府适时提出"美丽广西"的宏伟蓝图，2013 年，广西区政府开始在全区范围内开展"美丽广西·清洁乡村"的大规模宣传及实践活动。迄今为止，广西生态省建设仍在不断发展与进步的进程当中。

二、广西生态省建设的基本条件

广西区政府适时提出生态省建设的区域宏观战略发展决策，既是顺应生态文明和生态省建设的时代潮流，也是对广西区域自然条件、经济模式、人口结构、社会文化的科学总结和分析。同时，需要明确的是，广西生态省建设不是短期的时代热点，而是长期、复杂、艰巨、曲折的系统工程，更是一个不断发展和变化的动态过程，需要耗费大量的资源和精力。从整体情况来看，广西具备开展生态省建设的基本条件，就广西生态省建设的结构和要素而言，广西有着一定的生态省建设及发展的区位优势，同时也不可避免地面临着一些障碍和阻力。

（一）广西开展生态省建设的比较优势

1. 广西生态省建设的区位优势

广西（全称：广西壮族自治区）位于我国华南和西南地区的接合

部，区域面积覆盖东经 104°26′~112°04′，北纬 20°54′~26°24′，北回归线横贯全区中部，广西是我国五个少数民族自治区之一，也是我国唯一一个沿海自治区，是我国西南地区经济发展及对外开放的门户省份。

广西区域面积 23.67 万平方公里，占我国陆地总面积的 2.5%，是我国陆地面积排名第九的省级行政区域，人口 5000 多万。广西从西至东分别与云南、贵州、湖南、广东四省直接接壤，与海南省隔海相望。广西西南区域与越南接壤，陆地国境线长达 800 多公里，广西南濒北部湾、面向东南亚，海岸线长达 1500 多公里。广西直接通往越南，背靠东盟，辐射东南亚，是中国与东南亚国家贸易及经济往来的桥头堡。

就整体情况而言，广西具有国内及国际的双重经济区位优势。广西是我国西南地区重要的陆路及海路贸易通道省份，就国内贸易而言，广西毗邻粤港澳及西部地区，是连贯我国东、西地区的重要商贸及物流通道，是促进我国西部大开发战略和"泛珠三角经济区"发展的重要省份。就国际贸易而言，广西是链接我国与东盟国家贸易的重要陆路及海路通道，广西是构建"中国—东盟自由贸易区""泛北部湾经济区""大湄公河经济区"等国际性贸易区域的重要省份，更是我国实行国际区域经济合作和对外开放的前沿省份。

广西具备明显的区位优势，广西不仅是我国西南地区贸易及交通的重要门户省份，而且广西区域生态资源丰富多样，是我国西南地区的重要生态屏障。因此，开展广西生态省建设有着天然的区域优势、经济优势和资源优势，同时，在生态文明建设的时代背景下，广西生态省建设迎来了难得的历史机遇，也拥有了更为有力的促进因素。

2. 广西生态省建设的资源优势

自然资源系统和生态系统是开展生态省建设的根本前提，自然资源的多样性和生态系统的完整性直接决定了生态省建设的结构特征和基本模式。广西地处低纬度地区，大部分区域属于亚热带季风气候区，全区年均气温在 16.5~23.1 摄氏度，全区年均降水量在 1070 毫米以上，境内有西江、左江、右江、柳江、桂江、漓江等多条大小水系，从总体上来看，广西温度适宜、光照均衡、降水适中、热能充沛。优良的气候和光、热、降水条件造就了广西动植物资源的多样性，广西是我国蔗糖和热带水果的重要产地，有着"甘蔗之乡"和"水果之乡"的美誉，是我国鱼类、虾类、蟹类、贝类、藻类等海鲜产品的主要产区，同时也是我国石英砂、花岗岩、陶土、汞、锡、铅、锌等数十种海洋矿藏资源的主产地。

就地质结构而言，广西同样具有明显的多样性。广西处于云贵高原的东南边缘，两广丘陵的西部地带。四周多山地高原，中南部多为平地，地势西高东低，西北与东南之间呈盆地状。广西南临北部湾，面向整个南海海域，海岸线绵长，近海滩涂面积广阔，境内有着钦州、防城港、北海等数个多用途优良港口。从内陆地貌来看，广西是盆地型山地丘陵地带，山地多，平地少，俗称"八山一水一分田"，省域内大小盆地交错，山系重叠，丘陵错综，水域纵横。广西具备典型的喀斯特地貌特征，喀斯特地形面积约占全区总体陆地面积的1/3，且分布集中。地形地貌的复杂多样，造就了广西境内矿产资源的多样性，广西是我国重要的有色金属产区之一，有着"有色金属之乡"的美誉，境内已探明的锰、铁、锌、锡、钒、钨、锑等矿藏的储量位于全国前列。

生物资源和矿物资源的丰富性，为广西生态省建设奠定了优良的基础，同时也保证了广西生态省建设的系统完整性和建设模式的多样性，为广西生态省建设提供了极大的便利，这是广西生态省建设的重要优势所在。

3. 广西生态省建设的生态质量优势

生态质量主要指的是区域生态环境运行的基本情况，生态质量是衡量生态系统平衡性和可靠性的重要方面，生态质量对生态省建设的进度和效果有着直接而重要的影响。在生态质量较高的地区开展生态省建设，所遇阻力较小，总体成本也会较低。反之，整体生态质量较差的省域，生态省建设的成本就会直线上升，而且生态省建设的成果很难长期保持，生态破坏反弹的可能性也就相对较大。

广西在省域范围内是一个有着山地、丘陵、平原、湿地、森林、海洋等多种类型资源和地貌，并且整体运行状况良好的复合型自然生态系统。和国内其他省份比较起来，广西在经济领域的地位并不突出，但广西的整体生态质量却占据明显优势，广西区域内的生态系统运行平稳，森林覆盖率超过50%，大部分城市地区的空气质量达到国家二级标准以上，超过90%的河流水质达到地表水三类以上标准，近岸海域的水质达标率在85%以上，明显高于全国平均水平①，广西总体的生态环境质量位于全国前列。

良好的生态环境整体质量，是广西生态省建设的坚实基础，也是广西生态省建设的重要保证，广西生态省建设，就是要在继续保持生态环境优势的基础之上，促进省域范围内的全面、快速、可持续发展。

（二）广西开展生态省建设的相对劣势

广西虽然具备地理上的区位优势，区域内部资源多样性和区域整体生态质量的比较优势，但这并不代表着广西生态省建设的一帆风顺。相反，和国内其他省份，尤其是生态省建设先行省份比较起来，广西生态省建设的整体水平并不突出，这就从侧面反映出广西在自身生态省建设领域的确面临着一些障碍，存在着一定的不足之处，值得改进。研究广西生态省建设模式，就要对这些问题有着清晰的认识，不断探索广西生态省建设的改良之路。

1. 广西现阶段的经济总量水平不高

历史上，广西偏安东南一隅，远离中原文明的核心区域，历来就是一个欠发达的民族边地地区。近代以来，受西方国家殖民主义浪潮的影响，广西北海、龙州、梧州等省域内的部分区域先后开始对外通商，但因当时的广西仅仅占有区域上的通商便利，并无产业上的竞争和交换优

---

① 资料来源：《生态广西建设规划纲要》。

势，因此，贸易结构单一，贸易总量偏低，对广西整体的经济拉动可谓
是乏善可陈。1949 年之后，受国家整体经济实力和计划经济规划布局的
限制，广西虽然有了以柳州为代表的工业型城市，但为数甚少，无法有
效促进广西整体层面上的经济发展。改革开放之后，依托于辐射东南亚
的区位优势和国家西部大开发的政策扶持，广西集中优势资源发展了北
海、钦州、防城港等一批港口型旅游和工业城市，省域贸易质量和数额
有了较大幅度的提升，但和临近的广东等省份比较起来，广西总体上的
经济实力依旧处在较低的层次，是一个总体欠发达的西部省份。

近年来，虽然广西整体的经济发展速度指标高于全国平均水平，但
GDP 总量在国内省份的排名一直处于中下游水平，而且人均 GDP 更是
明显低于全国平均水平（见表 4 - 1），这就充分说明广西整体层面的经
济实力还是较弱，生态省建设的经济基础比较薄弱，经济发展对生态省
建设的资金支持力度有限，这是现阶段广西生态省建设面临的主要
障碍。

表 4 - 1　　　　　　　　　　**广西经济发展情况比较**

年份	GDP		GDP 增长率（%）		人均 GDP（元）	
	总量（亿元）	排名	广西	全国	广西	全国
2009	7759.16	18	13.9	9.2	15923	25125
2010	9569.85	22	14.2	10.4	20645	29678
2011	11720.87	18	12.3	9.3	25315	34999
2012	13035.10	13	11.3	7.7	27943	38353
2013	14378.00	18	10.2	7.7	30588	41804

资料来源：国家统计局：《国民经济和社会发展统计公报》（2009 ~ 2013）；广西壮族自治
区统计局：《广西壮族自治区国民经济和社会发展统计公报》（2009 ~ 2013）。

2. 广西经济结构及经济增长的质量不高

广西不仅在经济总量方面的表现不佳（见表 4 - 2），而且经济结构也
不甚合理，三大产业发展的整体比例失调，经济增长的整体质量不是很
高，经济增长的综合效益偏低，这是广西生态省建设面临的另一大障碍。

表4-2　　　　　　　　　广西区域经济发展质量比较

产业	指标	区域	2007年	2008年	2009年	2010年	2011年	2012年	2013年
第一产业	增长率（%）	广西	5.9	5.1	5.3	4.6	4.8	5.6	4.3
		全国	3.7	5.5	4.2	4.3	4.5	4.5	4.0
	比重（%）	广西	21.5	20.3	18.9	17.6	17.5	16.7	16.3
		全国	11.7	11.3	10.6	10.2	10.1	10.1	10.0
第二产业	增长率（%）	广西	20.5	17.4	17.6	20.5	17.1	14.4	11.9
		全国	13.4	9.3	9.5	12.2	10.6	8.1	7.8
	比重（%）	广西	39.7	42.3	43.9	47.5	49.0	48.6	47.7
		全国	49.2	48.6	46.6	46.8	46.8	45.3	43.9
第三产业	增长率（%）	广西	14.2	11.7	13.8	11.1	9.4	9.5	10.2
		全国	11.4	9.5	8.9	9.5	8.9	8.1	8.3
	比重（%）	广西	38.8	37.4	37.2	34.9	33.5	34.7	36.0
		全国	39.1	40.1	42.6	43.0	43.1	44.6	46.1

资料来源：国家统计局：《国民经济和社会发展统计公报》（2007~2013）；广西壮族自治区统计局：《广西壮族自治区国民经济和社会发展统计公报》（2007~2013）。

产业结构是衡量地区经济发展质量指标的重要因素，从表4-2可以看出，近几年的指标数据显示，虽然广西三大产业的增长速度要高于全国平均水平，但广西经济增长的产业结构不够合理。和全国平均水平比较起来，广西第一、第二产业在地区国民经济发展中的比值偏高，尤其是在全国性第三产业比重超过第二产业的2013年，广西地区的第二产业比值依旧超过第三产业十多个百分点，这充分说明广西现阶段的经济增长整体质量不高，广西经济增长主要依靠的依旧是高能耗、高污染、高排放的传统工业型增长模式。

就现阶段的基本情况而言，广西粗放型的经济增长模式还未得到有效改变，对资源型产业的依赖程度还比较大，生产技术和工艺水平比较落后，资源的利用效率和重复使用的比例偏低，单位GDP的能耗和污染物排放都明显偏高，对原本良好的地区生态系统造成了较为严重的破坏。

　　生态优势是广西所具有的最大优势，也是广西进行生态省建设的最大便利，在保持生态系统良性运行的基础上，充分结合地方资源优势，探寻可持续的经济发展模式，这是广西生态省建设的根本出发点，也是广西生态省建设模式的科学选择。然而，从总体上看，广西现阶段的经济增长模式并没有充分发挥出地方的资源和生态优势，相反对环境和生态系统造成了明显的破坏，这从根本上不符合生态文明和生态省建设的基本理念和科学模式，必须及时加以纠正和改良。

3. 广西自然生态系统的脆弱程度较高

　　广西生态系统虽然有着多样性及丰富性的特征和优势，但同时存在着脆弱性的一面，这也是广西生态省建设的不利因素。广西属于多山丘陵地区，山地丘陵面积占全区陆地面积的68.3%，其中岩溶山区占全区面积的比例为33%[①]，平原地区普遍面积较小，而且呈分散状态，不够集中，因此虽然从总体上看广西的人口总数并不算太多，但是实际上的人口密度却比较大，资源的人口承载压力较大，经济及社会发展的环境问题比较突出。

　　受喀斯特地貌的影响，广西许多地区的生态系统脆弱性和敏感程度较高，土壤和植被的覆盖比较浅薄，山洪、泥石流、地陷的爆发频率相对较高，而且生态系统一旦遭受破坏之后，修复的成本很高，修复的期限也很长。此外，由于广西南部滨临北部湾海域，周期性的台风对广西西南地区的资源、人口和经济的破坏程度也较大，这些都加大了广西生态省建设的反复性和难度，增加了广西生态省建设的总体成本。

　　总之，研究广西生态省建设的相关问题，首先必须全面剖析广西生态省建设所面临的整体环境因素，正确区分有利因素和不利方面，在此基础上结合广西自身的产业结构特征和资源优势，寻求合理的经济发展模式，充分发挥广西内部的资源优势，降低广西生态省建设的综合成本，提升广西生态省建设的整体效果。

---

　　① 资料来源：《生态广西建设规划纲要》。

三、广西生态省建设的实施步骤及阶段目标

生态省建设是一个复杂的系统性工程，生态省建设自身所覆盖的范畴十分广泛，必须对其进行任务性的分解和细化。因此，全国已开展生态省建设的省份都制定了各自生态省建设的阶段性发展目标和评价标准，广西也不例外，为促进广西生态省建设的顺利开展，有效衡量广西生态省建设的实际效果，及时纠正广西生态省建设过程中的误区和偏差，广西区政府也综合参考了各方面的意见，制定了广西生态省建设的几个主要步骤和阶段性指标。

广西生态省建设的长远目标是用 20 年左右的时间基本完成生态省建设的主要任务（见表 4 - 3），大体实现广西区域范围内经济发展方式和社会管理模式的转型，提高资源的使用效率，减轻经济增长的环境压力，形成以广西资源特色为基础的生态产业结构，实现资源节约和环境友好的发展目标，使得广西区域发展最终走上一条可持续发展的合理道路。为此，就必须在广西生态省建设的几个主要阶段分别设定预期目标，并制定相应的评价标准。

表 4 - 3 　　　　　　　广西生态省建设的主要步骤及阶段目标

阶段年限	阶段性质	阶段目标	
		定性目标	定量目标
2006～2010 年（5 年）	全面启动阶段	全民生态意识提高 经济增长方式转变 资源利用效率提升 环境保护加强 生态市、县建设开展 良好决策与监督机制 公共服务增强 ……	全区 GDP 6500 亿元 人均 GDP 13300 元 总人口少于 5200 万人 第三产业比重 38% 城镇化率 40% 森林覆盖率 54% 城镇垃圾处理率 60% 城镇污水处理率 50% 退化土地治理率 50% 石漠化处理率 30 ……

阶段年限	阶段性质	阶段目标	
		定性目标	定量目标
2011~2020 年 （10 年）	全面建设阶段	生态系统体系基本建成 完成重大生态经济工程 生态质量明显提高 建设指标达到国家标准 ……	人均 GDP≥25000 元 生态市（县）达标率 70% 第三产业比重 40% 人口自然增长率≤4.1‰ 森林覆盖率 58% 环境功能区达标率 92% 城镇污水处理率 80% 城镇垃圾处理率 83% 退化土地治理率 85% 石漠化治理率 70% ……
2021~2025 年 （5 年）	全面达标阶段	生态质量位于全国前列 生态经济全面发达 生态文化氛围全面形成 人口、资源、环境协调 可持续发展能力增强 ……	人均 GDP 35000 元 生态市（县）达标率 80% 城镇化水平 55% 森林覆盖率 58% 环境功能区达标率 100% 城镇污水处理率 95% 城镇垃圾处理率 95% ……

资料来源：《生态广西建设规划纲要》。

　　和其他先后开展生态省建设的省份一样，广西也制定了生态省建设的主要阶段性目标及其评价标准，这些分段目标和评价标准对广西生态省建设而言有着积极的促进作用，是衡量广西生态省建设阶段性成果，提升广西生态省建设整体效果的重要方式。

　　与此同时，需要明确的是，生态省建设是一个长期性的系统工程，从严格意义上讲，生态省建设应该是一个持续的过程，而非是一种最终的结果。生态省建设的最终目的是要形成一种省域范围内的核心发展理念，构建一种省域范围内的基本发展模式，而绝非是对省域发展相关指标的完成。这就蕴涵着生态省建设的一个基本观点：达到了生态省建设的评价指标并不意味着生态省建设过程的结束，指标只是对生态省建设进程和质量的衡量，而绝非对生态省建设周期的界定。生态省建设固然要追求"结果"，但"结果"只是生态省建设过程中的"中点"，而绝不是生态省建设的"终点"，过度倚重生态省建设的阶段性和目标性，容易使得生态省建设走入政治化、数字化、表面化的片面歧途，这是看待广西生态省建设主要发展阶段及建设目标时必须首先明确的问题，也是应当尽最大可能避免的问题。

此外，仅就广西生态省建设的发展阶段而言，也存在一些问题。从总体时限上看，广西生态省建设规划的时间跨度为20年（2006～2025年），这和国家环保总局下发的《生态县、生态市、生态省建设指标》中15～20年的年限规定大体一致，全国大多数已开展生态省建设工作的省份在各自生态省建设规划纲要中设定的年限也基本为15～20年。但是，国家环保总局在制定生态省建设指标时也明确提出，生态省建设并无统一固定的时限及阶段划分，要由各自省份依据实际情况自行确定。生态省建设是一项需要耗费大量资源的长期系统性工程，连整体综合实力和经济发展水平远远高于广西，而且生态省建设实践也早于广西的吉林省都将自身生态省建设的时间设定为30年（2001～2030年），浙江生态省建设规划周期更是长达50年（2000～2050年）。此外，国家环保总局于1995年颁布的《全国生态示范区建设规划纲要》中预计的时间跨度甚至长达55年（1996～2050年），由此可见生态省建设的长期性和艰巨性。鉴于此，在进一步综合考虑广西现阶段经济发展领域的疲弱，以及广西生态系统的复杂性和多样性等多方面综合因素的基础之上，将广西生态省建设的时间跨度设定在30年以上，甚至更长的时限是比较合理的，过短的时限对广西生态省建设而言是不切实际的，也是不科学的。生态省建设是一场事关省域重大发展的理性科学实践，是一项庞杂的系统工程，而绝非盲目的速度竞赛和指标攀比，不可片面追求生态省建设的时限。

广西生态省建设的目标设定也存在值得商榷之处，其选取的主要是人均GDP、城市化水平、森林覆盖率、垃圾处理率、污水处理率等一系

列经济目标和建设目标，这些目标的数字化特征明显，比较容易衡量和
计算，而且也比较容易达到甚至超越预期设定值，理所当然的也就比较
容易凸显生态省建设的短期效果。但是，这些目标也不可避免地存在缺
陷，不仅人为选取和设定的色彩比较明显，而且缺乏完整性，以至于能
够充分反映出生态省建设系统性，提升生态省建设整体实效，保持生态
省建设长期效果的社会发展目标和生态保护目标没有能够得到充分的体
现和量化，这是广西生态省建设阶段性目标选取的主要不足之处。

第二节 广西生态省建设的基本规划及评价

一、广西生态省建设规划的指标体系

国家环保总局先前颁布的《生态县、生态市、生态省建设指标》为
各省域范围内的生态省建设提供了重要的参考依据，但《生态县、生态
市、生态省建设指标》作为一个全国性的生态省建设指导性文件，是对
全国 30 多个省级行政区域的综合与平衡，鉴于我国不同省份之间实际
情况的巨大差异，具体到某个省份而言，《生态县、生态市、生态省建
设指标》的针对性和实用性在一定程度上都要打一些折扣。实际上，
《生态县、生态市、生态省建设指标》所蕴涵的基本精神就是要求不同
的省份在开展生态省建设工作的时候，要因地制宜地制定最符合地区实
际情况，最为可行的地方生态省建设评价指标体系，简单而言，从严格
意义上讲，生态省建设只会存在"地方标准"，而没有事实上的"国家
标准"。

我国现行开展生态省建设的省份不仅有分阶段的建设步骤和实现目
标，而且也都有一套较为完备的生态省建设评价指标体系。广西也不例
外，广西在制定自身生态省建设发展纲要的时候，在国家环保总局颁布
的生态省建设指标体系的基础之上，以经济发展、社会进步、生态保护

三大板块为基本立足点和出发点，沿用了国家环保总局归纳的多数具体的评价指标，并依据广西自身的实际情况，额外增加了 4 项评价指标，总共有 25 项评价指标，详情如图 4-1 所示。

广西生态省建设评价指标体系的制定，对规范广西生态省建设的进程，提高广西现阶段生态省建设的科学性和合理性而言，有着积极的促进和保障作用，但这并不意味着广西生态省建设指标体系的完善，实际上，现行的广西生态省建设指标体系有着明显的可供改进之处。

首先，和生态省建设的国家标准比较起来，广西生态省建设的所有指标中，正向指标均高于后者，负向指标均低于后者，这也就意味着，广西生态省建设的质量必定是要明显高于国家标准。生态省建设的国家标准是对全国所有省份的综合考量，其制定之初就已经严格参考了不同省份之间的差异情况，很多指标都是一种折中的中位值，因此，不同省域的整体实力虽不能直接决定其生态省建设水平的高低，但也在很大程度上制约了自身生态省建设指标的数值高低。而广西作为

指标类型	指标序号	指标名称	指标单位	指标年限				国家指标
				2005年	2010年	2020年	2025年	
经济发展指标	1	人均地区生产总值	元	8762	13300	25000	35000	≥25000
	2	人均财政收入	元	1025	1840	3190	4000	≥3800
	3	农民人均纯收入	元	2495	3180	6250	8400	≥8000
	4	城镇居民人均可支配收入	元	8917	12000	20000	25000	≥18000
	5	环保产业比重	%	6.9	8.8	10.1	≥10.1	≥10
	6	第三产业占GDP比重	%	40.7	38.0	40.0	≥40	≥40
	7	*万元生产总值能耗	吨标准煤/万元	1.22	1.04	0.85	0.75	
	8	*万元工业增加值取水量	立方米/万元	357	230	123	<90	

9	森林覆盖率	%	51.6	54	58	>58	≥65（山区）≥35（丘陵区）
10	受保护地区占国土面积比例	%	16.22	18	20	≥20	≥15
11	退化土地恢复率	%	50	60	85	90	90
	其中：*石漠化治理率	%	11	30	70	80	——
12	物种多样性指数	%	≥0.9	≥0.9	≥0.9	≥0.9	≥0.9
	珍稀濒危物种保护率	%	70	80	95	100	100
13	主要河流年水消耗量 省内河流		18	20	25	<40	<40
	跨省河流					不超过国家分配的水资源量	不超过国家分配的水资源量
14	*城镇生活垃圾无害化处理率	%	36.0	60	83	≥95	
15	*县城及以上城市污水处理率	%	8.8	50	80	95	

16	主要污染物排放强度						不超过国家主要污染物排放总量控制指标
	二氧化硫	千克/万元GDP	23.7	<13.3	<7.0	<6.0	<6.0
	化学需氧量（COD）		24.8	<13.6	<6.0	<5.5	<5.5
17	降水pH值年均值	PH	5.1	≥5.1	≥5.2	≥5.2	≥5.0
	酸雨频率	%	32	<32	<30	<30	<30
18	空气环境质量	%	85.7	100	100	达到功能区标准	达到功能区标准
19	水环境质量	%	91	≥92	≥93	达到功能区标准	达到功能区标准
	近岸海域水环境质量	%	89.2	≥90	≥29		
20	旅游区环境达标率	%	100	100	100	100	100

资源环境保护指标

资源环境保护指标

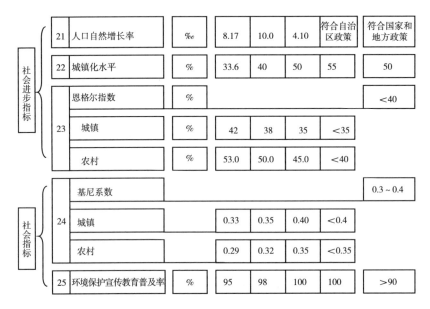

图 4 – 1   生态广西建设指标体系

注：带 * 的为广西依据自身实际情况增加的额外生态省建设评价指标。

资料来源：《生态广西建设规划纲要》。

一个整体发展在我国处于中下游水平的省域，其明显高于国家标准的生态省建设评价指标体系是否真的科学合理，依旧是一个值得进一步商榷的问题。

此外，广西生态省建设的指标设定有着明显的选择痕迹，很容易发现其中的某些亮点。对一些比较明显、较好衡量，且容易实现的指标，尤其是经济指标的数值，例如人均 GDP、城镇居民人均可支配收入都要明显地高于国家标准，这样就很容易体现出广西生态省建设的成果。而对那些成本较高、较为隐蔽、实现起来困难程度较大、短期效益不明显的指标，则与国家标准的差距不大。例如，环保产业比重、第三产业占GDP 的比重、二氧化硫排放量等指标，即使经过 20 年的建设及发展，其与国家标准的差别程度也微乎其微。这些都充分说明广西生态省建设的评价指标体系有着明显的倾向性，"避重就轻""避难就易""扬长避短"的色彩比较明显，这些迟早都将成为阻碍广西生态省建设整体质量提升的重要障碍，必须及时加以修正和改良，进一步提高广西生态省建设指标体系的科学性和合理性，使得评价指标体系真正成为促进广西生态省建设顺利开展的有力保障。

二、广西生态省建设规划的生态功能区划分

自然资源系统和生态环境系统是生态省建设的天然基础，通常所指的生态省建设并不存在统一的固定模式，也正是基于这样一个出发点。不同省份之间资源优势、环境特性、生态模式，乃至人口结构的巨大差异，都必将导致其生态省建设途径与方式的不尽相同，这是我国生态省建设这一系统工程的复杂性与困难性所在，同时也正是我国生态省建设的优势和特色所在。

更进一步而言，不仅不同省份之间生态省建设的具体模式存在明显差异，即使对于同一省份内部而言，由于我国省域面积普遍较大，同一省域往往同时具备资源和生态的多样性，这就决定了在省域范围内的不同区域之间，生态省建设也只能采取不同的形式，这是我国生态省建设的科学选择。因此，我国先期开展生态省建设的省域，例如吉林、浙江、山东等省份，都以省域内部的自然资源结构和地形地貌特征为依据，将省域内的生态省建设划分为若干个不同的生态功能区，每一个生态功能区内部的资源禀赋不尽相同，生态区建设所倚重的产业结构、资源优势也都有所侧重，造就了生态省建设模式的丰富多彩。

在借鉴其他生态省建设先行省份的经验和模式，并进一步结合自身区域实际情况的基础之上，广西生态省建设将全区细分为 8 个生态功能区，根据不同生态功能区的地理结构、生态优势以及环境承载现状、面临的主要生态问题，明确其开发与建设的重点领域及基本模式（见表 4 - 4）。

表4-4　　　　　　　　　广西生态功能区划分

生态功能区类型	生态功能区范围	面积比重	生态功能区特征及优势	生态功能区建设重点
桂东北山地丘陵生态区	桂林市、贺州市、梧州市（蒙山县）、来宾市（金秀县）、柳州市（三江县、融水县、融安县）	22.36%	山地面积大，森林覆盖率高，降水充沛，生物多样性丰富，生态系统完整；旅游资源和农林资源丰富，特色鲜明	大力发展以高新技术为主导的现代工业，以生态旅游为主导的第三产业，以绿色农业、观光农业为主的现代农业
桂中岩溶盆地生态区	柳州市（市辖区、柳江、柳城、鹿寨）、来宾市（兴宾区、合山县、象州县、武宣县）	7.19%	地貌以岩溶平原为主，降雨量较少，是粮食、糖类的主要产区；工业产业门类齐全，整体上较为发达	重点发展甘蔗、桑蚕、水果、草药等耐旱农作物，发展制糖、锰、锌等特色工业，改造化工、机械等传统工业
桂中北岩溶山地生态区	河池市（金城江区、罗城县、环江县、宜州市、南丹县、都安县、东兰县、巴马县）、来宾市（忻城县）、南宁市（马山县）	14.06%	广西最大的岩溶石山区，气候温暖湿润，土壤侵蚀和石漠化敏感性较高；水资源和锡、锑、铅、锌等资源丰富，自然保护区较多	重点发展桑蚕、中草药、香猪等特色农业，发展有色金属加工业和矿业，合理开发水力资源
桂西北山地生态区	百色市（隆林县、巴林县、田林县、乐业县、凌云县）、河池（天峨县、凤山县）	9.10%	地貌以山地为主，气候干燥，是重要的水源涵养地，生态区位重要；水资源丰富，生物多样性丰富，珍稀物种较多	大力发展山地复合型特色产业，建设中草药、花卉、茶业基地，发展河流湖泊、森林等生态旅游业
桂西南丘陵生态区	玉林市、贵港市、梧州市（市辖区、苍梧县、藤县、岑溪县）	14.61%	地貌以丘陵为主，气候湿热，人口密度大；农业较发达，城乡贸易状况较好；机械、水泥、制药、食品业有一定规模	发展以林、果、畜、禽为特色的绿色农业，提升建材、制药、食品等传统工业，大力发展环保、生物、电子等新兴产业

续表

生态功能区类型	生态功能区范围	面积比重	生态功能区特征及优势	生态功能区建设重点
桂南丘陵台地生态区	南宁市（市辖区、横县、宾阳县、上林县、武鸣县）、北海市、钦州市、防城港市	16.21%	海洋性气候特征分明，高温多雨；生物多样性丰富，海岸线绵长，港口条件好，海产品资源丰富	发展热带水果、花卉等特色农业，提升制糖、卷烟等食品工业，大力发展海洋化工、海洋生物、海洋制药等新兴产业
桂西南岩溶山地生态区	百色市（右江区、那坡县、靖西县、德保县、田阳县、田东县、平果县）、崇左市、南宁市（隆安县）	16.45%	气候干燥，土壤侵蚀和石漠化敏感性较高，生态环境较为脆弱；生物多样性极为丰富，自然保护区众多	重点发展甘蔗、水果、蔬菜等特色农业，集中优势资源发展铝、锰、制糖、水利等产业，积极发展生态旅游业
近岸海洋生态区	北海市、钦州市、防城港市三市的滩涂、浅海及海岛	—	广西主要的滩涂、浅海及海岛区域；海洋鱼类及贝类、海洋矿藏的主要分布区，旅游资源十分丰富	大力发展海洋养殖、海洋运输、海洋矿藏、海洋生态旅游等产业

资料来源：《生态广西建设规划纲要》。

　　广西生态省建设的生态功能区划分，是对广西生态省建设的科学规划和理性分解，生态功能区在很大程度上丰富了广西生态省建设的基本模式，明显提高了广西生态省建设的适应性和针对性，加快了广西生态省建设的进程，提升了广西生态省建设的实际效果。但是，与此同时，广西生态省建设的生态功能区划分也有着自身的一些弊端和不足之处，具体而言，主要有以下几个方面。

　　首先，值得注意的是，广西生态省建设的功能区划分固然突出了广西生态省建设的地域特色，丰富了广西生态省建设的具体模式，但同时也忽略了广西生态省建设的整体性和宏观性，就长远而言，对广西生态省建设及发展未必有益。广西生态省建设必须是一个整体性的系统工程，过度看重生态省建设的"地方特色"就会导致生态省建设的分散性和局部性，削弱广西生态省建设的整体效果。其次，广西生态省建设需要集中调动和分配省域范围内的各类型资源，因此，如何充分和有效协调不同地域、不同行业、不同部门之间的利益分配，是摆在广西生态省建设面前的一道难题。实际上，广西生态省建设的生态功能区划分，使得桂林、柳州、南宁、河池、梧州、百色等很多市县同时隶属于几种不同的生态功能区，致使生态功能区在行政管辖、资源分配、利益分享等诸多领域不可避免的会产生矛盾与冲突，这些问题如果协调不好，就会使得广西生态省建设在进程中产生不必要的资源损耗，广西生态省建设的实际效果就会大打折扣。

此外，广西生态省建设的生态功能区之间虽然有区别，但其也不是一种完全的对立关系，生态系统的流动性和整体性本身就不可能割裂不同生态功能区之间的天然内在联系。因此在广西生态省建设过程中，既要看到不同生态功能区之间的分别，也要照顾其共同之处。而在现实层面，广西地方行政区划和生态功能区划分却又是不一致的，二者的覆盖面存在明显的差异性，行政管辖的对立性和生态系统的统一性就会在广西生态省建设的过程中互相掣肘，使得广西生态省建设的整体利益诉求受到地方局部利益的干扰和破坏。尤其是相邻和相近区域在资源优势和建设目标方面的相似性，使得不同的广西生态功能区都可能采取相近的发展战略和产业模式，例如桂东北地区和桂中地区都将绿色农业作为支柱产业，桂中北和桂西北地区都积极发展生态旅游业，桂西南和桂南地区都致力于发展新型绿色工业产业。如此一来，在地方保护主义的庇护之下，就会导致广西生态功能区的重复建设和同质化竞争，甚至产生追求短期利益的恶性竞争趋势，不仅极大地增加了广西生态省建设的总体成本，而且从根本上不符合广西生态省建设可持续发展以及和谐统一的基本思想。

总之，生态功能区划分是现阶段我国大部分省域生态省建设的基本模式，也是广西生态省建设的重要组成部分，生态功能区划分有其积极

性和合理性，同时也存在着明显的弊端，广西生态省建设，必须在自身
实际情况的基础之上，对现行的生态功能区划分模式进行改良，寻求更
为合理有效的生态省建设模式。

第三节　广西生态省建设的经济生态模式

　　自 1999 年海南省率先在国内开展生态省建设的实践以来，我国生
态省建设的发展已历经了近 20 年时间，迄今为止，正式宣布开展生态
省建设的省份已超过半数。从总体上看，我国生态省建设已经取得了一
定的成果，形成了一些可供借鉴和参考的模式及经验。经过对比分析，
不难发现我国已开展生态省建设的省份在生态省实践的诸多领域都有着
共同之处，在建设背景、指导思想、基本原则、建设目标、评价体系等
方面存在比较高的相似性，尤其是以生态功能区划分为基础的生态省建
设基本模式被我国大多数省份所采纳，从我国不同省份的生态省建设规
划纲要中可以十分明显地看出这一点。

　　由表 4－5 可见，以生态功能区划分为基础的省域范围内生态建设
是我国现阶段生态省建设的主要模式，这种模式可以被称为生态省建设
的"生态功能区模式"。生态省建设的生态功能区模式简单易行，针对
性强，可在短期内使得生态省建设取得一定效果，是一种生态省建设的
"短、平、快"做法，具有较好的实效性和示范性，在生态省建设的初
期阶段，这种模式是必要的，也是较为合理的，有利于生态省建设的迅
速推广和广泛普及。但是，有一点应当引起注意，生态省建设的生态功
能区模式突出的主要是生态省建设的自然属性，而没有充分体现出生态
省建设的经济内涵。如前文所述，究其本质而言，生态省其实就是生态
经济省，生态省建设的核心其实也就是构建生态经济省，经济的可持续
增长是生态省建设的根本动力。因此，从生态省建设的长远发展及规划
来看，在历经一定发展阶段，生态省建设已经取得一定成果，有了一定

的基础之后，生态省建设就应当更多地注重从经济结构调整与经济模式转型的角度入手，寻求新型的经济增长模式和路径，将生态省建设的基点由"自然生态"向"经济生态"转移，这种生态省模式的理性转换既是生态省建设的高级阶段，同时也是生态省建设发展的必经之路。而绿色经济的特性和优势决定了生态省建设所需经济模式的最佳选择便是绿色经济，绿色经济既是一种现实层面可供操作的经济发展模式，同时也是一种宏观领域具备战略性质的经济发展理念。从根本上讲，生态省建设就是要以绿色经济为主要模式，以绿色发展为历史契机，构建生态省建设的新平台和新起点，使得生态省建设的整体效果迈向一个更高的层次。

表4-5　　　　　　我国生态省建设的生态功能区划分

省份	生态功能区划分内容
海南	海洋生态圈、海岸生态圈、沿海台地生态圈、中部山地生态圈
吉林	东部长白山地生物资源保护生态环境区、中东部低山丘陵生态建设生态环境区、中部台地平原生态建设生态环境区、西部松辽低平原生态恢复与建设生态环境区
黑龙江	大兴安岭寒温带森林生态区、松嫩平原西部温带半干旱草原生态区、三江平原温带湿润湿地生态区、小兴安岭温带湿润森林生态区、张广才岭，老爷岭温带湿润森林生态区、松嫩平原东部温带半湿润草甸与农田生态区
辽宁	辽东山地生态区、辽东半岛生态区、辽河平原生态区、辽西北沙地生态区、辽西丘陵生态区、近岸海域与岛屿生态区
山东	鲁东丘陵生态区、鲁中南山地丘陵生态区、鲁西南平原湖泊生态区、鲁北平原和黄河三角洲生态区、近海海域与岛屿生态区
浙江	浙东北水网平原环境治理区、浙西北山地丘陵生态建设区、浙中丘陵盆地生态环境治理区、浙西南山地生态环境保护区、浙东海洋岛屿生态环境保护区
江苏	黄淮平原生态区、长江三角洲平原生态区、沿海滩涂与海洋生态区
云南	金沙江流域、珠江上游云南境内南盘江流域、澜沧江流域、红河流域、怒江流域、瑞丽江及龙江流域
贵州	西部生态综合治理区、中部生态环境保护区、东部生态经济建设区

省份	生态功能区划分内容
四川	成都平原区、盆地丘陵区、盆周山地区、川南山地丘陵区、攀西地区、川西高山高原区、川西北江河源区
安徽	沿淮淮北平原生态区、江淮丘陵岗地生态区、皖西大别山生态区、沿长江平原生态区、皖南山地丘陵生态区
湖南	湘江流域、资水流域、沅水流域、澧水流域、洞庭湖区、其他水系
广东	珠江三角洲地区、粤东南沿海地区、粤西沿海地区、韩江上中游地区、东江上中游地区、北江上中游地区、西江中下游地区
青海	黄河源头及上游地区、长江源头及上游地区、草原区、"三北"风沙综合治理区、青藏高原冻融区
广西	桂东北丘陵生态区、桂中岩溶盆地生态区、桂中北岩溶山地生态区、桂西北山地生态区、桂东南丘陵生态区、桂南丘陵台地生态区、桂西南岩溶山地生态区、近岸海洋生态区

资料来源：各省份生态省建设规划纲要。

从整体层面来看，广西现阶段的生态省建设实践基本沿袭了我国生态省建设传统的"区域生态模式"，广西也将自身省域范围内的生态省建设分为八个主要的生态功能区，在不同的生态功能区内各自采取了不同类型的生态省建设具体方式。但就广西现阶段生态省建设的实际情况及整体效果而言，"区域生态模式"或许并非是广西生态省建设的最佳途径，"区域生态模式"没有很好地突出广西生态省建设的自身资源优势，同时也没有能够有效弥补广西生态省建设的主要短板。因此，新时期的广西生态省建设必须结合自身的实际情况和区域优势，对自身生态省建设的传统区域模式进行改良，探寻以绿色经济为核心的"经济生态模式"这一生态省建设的新型理念及模式，以绿色经济和绿色发展作为新时期广西生态省建设的起点。具体而言，广西生态省建设的经济生态模式就是要以绿色产业结构的升级和调整作为突破口，尽快地使得广西生态省建设由"区域生态模式"向"产业生态模式"转型，为广西生态省建设提供强大的生态经济基础，保证广西生态省建设的可持续发展。

同时，生态省建设的新型经济生态模式还要求广西在生态省实践的过程当中积极主动地辅以完善的绿色制度体系，以逐步消除和减弱广西生态省建设过程中的人为障碍和冲突，实现广西生态省建设的长远利益（见图4-2）。

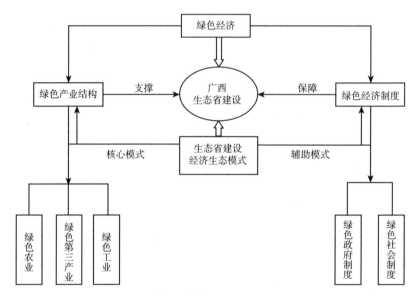

图4-2　广西生态省建设的经济生态模式

一、广西生态省建设的绿色产业支撑

产业结构是绿色经济的核心内容和重要形式，产业结构的完整程度和构成比例也是衡量绿色经济发展水平和质量的一项重要指标，而正是在产业结构这一领域，从总体上看，广西并不占据太多的优势，严重制约了广西绿色经济的发展和生态省建设质量的提高。

从表4-6可以看出，广西经济发展的产业构成和比例总体上还不够合理，这是现阶段广西生态省建设发展所面临的重要障碍之一。广西现阶段的产业构成中，传统工业产值的比重依旧较大，工业产值的增长速度明显较快。相比较而言，更能体现绿色经济内涵和生态省建设本质的第三产业的比重偏低，增长缓慢，甚至在近几年还有下降的不良趋势。这就充分说明至少到现阶段为止，广西经济增长的主要动力还是难以摆脱传统工业领域的阴影，这就在很大程度上制约了广西绿色经济的发展步伐，也使得广西生态省建设缺乏充分的可持续性。与此同时，广西所处的地质结构决定了区域内环境生态系统的脆弱程度比较高，生态系统一旦遭受破坏，恢复的周期很长，成本也会非常高，片面倚重工业经济的增长机制，虽然短期内可以明显促进广西经济的总量增长，但从长远来看只会遗留下巨大的生态赤字。更为严重的是，工业经济的比例过高，很容易突破广西生态省建设的环境承载极限，使得广西原本脆弱的生态系统面临更大的挑战。因此，广西生态省建设的当务之急就是大力发展绿色经济，以绿色发展理念为宗旨，积极调整产业结构，降低传统工业经济的比重，加大绿色农业和绿色第三产业的发展力度，使得广西生态省建设的经济模式由传统工业模式向绿色经济模式转型，以保障广西生态省建设的长远效果和终极目标。

表 4 - 6　　　　　　　　　广西经济增长的产业结构分布

年份	产业增长率（%）			产业结构比重（%）			产业经济增长贡献率（%）		
	第一产业	第二产业	第三产业	第一产业	第二产业	第三产业	第一产业	第二产业	第三产业
2007	5.9	20.5	14.2	21.5	39.7	38.8	8.3	53.5	38.2
2008	5.1	17.4	11.7	20.3	42.3	37.4	7.7	55.7	36.6
2009	5.3	17.6	13.8	18.9	43.9	37.2	7.0	55.2	37.8
2010	4.6	20.5	11.1	17.6	47.5	34.9	5.5	64.8	29.7
2011	4.8	17.1	9.4	17.5	49.0	33.5	6.9	65.9	27.2
2012	5.6	14.4	9.5	16.7	48.6	34.7	8.1	62.5	29.4
2013	4.3	11.9	10.2	16.3	47.7	36.0	6.6	59.0	34.4

资料来源：广西壮族自治区统计局：《广西壮族自治区国民经济和社会发展统计公报》（2007～2013）。

完善的产业结构是广西生态省建设经济基础的基本保证，同时，以产业结构作为生态省建设的突破口，可以更加充分有效地发挥广西生态省建设的区位优势和生态优势。广西虽然偏安西南一隅，但和周边同属西部地区的其他省份比较起来，广西产业结构的完整程度比较好，既具备先天的比较优势，更有着良好的发展潜力。就农业而言，广西气候湿润，适合多种农作物的生长，广西虽然不是我国主要的粮食作物产区，但粮食自给自足的问题基本不大。更为重要的是，广西是我国多种经济农作物和经济农产品的主要供应地，也是我国反季节蔬菜的主要供应区，对于调节我国的瓜果蔬菜市场供应有着举足轻重的市场地位。就工业而言，广西在传统的工业经济领域已有了一定的基础，而且广西工业经济的集中程度比较高，具备一定的规模效应，有以柳州为主的钢铁、汽车制造业，以百色为主的铝矿开采业，以玉林为主的机械制造业等重工业城市；也有以贵港为代表的制糖、造纸业，以玉林为代表的陶瓷业，以防城港、北海、钦州等为代表的港口业等轻工业城市。就第三产业而言，广西的旅游资源总量和质量都位居全国前列，有着养生旅游、红色旅游、生态旅游、跨国旅游等多种类型的旅游资源，旅游业的现有市场容量和增长潜力非常可观。与此同时，广西还是"中国—东盟自由贸易区"的所在省份，辐射东盟，链接华南的国际和国内服务业的市场潜力十分巨大。因此，从产业结构而言，以绿色经济发展为核心的广西生态省建设，必须借助于产业结构的支撑和实现机制，广西较为完备的产业构成和产业基础，为广西生态省建设提供了强大的产业支柱，使得广西生态省建设有着先天的良好基础，也为以绿色产业结构的构建为核心的广西生态省建设减轻了不少的阻力。

产业结构的改造和升级，可以将广西生态省建设的自然优势充分转化为经济优势。广西生态省建设不仅要保护广西整体的自然生态环境，而且还要能够创造出巨大的经济利益，使广西的资源优势和生态优势在经济层面得以充分而又直接的体现，而这些都必须依赖于广西产业结构的转换与升级。就实际情况而言，虽然广西整体的产业结构比较完整，自然资源较为丰富，但迄今为止，广西的区域经济增长并未从自身的资源优势中获取完全的利益，"比较优势"的经济发展基础尚未充分建立，归根结底，这种情况是因为广西缺乏资源优势向经济优势转化的中间协调机制，广西产业结构的合理性和有效性还有待提高。产业结构的绿色化升级和改造可以使得广西的资源优势直接转化为经济优势，从总体上保证广西绿色经济发展的实际效果，将广西生态省建设的生态效益、社会效益和经济效益完整统一，实现广西生态经济省建设的综合目标。

二、广西生态省建设的绿色制度保障

绿色经济制度也是绿色经济的重要内容和表现形式，绿色经济所涉及的范畴比传统经济模式要广泛得多，绿色经济的实际参与主体和相关利益群体也更为宽泛，绿色经济构建及发展过程中的博弈也将更加复杂，和传统经济比较起来，绿色经济更加需要制度的保障和维护机制。因此，以经济生态化为核心模式的广西生态经济省建设，必须辅之以完备的绿色制度，除绿色产业结构之外，绿色经济制度也是广西生态省建设的重要促进机制。

绿色经济制度是绿色经济发展过程中的必然衍生，绿色经济制度既是绿色经济发展的附属物，同时也是绿色经济发展的催化剂和加速器，尤其对于广西而言，绿色经济制度是生态省建设的必要保证。和传统经济制度比较起来，广西生态省建设所需的绿色经济制度在制度的基本理念和执行层面有着本质的区别。就内涵而言，绿色经济制度是以生态经济系统的整体和谐发展为宗旨，而不是仅仅以经济增长为目的，更不是以短期内的局部利益为直接目标。就表现形式而言，绿色经济制度注重政策、措施的长远性、系统性和宏观性，强调的是执行效果的可持续性和均衡性，而非政策效果的局部性和时效性。具体到广西而言，广西生态省建设的绿色经济制度，就是要以绿色发展为核心的指导思想，构建新型的绿色政府职能，绿色的金融、财政、税收制度，以及绿色的消费理念和绿色的文化氛围，为广西绿色经济发展和生态省建设提供强大而有效的绿色制度保障。

和传统区域经济发展一样，资源是生态省建设的前提和基础，生态省建设对资源的要求有两层含义，一是资源的种类和丰富程度，二是资源的分配形式，仅有资源的数量和种类优势，却没有资源的合理分配和有效使用，也无法保障生态省建设的顺利开展。和其他省份一样，广西生态省建设需要调集全省范围内的优势资源，并集中进行合理分配，这就需要对广西全省范围内的资源和生态状况有一个总体把握，并在此基础之上进行合理的资源调配和使用，而传统的市场调节机制无法充分实现这一目的，这时候就需要经济制度的充分弥补和有效规范。广西生态省建设的绿色经济制度，就是在绿色经济实践的平台基础之上，合理统筹规划广西生态省建设过程中的资源分配及使用，使得广西生态省建设中的资源价值最大化，成本最低化，效益最高化。

生态省建设相关主体之间的利益博弈是广西生态省建设必须着重考虑的另一重要因素。虽然广西生态省建设的不同主体在最终利益方面是基本一致的，但广西生态省建设是一项长期的系统工程，持续的时间可能长达数十年，需要付出的代价很高，而且面临的风险较大，不排除有反复，甚至失败的可能。因此，广西生态省建设过程中不可避免地就会存在不同部门、不同地区、不同层次利益主体之间的相互博弈和冲突，仅靠传统的经济和制度模式无法有效处理诸多不同利益主体之间的复杂关系，必须依靠新型的绿色经济制度来平衡多方主体之间的利益纠葛。因此，可以说绿色经济制度是广西生态省建设不同主体之间的润滑剂和粘连剂，可有效缓解广西生态省建设主体之间的矛盾冲突，提升广西生态省建设的整体效果，降低广西生态省建设的总体成本。

第五章 广西生态经济省建设的
绿色产业模式

生态省是可持续发展理念在省域范围内的实现形式，就基本内涵而言，生态省实质上就是生态经济省，建设生态省也就是建设生态经济省，生态省建设就是构建省域范围内的绿色经济发展模式。产业结构是绿色经济发展的框架体系，也是绿色经济发展的现实基础，因此，新型绿色产业结构的构建是省域范围内绿色经济发展的重点所在。

广西生态经济省建设①，首先也必须从传统产业结构的绿色转型及改造着手，以绿色产业结构的构建作为广西生态省建设的切入点和突破口，充分发展绿色农业、绿色工业和绿色第三产业，建设完善、发达的绿色产业结构体系，以此来促进广西生态省建设的深度发展和良性循环。与此同时，以绿色产业结构为侧重点的广西生态经济省建设模式，可以有效缓解广西生态省建设过程中不同区域之间产业结构的重复建设，消除不同地区之间经济发展模式的恶性竞争，避免广西生态省建设过程中的资源无谓消耗，从根本上保障广西生态省建设的实际效果，提升广西生态省建设的整体经济效益。

第一节 广西生态经济省建设的绿色农业

农业是保障整个国民经济正常运转和国民日常生活的前提及基础，我

---

① "生态省"指的就是"生态经济省"，但为了表述方便，仍将"生态经济省"简称为"生态省"。

国是一个农业文明和农业经济历史非常悠久的国度，在漫长的农业社会，农业经济的稳定程度都是我国社会政权稳固及经济发展的命门所在，我国历史上的许多次社会变革也是由于农业经济体系的崩溃所导致的。新中国成立之后，我国历届政府对农业经济的发展也是十分重视，大力发展农业也一直都是我国的基本国策之一。虽然自从改革开放之后，我国正快速迈向深度工业化的发展道路，农业经济产值在我国国民经济总产值中所占的比重日益降低，农业经济对国民经济增长的贡献率也在逐步降低，但这并不意味着农业经济在我国经济及社会发展过程中的重要性在下降。相反，随着我国经济的深层次发展和国民生活水平的日益提高，对农业经济发展的层次和质量也都有了更高的需求。此外，随着我国人口数量的惯性增长，工业化和城镇化的进一步发展，土地资源的紧缺状况还会进一步加剧，其他产业对农业经济的挤压和侵占仍将持续，传统粗放型的农业生产模式已无法适应新的时代需求，因此，就必须构建新型的绿色农业发展模式，对传统的农业产业结构和农业发展模式进行充分的绿色改造，以提高农业经济的产出效率和发展的可持续性。尤其是在生态文明理念成为我国政府的治国方略之后，对绿色农业的发展有了更高层次的时代要求，同时也为绿色农业的发展提供了难得的历史契机。就生态省建设而言，生态省建设实质上是生态文明理念在省域范围内的实践，生态省建设高度重视经济系统和自然生态系统的和谐性和统一性，因此，绿色农业产业的发展也是生态省建设的重点内容之一，绿色农业是生态省建设的基础性支柱产业，绿色农业的良性发展也是反映生态省建设实际成果的重要方面。

一、绿色农业的基本内涵及主要特征

绿色农业和绿色经济有着天然的内在统一性，就产业特性及生产过程而言，绿色农业和绿色经济的联系是最为紧密的，绿色农业也是绿色经济发展的渊源之一。大力发展绿色农业，就是在国民经济日常运转和社会公众日常生活的根本层面践行绿色经济的发展宗旨，绿色农业也是将绿色经济理念深入人民群众日常生活的最直接、最有效的中间桥梁，绿色农业产业的有效建立，将使得绿色经济发展获得广泛的民意基础，在很大程度上减轻绿色经济发展所面临的障碍。

（一）绿色农业的基本内涵

绿色农业其实是相对于农业文明时期的黄色农业和工业文明时期的黑色农业而言的。在农业文明时期，农业生产基本依靠人力和畜力，受气候条件和自然因素的影响极大，虽然农产品的天然营养成分得以较好的保留，但是农业的整体发展水平十分低下，农产品的产量丰歉不定，无法充分保障人类的基本生活。进入工业文明阶段之后，黑色农业基本取代了黄色农业，黑色农业也叫石油农业，借助于工业革命的技术推动，黑色农业大量使用农业机械和化学农药及肥料，在短时期内极大地提升了农产品的产量，很好地满足了工业部门和社会公众对农产品日益增长的巨大需求。但是，黑色农业也在很大程度上改变了土地的自然属性，对土地的破坏性耕种极大地损害了土壤的肥力积蓄，同时，农作物生产过程中化肥和农药的滥用不仅对人类自身带来了潜在的伤害，而且造成微生物和动植物的人为灭绝，破坏了自然生态系统的平衡，给农业生产带来了生态系统失衡的巨大威胁。绿色农业是黑色农业发展到一定阶段的必然产物，随着生态文明理念时代的到来，追求食品的安全可靠越来越成为政府和社会公众关注的焦点，生态文明在农业领域的体现就是绿色农业。绿色农业是对黄色农业和黑色农业的扬弃，绿色农业既要保留农产品的天然属性和营养，大规模减少，甚至杜绝化肥和农药的使用量，同时又要保障充裕的绿色农产品供应，持续提升社会公众的生活品质。因此，绿色农业可谓是农业领域的一次革命，绿色农业在发展理念和发展模式方面与传统农业有着本质的区别，绿色农业不是保守农业，也不是激进农业，而是可持续发展的健康农业形态。

实际上，绿色农业有着狭义和广义之分，所谓狭义的绿色农业，是就绿色农产品本身而言，主要是指农产品的绿色生产和绿色加工。而广义的绿色农业所涉及的范畴则要宽泛得多，除了农产品加工和生产环节的绿色化要求之外，广义绿色农业还包括农产品的绿色培育、农产品的绿色营销、农产品的绿色存储、农产品的绿色运输、农产品的绿色消费等诸多方面。简单而言，广义的绿色农业是从"田间地头到家庭餐桌"的整体绿色农业，广义绿色农业不仅仅是农产品的绿色生产，而是一条完整的绿色农业产业链，广义绿色农业追求的不是农产品的绿色化，而是农业产业的绿色化，绿色农业是集约、高产、可持续发展的农业。由此可见，广义绿色农业是绿色农业发展的高级阶段和最新表现形式，广义绿色农业和生态农业的内涵是基本一致的，二者都强调农产品的生产环节和农业生产系统与自然生态系统的和谐统一，都遵循农产品生产和农业产业的可持续发展。相比较而言，绿色农业具备更强的实践性和可操作性，绿色农业的评价标准也更为科学合理，因此，绿色农业和生态农业二者在内涵和范畴层面基本可以互换，绿色农业可谓是生态农业在新时期的一种更为明确，更为形象的表现形式。

绿色农业是以可持续发展理念为根本指导思想，以维护社会大众的切身利益为根本出发点所构建的一种长远、持续、健康的农业发展模式。绿色农业实质上就是一套复合型的农业生态系统，包括农业生产系统、自然生态系统和社会经济系统、社会文化系统等多个子系统之间的和谐统一，绿色农业是一种全面、协调、可持续的生态型农业发展形态，绿色农业与传统农业的主要区别就在于发展理念和发展模式的系统性及宏观性。绿色农业的发展要以生态学、系统学和经济学等多种学科为理论指导，绿色农业要以绿色农业技术为依托，以绿色农业产业为载体，以绿色农产品市场为媒介，以绿色农产品消费为最终形式，绿色农业追求的是经济效益、社会效益、生态效益三者的和谐统一，绿色农业的终极目标是为人类社会的可持续发展提供最为根本的农业保障。

（二）绿色农业的主要特征

绿色农业和传统农业在发展理念，发展模式方面都有着本质的区别，这使得较之传统农业而言，绿色农业有着十分鲜明的特征和优势，这也是在积极发展绿色农业时需要重点关注的领域。

1. 持续性

可持续性是绿色农业的根本属性，绿色农业的可持续性不是农业文明时期黄色农业那种保守的可持续性，而是发展的可持续性，但绿色农业的发展也非工业文明时期黑色农业那样激进的发展，而是可持续性的发展。在人类社会漫长的农业发展历程中，只有绿色农业才算是真正做到了发展和持续性二者的和谐统一，这是绿色农业的最大特性，同时也是绿色农业的最大优势所在。

2. 系统性

绿色农业不是单纯的农业，更不会是简单的农业生产，绿色农业是一套完整的复合型生态农业系统，绿色农业能够真正做到可持续发展也是得益于这套系统。和传统农业比较起来，绿色农业系统的复杂性和丰富性都要强得多，从横向上看，绿色农业系统包括农产品生产系统、自然生态系统、经济社会系统等多个维度；从纵向上看，绿色农业的系统性体现在绿色农业的生产、管理、服务等多个环节。总之，绿色农业需要考虑和顾忌的是整个生态农业系统的整体利益，而非某个子系统的局部利益，这种系统之间利益的分配和协调也正是绿色农业发展的难点所在。

3. 综合性

绿色农业所指的农业是广义的农业，而非传统意义上狭义的种植业和养殖业。从农产品的类型来看，绿色农业包括农、林、牧、副、渔等多种农业经济形态。从产业结构来看，绿色农业虽然被划归为第一产业，但绿色农业的发展却离不开三大产业的共同支撑。从覆盖范畴来看，绿色农业虽然主要处在农村区域，但绿色农业的良性发展也无法摆脱城镇的扶持与庇护。

4. 高效性

随着人口的不断膨胀和农业种植面积的日益缩小，切实提高农产品的产量一直是农业发展的首要任务，绿色农业同时也必须是一种高效的农业。只是应当引起注意的是，绿色农业应当是高效益的农业，而非仅仅是高产量、高效率的农业，绿色农业的效益要求应当同步包括经济效益、社会效益、生态效益，绿色农业的效益是整体的效益，长期的效益，而非局部效益，短期效益。

5. 科学性

绿色农业还是一种科学的农业，绿色农业的科学性体现在两个层面，首先是理念的科学性，绿色农业的发展谨遵可持续发展的宗旨，以生态系统的正常运转为农业生产的第一原则，时刻注重维护农业生产的可持续性。其次是绿色农业发展途径的持续性，技术是绿色农业构建及发展的科学手段，绿色农业以新兴的绿色技术、生态技术为依托，充分实现农业生产模式的生态化、现代化和集约化。

二、广西绿色农业发展的基本现状

（一）广西绿色农业发展的主要优势

就广西农业发展的整体情况而言，广西并非农业强省，也不是一个农业大省，但这并不意味着广西在绿色农业领域没有自身的比较优势，相反，借助于得天独厚的自然环境和区位优势，广西绿色农业有着明显的竞争地位，广西发展绿色农业的潜力巨大，广西绿色农业的市场价值和社会价值都十分可观。

1. 广西绿色农业资源的种类丰富

广西位于我国的西南地区，在我国 30 多个省级行政区域中面积并不算大，人口也不算多，整体经济实力也不强，但广西境内有着多种地形地貌特征和复杂的动植物多样性，而且是我国西部地区唯一的沿海边境省份。广西处于南亚热带与中亚热带的交会处，因此广西的气候整体上温暖湿润，降水适宜，光照充足，十分适合农作物的生长，广西的动植物种类数量位居全国前列，有着"动植物天堂"的美誉。广西不仅生态系统的基础性比较好，而且保护程度较高，良好的生态条件造就了广西绿色农业发展得天独厚的自然优势。广西是我国热带水果、蔗糖、蔬菜、禽类、水产的主要产区之一，是我国冬季反季节蔬菜供应的重要产地，广西有多种经济作物的产量在国内居于领先地位，广西境内的糖料甘蔗、桑蚕、木薯、蘑菇的产量均位居全国第一，其中糖料甘蔗产量占据全国的 60%，桑蚕产量占到全国的 45%，木薯产量占全国的 70% 以上，茉莉花茶产量占全国的 50% 以上。此外，广西还是我国最大的生物能源生产基地和主要的水果产区①。从总体上看，广西生态环境的完整性和质量水平都比较高，广西发展绿色农业有着得天独厚的自然优势，充分发展具备自身地域特色的绿色农业的潜力巨大。

2. 广西发展绿色农业的区位便利

就地缘政治和我国区域经济发展及改革开放的整体格局而言，广西发展绿色农业有着十分明显的区位优势。就国内市场而言，广西处在我国东南沿海地区和大西南地区的交会地带，辐射西南、华南等多个省份，是我国重要的战略经济带，在我国西部大开发的国家宏观发展格局下，广西的战略地位日益突出，广西绿色农业发展迎来了难得的历史契机。就国际市场而言，广西紧邻越南，面向东南亚，有着陆路、海运、空中交通等多种便利的出口贸易通道，是我国和东盟国家进行国际区域贸易的桥头堡，广西绿色农业有着明显的对外贸易基础和便利。

（二）广西绿色农业发展面临的主要问题和障碍

广西虽然是一个绿色资源大省，绿色农业发展的基础极好，但就现阶段广西绿色农业发展的整体情况而言，并不十分突出，并没有充分发挥出广西自身的资源和生态优势。相反，广西绿色农业发展还面临着一些明显的困难和障碍，这些问题如不能得到有效解决，将会明显制约广西绿色农业发展的实际效果。

1. 广西绿色农业发展的规模普遍较小

就地质结构而言，广西山地多，平地少，境内河流交错纵横，平原

---

① 资料来源：广西壮族自治区农业厅。

呈零星分布状态，俗称"八山一水一分田"，这种自然生态属性虽然丰富了广西区域内部农作物资源的种类，但却并不利于广西绿色农业发展的规模化经营，导致广西现阶段大部分地区绿色农业产业发展的规模较小，"小农经济"的色彩依旧比较浓厚，绿色农产品的价格偏高，难以实现规模经济效益。此外，广西整体上属欠发展的落后地区，工业化、城镇化还有很长的一段路要走，对土地、水利和其他农业资源的占用还将持续比较长的一段时间，这些都将进一步加剧广西绿色农业发展过程中的土地约束和资源紧缺状况。

2. 广西绿色农业生产的结构单一

绿色农业应当是广义上的农业，而非传统的种植业和养殖业，广西绿色农业发展应当充分利用自身的生态特征和资源优势，扬长避短，大力发展除种植业和养殖业之外的经济农业，在基本保障自身主要粮食作物供给的基础之上积极推广经济作物的种植面积，拓宽农民的就业和增收渠道。然而，广西现阶段的绿色农业还是基本局限于种植业，不可避免地导致了主要绿色农产品的集中供给，降低了绿色农产品的价格收益和市场调节作用，使得诸多农户并没有从绿色农业的发展中收益，一定程度上挫伤了农民参与绿色农业生产和经营的积极性。此外，广西从事农业生产及经营活动的企业集中程度也非常高，绿色农业的产业幅度明显狭窄，绿色农业发展的市场机制还不够健全（见表5-1）。

表5-1 　　　　　广西农业生产经营户和农业生产经营单位情况

指　标	农户		经营单位	
	数量（万）	比值（%）	数量（万）	比值（%）
种植业	691.4	89.4	0.16	14.7
林业	26.7	3.5	0.27	24.6
畜牧业	47.3	6.1	0.09	8.1
渔业	7.1	0.9	0.05	4.4
农林牧渔服务业	0.6	0.1	0.53	48.2

资料来源：广西壮族自治区统计局：《广西第二次全国农业普查公告》（2008）。

3. 广西绿色农业生产的基础落后

绿色农业虽然推崇农产品的自然属性和营养价值，但绿色农产品的生产绝不是刀耕火种的原始农业方式，绿色农业同时也必须是现代化的农业，完善的农业基础设施和先进的机械设备是绿色农业有效发展的先决条件，但这正是广西绿色农业发展面临的劣势之一。就整体情况而言，广西绿色农业的基础较差，尤其是绿色农业生产的机械化装备水平不高，显著缺乏高效率的大型农业机械，其他配套农业设施的数量也明显不足，而且广西农业机械和农业设施的使用水平和效率低下，这些都成为明显制约广西绿色农业发展的重要障碍（见表 5 - 2 和表 5 - 3）。

表 5 - 2　　　　　　　　广西农业机械分布情况

指　标	数量	计量单位
大中型拖拉机	2.1	万台
小型拖拉机	54.9	万台
大中型拖拉机配套农具	1.2	万套
小型拖拉机配套农具	59.7	万套
联合收割机	0.3	万台

资料来源：广西壮族自治区统计局：《广西第二次全国农业普查公告》（2008）。

表 5 - 3　　　　　　　广西农业机械及农业设施使用情况

指　标		数量	计量单位
占耕地面积的比重	机耕面积	23.5	%
	喷灌面积	0.2	%
	滴灌渗灌面积	0.1	%
占播种面积的比重	机播面积	0.1	%
	机收面积	1.4	%
设施农业	温室面积	0.3	千公顷
	大棚面积	2.3	千公顷

资料来源：广西壮族自治区统计局：《广西第二次全国农业普查公告》（2008）。

4. 广西绿色农业生产的人员素质整体不高

绿色农业不同于传统农业的一个重要方面就是绿色农业的整个生产及管理过程的技术含量较高，尤其是随着生物技术和转基因技术在绿色农业领域的广泛普及，对绿色农业领域从业人员的素质提出了更高的要求，人员素质直接关乎绿色农业发展的实际效果，对绿色农业的推广和普及有着至关重要的作用。而广西作为一个落后的省份，在人口结构和人口素质方面并无明显优势，甚至和其他省份比较起来还处在一种相对弱势的地位。广西人口的平均受教育水平和高等教育普及率在国内都处于中下游水平，尤其在农业领域，不仅直接从事农业生产的人员受教育水平明显偏低，而且农业技术人员的素质也普遍不高，高级农业专业人才的数量稀少，这些都在很大程度上限制了广西绿色农业的进一步发展（见表5－4和表5－5）。

表5－4　　　　　　　　广西农业从业人员构成

主要指标		数量（万人）	计量单位（%）
农业从业人员年龄构成	20 岁以下	6.3	%
	21～30 岁	18.9	%
	31～40 岁	24.0	%
	41～50 岁	21.0	%
	51 岁以上	29.8	%
农业从业人员文化程度构成	文盲	4.5	%
	小学	40.5	%
	初中	50.1	%
	高中	4.7	%
	大专及以上	0.2	%

资料来源：广西壮族自治区统计局：《广西第二次全国农业普查公告》（2008）。

表5－5　　　　　　　　广西农业技术人员构成

指　标	数量（万人）	比重（%）
初级农业技术人员	6.61	79.5
中级农业技术人员	1.44	17.4
高级农业技术人员	0.26	3.1

资料来源：广西壮族自治区统计局：《广西第二次全国农业普查公告》（2008）。

5. 广西绿色农业发展的市场竞争激烈

广西绿色农业发展虽然有着明显的区位优势，同时面对西南及华南地区的国内市场和东盟国家的国际市场，但与此同时，广西绿色农业的发展也面临着国内和国际市场的激烈竞争。就国内市场而言，与广西接壤的广东、云南，以及与广西临近的海南等省份也都具备发展绿色农业的优越自然条件，如海南的生态条件较之广西显得更为优越，海南动植物的丰富程度不亚于广西，海南全境都处在亚热带及热带地区，海南发展绿色农业的条件极其优越，海南也是我国热带水果的主要产区，海南冬季反季节蔬菜的种植规模也要强于广西。就国际市场而言，随着"中国—东盟自由贸易区"的进一步发展，源自东南亚国家的粮食、水果等农产品和经济农作物进入我国的关税在逐步降低，况且东南亚国家的农产品，尤其是热带水果的品质优良，具备很强的竞争优势，广西作为和东盟直接接壤的省份，自身绿色农业的发展首当其冲的会受到影响，而且随着我国与东盟国家经济一体化的深入开展，东盟国家农产品渗透我国市场的步伐只会越来越快，广西绿色农业发展所面临的国际竞争局面会越来越严峻。

三、广西绿色农业发展的主要模式

广西具备发展绿色农业的先天自然生态优势和明显的区域便利条件，广西发展绿色农业的潜力十分巨大，广西绿色农业有着明显的比较优势。与此同时，广西绿色农业的发展也不会是一帆风顺，自然灾害的侵袭，市场波动的冲击，自身的市场缺陷和产业不足之处都将给广西绿色农业的发展带来巨大的障碍。为此，广西发展绿色农业必须立足于区域内部的实际情况，因地制宜地制定与自身实际情况相符的绿色农业发展模式和道路。

（一）调整广西绿色农业结构，优化广西绿色农业发展模式

从广西现阶段绿色农业发展的实际情况来看，存在明显的结构性缺陷，广西虽然正朝着新型绿色现代化农业的发展方向迈进，但广西传统

农业的色彩依旧是比较明显。从农业产业结构来看，广西绿色农业的结构性构成中，传统种植业的比重明显偏大，除种植业之外的林业、畜牧业、副业、渔业的产值和比重都很低，即使是在种植业当中，也是粮食作物占主要比重，其他经济作物的种植比例较小，这实际上表明迄今为止广西绿色农业的发展还只是狭义的绿色农业，而不是广义的绿色农业，传统农业的身影在广西绿色农业领域依旧有着比较明显的体现。这种状况不仅使得广西绿色农业的发展面临着结构性的欠缺，无法满足市场和社会对绿色农产品需求的丰富性和多样性，而且使得广西区内的绿色农产品供给呈现出明显的同质化趋势，绿色农产品的价格无法体现出真实的经济成本和生态成本，甚至有可能导致绿色农产品之间的恶性竞争，扰乱广西整体的绿色农业市场格局，恶化广西绿色农业发展的整体环境。

优化广西绿色农业的发展模式，提升广西绿色农业发展的实际效果，就必须因地制宜地充分发挥广西的自然资源和生态优势，实现广西绿色农业的多元化发展，构建结构完整，比例科学的广西农、林、牧、副、渔绿色农业发展体系。从整体上讲，广西的地形和地质结构不适合大规模的粮食种植，传统农作物种植无法充分体现广西绿色农业的比较优势，广西绿色农业的良性发展应当扩大甘蔗、木薯、桑蚕、水果、蔬菜等高效经济农作物的种植面积，同时大力发展对绿色农产品的深度加工，提升绿色农产品的附加值。

（二）合理规划广西绿色农业发展的产业布局

广西区域内部的自然资源和生态环境复杂多样，不同地域的气候条件、地质结构存在明显的区别，导致广西不同区域的绿色农业发展面临着多种多样的产业选择，为提高绿色农业的整体效率和效益，有必要对广西绿色农业的产业布局做一个整体层面的宏观规划，以提升广西绿色农业发展的整体效果。同时，相邻的数个区域之间在绿色农产品的产业结构领域存在着比较高的相似性，为避免不同区域之间在绿色农产品种植和销售方面的趋同化，减少资源的不必要浪费，提升广西绿色农业的

整体经济效益，也必须对广西绿色农业的区域布局进行合理规划和分
配，构建科学合理的广西绿色农业产业体系，增强广西绿色农业发展的
整体竞争优势（见表5-6）。

表5-6　　　　　　　　广西绿色农业产业布局体系

产业	广西绿色农业产业发展布局	广西绿色农业产业发展任务
粮食产业	水稻产区、玉米产区、豆类产区、薯类产区、特色粮食产区	确保广西粮食作物的稳定生产，提高广西粮食自给率，保障广西粮食市场供求的基本平衡
蔗糖产业	传统老蔗产区、糖料蔗产区	合理规划甘蔗种植面积，加强蔗区基础设施建设，提高蔗糖生产机械化水平，加快蔗糖深加工
水果产业	柑橘产业带、香蕉产业带、六大特色水果（荔枝、龙眼、芒果、月柿、梨、葡萄）产业带、时令优质水果产业带、加工型水果产业带	调整水果品种和成熟期，提高水果产量和水果品质，发展规模化经营，培育龙头企业，增强竞争优势
蔬菜产业	秋冬季优势蔬菜产区、夏秋季反季节蔬菜产区、食用菌产区、城市"菜篮子"优势产区、创汇蔬菜优势产区	推行蔬菜标准化生产和管理，大力发展无公害蔬菜、有机蔬菜和绿色蔬菜，建设大型蔬菜加工基地
桑蚕产业	优势桑蚕产区、高产桑蚕产区、次优桑蚕产区	建设高产量、高质量、高效益的桑蚕产业、加大桑蚕资源综合利用
中药材产业	金银花产区、罗汉果产区、葛根产区、玉桂产区、桂郁金产区……	形成中药材生产体系和中草药生产基地，加大中药材综合利用
木薯产业	桂西南木薯种植优势区、桂东南木薯种植优势区、沿海木薯种植优势区	推广高产木薯种植规模，加大木薯深加工利用
生态农业旅游产业	农业生态旅游重点区、农业生态旅游精品区	以市县、郊区为重点开展布局，发展不同规模的生态旅游线路
其他特色农业产业	经济农作物产区、山区特色农业产区、少数民族特色农业产区、边境地区特色农作物产区	大力发展特色经济农作物产业和特色经济农作物加工业

资料来源：广西壮族自治区农业厅：《广西壮族自治区农业（种植业）发展"十二五"规划》。

（三）扩大广西绿色农业的发展规模，拓宽广西绿色农业产业的广度

绿色农业是健康农业，优质农业，可持续发展的农业，绿色农业必须首先保证农产品生产过程中的安全性和营养成分，但绿色农业同时也应该是大众化的农业，绿色农业的发展要求使得绝大多数社会公众都能够享受到绿色农产品所带来的健康福利。因此，绿色农业还应当是一种低成本的农业，效益型的农业，绿色农业不能是精耕细作的小农经济，绿色农业的发展也必须要有规模效益，绿色农业发展的规模化程度和集约化程度也是衡量绿色农业发展水平的一项重要标准。而就广西现阶段绿色农业发展的实际情况而言，在绿色农业的规模化经营方面一直都处在相对劣势的地位。从广西整体的地质结构来看，山地丘陵多，平原地区少，很多地方不太适合大型农业机械的使用，加之广西属于我国西南地区的生态屏障，很多地区严禁过度开发利用，因此，广西绿色农业发展的小户经营、分散经营的情况比较普遍，这就导致广西绿色农产品的价格相对较高，市场对绿色农产品的需求不够旺盛，从事绿色农产品生产和经营的农户对市场风险的抵抗能力较弱，致使广西绿色农业发展的波动性较大，存在比较高的不确定性，在国内和国际市场竞争中处于相对不利的地位。

为促进和保障广西绿色农业的可持续发展，必须加快扩大广西绿色农业发展规模，尽快实现广西绿色农业发展的规模经济效应。为此，必须从我国宏观政策和广西绿色农业整体实际情况着手，加快广西农村土地的流转规模和速度，积极推广龙州县上龙乡民权村"小块并大块"的新型农村土地流转及使用制度，以及富阳县富阳镇铁耕村"集体统一开发、小组协调生产、分户承包经营"的新型农村协作生产制度，使广西绿色农业发展尽快走上规模化经营、集约化经营的现代农业发展道路，大规模降低广西绿色农业整体成本，增强绿色农业经营户抵御市场风险的意识和能力，形成良好的绿色农业示范和带动效应，促进绿色农业在广西境内的迅速普及，确保广西绿色农业可持续发展能力得到进一步的增强和提高。

（四）完善广西绿色农业发展的产业链，延展广西绿色农业产业的深度

在传统农业中，农业产业基本局限于农作物的种植和简单加工，农业产业的基本功能主要是为居民日常生活提供消费品，为工业生产提供原材料。因此，传统农业的产业链比较狭窄，传统农业的附加值也比较低下，农业发展的后劲不足，农民增收的幅度和速度都较慢，农业产业的整体发展比较落后。而绿色农业的发展与传统农业相比较而言截然不同，绿色农业绝不仅仅是绿色农产品的种植和加工过程，绿色农业的良性发展需要构建一条完整的绿色产业链，在这条产业链当中，绿色农产品的生产固然重要，除此之外，还需要绿色农业政策的扶持，绿色农业市场的形成，以及绿色农业金融体系的支撑。因此，绿色农业应当是以绿色农产品的种植为核心，以绿色农产品的培育和研发为源头，以绿色农产品的加工、储存和运输为基础，以绿色农产品的包装、销售和服务为节点的一条完整的绿色产业链，产业链的完整性和延展程度是绿色农业良性发展的重要保证。

就广西绿色农业的发展现状而言，广西绿色农业的产业链并不完整，从总体上看，依旧是以绿色农产品的种植为主，以散户经营为主要形式，明显缺乏绿色农业发展的配套环节，在绿色农业的资金支持、绿色农业的深度加工、绿色农业的品牌宣传等诸多绿色农业相关领域的发展都显得比较落后，绿色农业的整体发展显得势单力薄，这使得广西绿色农业的整体市场竞争能力不是很强。因此，延伸绿色农业发展的产业链，加强绿色农业的配套环节是广西绿色农业发展面临的当务之急。为此，广西绿色农业发展必须建立多元化的参与主体，形成"公司企业＋生产基地＋种植农户""农村支部＋农业协会＋生产基地＋种植农户"等多种形式的市场化、多元化绿色农业产业格局，壮大广西绿色农业的优势产业和龙头企业，培育大批的广西绿色农业种植基地和种植专业户，形成结构合理、体系完善的广西绿色农业产业链，突出广西绿色农业发展的整体优势。

（五）提升广西绿色农业产业的市场关联度和市场竞争力

广西发展绿色农业虽然具备得天独厚的自然资源和生态环境优势，但广西绿色农业的发展却并不占有独一无二的市场地位和市场价值，广西绿色农业的发展依旧存在一定程度的可替代性，面临着一定的市场风险，这种市场的不确定性因素来源于国际和国内两个方面。就国内绿色农业的发展而言，同处我国南部地区，与广西在地理位置、自然环境和气候条件都较为接近的云南、广东、海南等省份也都把绿色农业的发展作为本省的支柱性产业，这几个省份在绿色农产品的主要类型、绿色农业的基本结构等多个方面与广西比较接近，绿色农业的发展规模和发展潜力也不逊于广西，甚至还有部分的比较优势，对广西绿色农业产业的发展与壮大构成了明显的竞争态势。就国际市场而言，越南、泰国等东盟国家的农产品，尤其是热带水果有着很强的国际竞争优势，对广西的农产品市场造成了明显的冲击。而随着"中国—东盟自由贸易区"体系的日益完善，广西绿色农业发展面临的形式会愈加严峻（见表5－7）。

表5－7　　　　　　中国—东盟自由贸易区农产品关税削减时间表

时间	税率	农产品范围	参与国家
2003 年 10 月 1 日	中—泰果蔬关税降至 0	中—泰两国全部果蔬	中国、泰国
2004 年 1 月 1 日	农产品关税开始下调	全部农产品	中国、东盟 10 国
2006 年	农产品关税降至 0	全部农产品	中国、东盟 10 国

资料来源：《中国—东盟自由贸易区部分关税削减时间表》，新华网 2006 年 10 月 30 日，http://news.xinhuanet.com/photo/2006－10/30/content_5269002.htm。

国内市场和国际市场的双重竞争形势，迫使广西要想获得绿色农业的良好发展前景，就不能仅从广西内部绿色农业产业的小处着眼，而必须将广西绿色农业产业融入国内农业市场，甚至国际农业市场的大格局，将自身绿色农业的发展充分嵌入国际和国内的宏观农业市场环境当中，避免在国内和国际绿色农产品领域的盲目竞争，充分利用自身优势，发展具有比较优势的绿色农业产业和绿色农产品，为广西绿色农业产业的发展创造有利的外部环境。

第二节 广西生态经济省建设的绿色工业

自从人类社会进入工业时代以来，人类经济行为对自然环境和生态系统的影响程度在逐渐加深，传统经济模式的发展弊端也主要体现为工业经济的资源利用方式，能源消耗形式和污染物排放途径，工业经济在传统经济产业结构中占据主导地位，同时也是造成环境污染和生态系统破坏的主要元凶。绿色经济彻底否定了传统经济模式在发展过程中无视生态系统承载极限的理念和态度，但经济的绿色发展并不意味着排斥和反对工业，和传统经济一样，绿色经济的发展同样离不开工业的重要支撑作用，只是和传统经济不同的是，绿色经济需要的是新型的绿色工业产业模式，而绝非传统的黑色工业产业结构。绿色工业是绿色经济建设的核心内容之一，绿色工业的发展情况在很大程度上直接影响了绿色经济的成败。

就广西工业发展的现状而言，广西的部分区域，尤其广西北部是我国西南地区重要的工业基地之一，从整体上看，广西有着比较完备的传统工业体系。在新中国成立之后的西南地区战略大后方思想影响下，广西重点发展了以柳州、玉林为代表的制造型重工业城市，此外，广西的百色、河池、崇左等地区矿业经济的比重较大。在轻工业领域，广西的贵港、玉林、桂林、崇左等市是我国主要的制糖、造纸、制药、陶瓷基地。改革开放之后，广西沿海的防城港、钦州、北海充分利用自身优势，大力发展滨海型工业，是我国西南地区重要的石化工业和港口工业基地。从总体上看，广西具备比较完整的传统工业结构体系，传统工业绿色化改造的基础较好。此外，广西虽然不是一个工业大省，但重工业在工业结构中所占的比重较大，且广西的生态结构整体上较为脆弱，较高的工业化比例给广西的自然生态系统造成了较大的压力，而广西又是我国西南地区重要的生态保障区域，因此，加快广西绿色工业的建设和改造步伐具有明显的紧迫性和重要性。

一、绿色工业的含义

就绿色工业的整体发展情况而言，国外绿色工业的起源较早，整体发展水平也较高。第二次世界大战之后，随着西方国家工业经济的高速增长，西方国家的环境事件也是层出不穷，著名的"八大公害事件"也基本集中爆发于这一时期，环境问题的频发迫使西方国家开始反思传统工业发展方式的弊端，探寻新型的，能源消耗较低，对环境负面效应较少的新型工业发展模式，这种时代背景在很大程度上催生了西方绿色工业理念的产生。经过一段时期的发展之后，西方绿色工业领域的参与主体呈现多元化的发展趋势，除去政府的支持和学术界的探索之外，西方许多著名的大企业、大公司也开始充分利用自身的资金、技术和资源优势，以自身企业的生产和经营环节为依据，从企业微观层面涉及绿色工业的实践。例如，美国杜邦公司首创绿色管理，承诺自 1990 年开始在全球范围内回收氟利昂，并计划用 30 年左右的时间节能减排，建立绿色企业。日本松下在美国的分公司因在产品生产过程中对环境问题的高度重视而被美国政府授予"绿色企业"的称号①。此外，以 ISO14000 为代表的国际环境认证标准管理体系在世界范围内的广泛推行，极大地促进了世界范围内绿色工业的发展步伐。

绿色工业在我国的起步较晚，我国真正意义上的工业化始于 20 世纪 50 年代，新中国的最初几个"五年计划"均以重工业为主，由于我国工业化的历史欠债太多，国家整体的经济实力过于疲弱，加之当时工业化所带来的环境问题还不十分明显，因此绿色工业在我国的时代需求

---

① 王建敏：《绿色工业发展现状及政策建议》，载于《山东经济》2005 年第 7 期。

并非十分强烈。改革开放之后，我国进入了深度工业化的又一次高潮，为提升工业经济的整体质量，我国开始进一步加大重工业的发展步伐，传统工业的产值持续高速增长。同时，这一时期西方发达国家正面临着产业转型，大批传统工业逐步向我国转移，我国成为世界上主要的重工业聚集区域之一。因此，我国工业化进程中的环境和生态问题逐渐显现，并且呈现出愈演愈烈的态势，工业化进程中的沉重代价也使得我国政府和学者开始探寻可持续发展的新型工业模式，绿色工业的发展也逐渐提上日程。20 世纪 90 年代之后，我国逐步开始推行以清洁生产为核心的工业化污染防治和治理战略，并开始实行配套的绿色工业管理体制和运行机制，重点扶持一批有代表性的绿色工业产业和新型绿色工业企业，加速绿色工业产业结构在我国的形成与发展。迄今为止，绿色工业发展已被我国政府正式纳入国家发展战略，部分地区开展的绿色工业试点工作也已取得了多种有借鉴意义的绿色工业发展模式。

（一）绿色工业的基本内涵

绿色工业是相对于传统工业而言的，和绿色工业比较起来，传统工业也叫黑色工业。传统工业以石化能源为主要的能源消费渠道，以重化工业为主要的工业结构，石化能源和重化产业结构的过高比例使得传统工业对自然资源，尤其是不可再生资源的消耗极大，同时，传统工业也无法克服自身在发展过程中污染物的无节制排放，传统工业虽然在短期内可以获得经济的高速增长，但传统工业对自然生态系统的长期破坏却时常是不可修复的。因此，传统工业实质上是一种不可持续的工业发展模式，随着技术的不断进步，以及人口的不断膨胀，传统工业的扩张速度和规模已经整体接近，甚至部分超越了环境生态系统的承载阈值，人类自身已经为传统工业模式的发展付出了沉重的代价。更为严重的是，迄今为止，传统工业发展给人类社会带来的生态欠债依然处在偿还期，而且人类为此支付的成本只会越来越高。绿色工业是对传统工业的彻底批判和否定，绿色工业是一种全新的工业发展理念和模式，绿色工业与传统工业有着诸多的明显不同（见表5-8）。

表5-8 绿色工业与传统工业的区别

类　别	传统工业	绿色工业
性质	不可持续	可持续发展
特征	高能耗、高排放、高污染	低能耗、低排放、低污染
目标	经济增长	经济效益、社会效益、生态效益三者统一
产业结构	重化工业为主	低碳工业、循环工业为主
产业布局	粗放型	集约型
资源利用方式	资源过度开发、使用	资源集约利用、循环使用
废弃物处理方式	直接排放	重复使用、循环利用
污染处理	事后处理	全程预防、预先处理
生产环节	单向线性过程	循环过程
系统性	封闭系统	开放系统
与生态环境关系	对立	统一
技术途径	传统工业技术	绿色工业技术

绿色工业是一种新型的工业形态，是新形势下可持续发展理念在工业领域的具体模式和手段。简单而言，绿色工业就是以经济学、生态学、系统学为基本原理，在工业生产过程中充分尊重自然规律和经济规律，以最新工业技术和能源技术为依托，采用系统工程方法来指导进行工业化的生产、经营和管理的一种新型的综合性、系统性、可持续性的工业发展模式。绿色工业的主要实现途径是降低资源消耗量，提高资源的重复使用率和循环利用率，实现清洁生产，降低能源消耗和污染物排放，将工业生产过程对生态环境和人体健康的侵害降低到最低限度。绿色工业的直接目的是减轻工业生产过程对环境的污染程度和生态系统的破坏程度，实现工业经济系统和自然生态系统的平衡，绿色工业发展的最终目标是实现自然系统、经济系统、社会系统三者之间的和谐统一，同步实现经济增长和生态平衡，从根本上保障人类社会的可持续发展。

绿色工业在本质上是一套生态型工业系统，在这个生态工业系统内部，以产品的绿色生产为核心，辅之以资源的绿色开采和使用，以及污染物和排放物的绿色处理，完整的生态工业系统正是绿色工业建设与发展的关键所在。具体而言，绿色工业所需的生态化工业系统包括两层含义：工业过程的生态化和工业结构的生态化。所谓工业过程的生态化，是微观领域的工业生态化，主要是针对绿色工业的实现模式而言，亦即绿色工业要以低碳经济和循环经济为主要经济形式，以绿色设计、清洁生产为具体方式，注重低碳技术、循环技术、新材料技术、新能源技术的推广和运用，以减量化和无害化为基本原则，最大限度地降低工业生产过程的资源消耗和环境污染；所谓工业结构的生态化是宏观领域的工业生态化，通常是指要依据国民经济和区域经济发展的整体要求，以可持续发展为根本宗旨，合理规划工业产业结构，优化工业产业布局，充分利用网络技术、信息技术，以最新云技术和大数据为支撑，对传统工业结构进行深度化改造和升级，提升整个工业体系的信息共享程度和资源利用效率，提高绿色工业在工业经济中的比重，使得整体工业经济尽快步入可持续发展的良性轨道。

（二）绿色工业的基本原则

绿色工业与传统工业有着本质区别，同时也有着传统工业无法比拟的巨大优势，但绿色工业的发展也是一个艰难的过程，因此，绿色工业的建设和发展也必须遵循一些最为基本的原则。

1. 和谐性与持续性

传统工业只注重经济总量和经济发展速度的增长，将环境视为一种支持经济增长的外生要素，忽视经济增长过程中的环境成本和生态代价，因此，在传统工业领域，经济系统和环境生态系统是一种根本性的对立关系，传统工业的发展迟早会到达生态的"瓶颈"阶段，而且随着传统工业技术的进步和普及，传统工业经济的不可持续性越来越明显。而绿色工业则与传统工业有着本质的不同，绿色工业从本质上追求的是经济发展与环境生态系统的协调一致，绿色工业绝不能以牺牲环境为代价来获得经济的一时增长，绿色工业发展理念和发展模式推崇的是经济系统与生态系统和谐共存，因此，绿色工业能够从根本上保证工业经济发展的可持续性。这是绿色工业的首要特征，是绿色工业的最大优势所在，同时也是发展绿色工业所必须遵守的最为基本的要则。

2. 系统性与开放性

系统性原则是绿色工业的另一个主要原则，虽然从严格意义上讲，传统的工业经济也具备较为明显的系统特征，但传统工业经济所属的系统是狭义的经济系统，仅包括工业经济发展的原料供应、生产加工、废物排放等几个基本环节和步骤。而绿色工业所从属的系统含义则要丰富和广泛得多，绿色工业系统是广义上的系统，是宏观层面的系统，除传统的经济系统之外，绿色工业系统还包括自然资源系统、生态环境系统、社会文化系统等其他相关联的多个系统。绿色工业系统所涉及的层面比传统工业经济系统要广泛得多，层次也要深入得多，因此，绿色工业发展需要考虑的不仅仅是经济系统自身的运行规律，而是整个"自然—经济—社会"大系统的运行原则。

系统范畴和内涵领域的差异性同时也反映了传统工业和绿色工业二者在系统开发程度方面的不同，传统工业系统不仅是狭义的经济系统，而且是封闭性很强的系统，传统工业经济系统仅考虑自身经济发展的资金、土地、技术、设备、劳动力等有限的几种主要生产要素，环境和生态系统其实被排除在传统工业经济系统的范畴之外。而绿色工业系统则不同，绿色工业系统是广义的系统，同时更是开放性极强的系统，绿色工业的经济系统和自然资源系统、生态环境系统之间存在着高度的物质流、能量流、资金流、信息流的交换和流通，绿色工业系统的内部不存在人为的技术和制度障碍，绿色工业的子系统之间是完全开放性的，无限交换和循环的，是自由度极高的系统体系。

3. 技术性和政策性

自从人类社会进入工业时代以来，技术都是工业发展的加速期，技术也一直被传统经济学视为促进工业增长的主要内生要素之一。绿色工业和传统工业在很多领域存在着分歧，在对待技术的态度方面也是如此。绿色工业反对技术在工业领域的无节制使用，也从不以追求技术的先进性为首要目标。然而，这并不意味着绿色工业对技术的排斥，相反，实际上绿色工业对技术是高度重视的，甚至较之传统工业有过之而无不及。原因主要在于，不管是哪种形态的工业发展模式，其资源使用量、能源需求量和污染物排放量在国民经济整体中都占据着很大的比例，生产过程中的技术改进一直都是减轻工业经济发展所带来的环境负面效应的重要手段，对于绿色工业来说尤其应该如此。绿色工业发展的一项紧迫任务就是充分研发和推广新型的能源开采技术、新能源使用技术、节能减排技术、低碳循环利用技术，以此来大幅度降低绿色工业发展过程中的资源使用量、能源需求量和污染物排放总量。

绿色技术的应用和推广是刺激和推动绿色工业发展的重要手段，但却不是唯一的手段。绿色工业的复杂性和广泛性决定了绿色经济的有效开展需要其他诸多因素的配合，制度就是保障绿色工业发展的重要途径。除大力发展新兴绿色产业之外，绿色经济构建的方式之一便是对传统工业的绿色升级和绿色改造，而这就涉及传统工业布局的重新规划与调整，需要投入大量的资源，面临较高的风险，仅靠市场机制的力量无法取得充分的效果，这个时候就需要制度层面的强制和规范。制度设计可明显减轻绿色工业发展中的许多主要障碍，弥补市场机制的不足，尤其是政策和法律层面的制度体系能够有效提升绿色工业发展的速度，保障绿色工业实施的整体效果。

4. 循环性和低碳性

在所有产业中，工业一直都是能源消耗、资源使用和污染排放最多的产业部门，工业生产对环境生态系统的污染和破坏程度也是最为严重的，因此，和其他绿色产业比较起来，绿色工业对工业发展的循环性和低碳性的要求也是最高的。传统工业发展模式的最大弊端就在于生产过程的单向性而非循环性，传统工业的生产过程是"资源→产品→废物"

的线性方式，因此，传统工业经济发展无可避免地会带来资源的过度消耗和污染物的过度排放，尤其是以石化能源为基础的传统工业生产过程所产生的碳排放总量已明显威胁到地球生物圈的平衡与稳定，是全球温室效应的主要推手。绿色工业的经济增长是"资源→产品→再生资源"的循环模式，绿色工业是一个完整的闭循环系统，"资源"在绿色工业中有着重新的界定，循环经济和低碳经济是绿色工业的主要形式，在绿色工业体系当中，产品制造的完成并非生产过程的结束，而只是另一个生产环节的开端。绿色工业发展必须遵循最为基本的"3R原则"：减量化—reduce、再使用—reuse、再循环—recycle①，绿色工业对资源的利用是循环反复的，从而使得绿色工业不仅能够大幅度减少生产过程中的资源消耗，而且使得碳排放总量降低至最低限度，真正实现生产过程的低碳化运行。

5. "三高"性与"三低"性

传统工业是典型的"三高"产业：高能耗、高排放、高污染，这也正是传统工业饱受诟病的原因所在，然而，传统工业的发展理念和发展模式无法克服自身顽疾，"三高"特性导致传统工业从根本上是不可持续的，必将被新型的绿色工业所取代。绿色工业所持有的发展理念，所采取的发展模式使得绿色工业和传统工业截然不同，绿色工业同时具备"三高"与"三低"的双重优势：绿色工业在理念层面就非常注重工业发展与生态系统的平衡，以低碳经济和循环经济为主要模式，重视绿色技术和生态技术的充分运用，从而能够有效避免传统工业的弊端，实现工业经济发展过程中的高能效、高效率、高效益。同时，绿色工业也能够在极大限度上降低工业发展对环境生态系统的负面影响，真正实现经济发展的低能耗、低排放、低污染。经济发展系统输入端的资源、能源消耗优势和输出端的污染物、废弃物排放优势是绿色工业科学性的具体体现，也是绿色工业在实践领域整体优势的重要表现。

---

① 杨云彦、陈浩：《人口、资源与环境经济学》，湖北人民出版社2011年版，第241页。

二、广西绿色工业发展的基本情况

就工业经济的整体发展情况而言,广西不是一个传统意义上的工业大省,更不是一个工业强省。即便如此,工业经济产值对广西这样一个整体欠发达的西部省份而言依旧有着突出的重要地位。此外,广西的自然生态系统总体上较为脆弱,广西工业发展面临着更高的环境敏感性和生态风险,和其他省份比较起来,广西绿色工业发展具备更强的重要性和紧迫性。

(一)广西绿色工业发展的主要特征

和国内中东部传统工业强省以及同处西部地区的其他省份比较起来,广西在自然资源禀赋、地质结构与地形地貌、生态系统特征、经济基础等方面存在明显的地区特性,这造就了广西绿色工业发展的区域模式,同时也形成了广西绿色工业发展的相对特性,以及面临的主要问题和障碍。

1. 广西工业在区域经济发展中占据重要地位

历史上,广西就是一个整体经济实力相对落后的省份,虽然广西工业经济的整体水平并不算高,但由于历史及现实层面的诸多因素所导致的原因,在广西国民经济发展的三大产业构成中,第一、第三产业的发展长期滞后,因此就更加凸显了工业经济在广西地区经济发展中的重要地位,广西工业经济的发展规模和增长速度明显优于第一、第三产业,广西工业经济的发展居于领先地位(见表5-9)。

表5-9　　　　　2007~2013年广西工业经济发展基本情况

年份	工业经济增长率(%)	工业经济产值比重(%)	工业经济贡献率(%)
2007	20.5	39.7	53.5
2008	17.4	42.3	55.7

年份	工业经济增长率（%）	工业经济产值比重（%）	工业经济贡献率（%）
2009	17.6	43.9	55.2
2010	20.5	47.5	64.8
2011	17.1	49.0	65.9
2012	14.4	48.6	62.5
2013	11.9	47.7	59.0

资料来源：广西壮族自治区统计局；《广西壮族自治区国民经济和社会发展统计公报》（2007～2013）。

广西工业经济的发展情况在三大产业中一直都比较显著，虽然近年来广西工业经济的增长率从有所下降，但广西工业经济总产值在地区国民经济中所占的比重却基本呈现出逐年上升的趋势，工业经济对广西国民经济增长的贡献率更是占据绝对优势，这些都充分说明广西工业经济的发展状况对广西经济的整体发展起着至关重要的作用。此外，广西作为一个整体经济发展较为落后的西部省份，工业化的进程还将持续一段比较长的时间，工业经济发展对广西整体经济的支撑作用会日益显著。因此，对广西传统工业模式进行绿色化改造和升级，使广西走上一条绿色工业的新型工业化发展道路，是广西生态经济省建设的重点所在，也是广西未来经济发展模式转型的侧重点和突破口。

2. 广西工业发展的集中度较高

工业产业及布局的集中化程度是影响地区工业发展水平的重要因素，集中化程度越高，越容易实现工业增长的规模效应，提升工业发展过程中的资源利用效率，降低工业发展中的物流成本，增强地区工业经济的整体竞争力。广西工业经济的总量水平不高，但广西工业发展的集中程度相对较好，在西部地区的几个省份当中，广西不仅有着较为完备的工业体系，工业产业结构的门类和数量相对比较齐全，而且广西工业发展相对较为集中。广西虽然在传统工业体系领域基本都有所涉及，但还是有着明显的侧重点，就重工业而言，广西重点发展的是钢铁、化工、汽车制造、矿业等少数几个重点领域；就轻工业而言，广西结合自身资源优势，在制糖、制药、陶瓷等领域有着较为显著的比较优势。此外，就工业发展的区域布局而言，广西的集中化程度也比较明显，重工业和制造业主要集中在柳州、玉林，矿业主要集中于河池、百色、崇左，制糖业主要集中于来宾、南宁、崇左，石化工业主要集中于钦州、防城港。

工业发展的相对集中为广西绿色工业的升级与改造提供了较大限度的便利条件，绿色工业发展需要对传统工业布局进行重新规划与调整，为此必须投入大量的成本，耗费的时间也很长，这也正是许多地区绿色工业发展面临的主要困难与障碍之一。较高程度的工业集中度可有效节省广西绿色工业发展的资源投入量，提高广西绿色工业发展的整体效率，在广西总体经济实力不强、工业发展整体滞后的不利背景下，这一点也就显得尤为重要。

3. 广西工业发展的区位优势明显，发展潜力较大

广西处于我国西南地区重要的经济枢纽地带，是承接我国西南经济区、华南经济区的中间省域，和其他东、中西部省份比较起来，广西工业发展的整体实力虽然不强，但就西南区域而言，广西工业经济依然有着较为明显的区域竞争优势。西南、华南地区是广西优势工业产品的传统市场区域，随着西南和华南地区经济一体化的日益扩展，以及东南和华南经济发达地区工业产业结构向西南地区的逐步转型及迁移，广西工业制成品的区域竞争优势会得到更进一步地增强。

随着"中国—东盟自由贸易区"的愈加成熟，借助于得天独厚的区域边贸产业优势和交通便利，加之东盟国家整体工业的发展水平比较滞后，因此，为数众多的东盟国家，尤其是与广西直接接壤的越南对广西工业品的需求会日益强劲，广西工业发展面临更为广阔和良好的国际市场格局。此外，广西虽然在传统工业领域的竞争优势并不明显，甚至还处于相对劣势的地位，但广西却具备发展绿色工业的天然资源和生态优势，广西的绿色资源种类和数量都较为丰富，以绿色能源、绿色生物、绿色制药、绿色海洋工业为代表的新型绿色工业产业和模式，将使广西绿色工业的转型与发展获得深厚的生态容量与市场潜力。

（二）广西绿色工业发展的主要问题

广西具备发展绿色工业的部分比较优势，但与此同时，广西绿色工业的发展也面临着一些缺陷和障碍，这些都是广西绿色工业发展的潜在问题与难点所在，在广西绿色工业发展的进程中，对这些问题都必须给予高度的重视。

1. 重工业在广西工业经济中的比重大，改造成本高

由于计划经济时期国家整体宏观工业布局的影响，广西北部地区是我国西南区域重要的重工业生产基地，以柳州为典型的广西主要工业型城市大力发展的是钢铁、石化、汽车等一些传统的工业产业，重工业在广西工业经济中的比重较大，重工业在广西国民经济发展中的地位突出。

由表5－10可知，广西工业经济体系构成当中，除个别年份外，重工业企业年度利润增长率一般高于轻工业企业利润增长率，且重工业企业利润总额一直高于轻工业企业利润总额，这充分表明重工业不仅在广西工业经济体系中占据重要位置，而且处于明显的竞争优势地位。而重工业是最为主要的资源消耗和环境破坏产业，过高的重工业比例给广西绿色工业发展带来了严峻的挑战，使得广西绿色工业发展的环境负担较为沉重，对传统重工业的产业升级与改造也将明显增加广西绿色工业发展的成本和时限。

表5－10　2007~2013年广西规模以上工业企业年度利润总额及增长速度

年份	利润总额（亿元）		年增长率（%）	
	轻工业	重工业	轻工业	重工业
2007	471.96	958.90	24.3	27.7
2008	589.35	1387.06	22.0	22.8
2009	680.12	1584.94	13.9	20.1
2010	878.54	2131.39	16.1	27.2
2011	302.19	415.15	57.5	14.3

年份	利润总额（亿元）		年增长率（%）	
	轻工业	重工业	轻工业	重工业
2012	309.00	440.00	7.3	9.9
2013	324.31	549.69	2.9	22.4

资料来源：广西壮族自治区统计局：《广西壮族自治区国民经济和社会发展统计公报》（2007～2013）。

2. 广西工业经济发展的能源消耗量大，环境成本高

重工业在广西工业经济体系中的比重较大，权威统计数据表明，广西重工业的能源消耗总量和能源消耗比例均为轻工业的数倍以上，而且近年来广西重工业的能源消耗比例呈现出越来越高的趋势，导致广西重工业和轻工业的能源消耗差距越来越大，这给广西绿色工业的发展带来了沉重的经济和环境负担。广西并非一个能源供给的大省，在能源领域的生产并不占据优势，长期以来，广西一直处于"缺煤少油无气"的不利能源格局地位，广西总体的能源自给率水平偏低，煤炭、石油、天然气等传统能源的外购量一直较高，较大的重工业能源消耗在很大程度上增加了广西绿色工业发展的整体成本（见表5-11）。

表5-11　1995～2013年广西工业经济主要年份能源消耗量及能源消耗构成

年份	能源消耗总量（万吨标准煤）		能源消耗比例（%）	
	轻工业	重工业	轻工业	重工业
1995	480.48	1367.76	21.29	60.61
2000	483.30	1548.32	18.11	58.02
2005	604.80	2981.28	12.42	61.24
2011	952.66	5274.56	11.09	61.39
2012	944.40	5636.30	10.32	61.57
2013	979.83	5889.96	10.03	60.31

注：为方便比较，除工业行业外，此处省去的其他能源消耗行业包括农、林、牧、渔业、水利业；建筑业；交通运输储运业和邮政业；批发、零售业和住宿、餐饮业；城乡居民生活和其他行业。因此重工业和轻工业能源消耗比例相加之和并非百分之百。

资料来源：广西壮族自治区统计局：《广西统计年鉴》（2014）。

广西自然条件和生态系统的完整性及丰富性虽然较好，但同时也存在较高程度的脆弱性，因此广西生态系统的环境承载力并不高，较高的重工业能源消耗将使得广西自然生态系统承受越来越大的压力，这对广西绿色工业的发展而言是一个非常不利的负面条件。

3. 广西绿色工业发展的技术投入程度不足

技术是绿色工业建设及发展的重要途径与手段，技术也是绿色工业相对于传统工业的巨大优势，绿色能源技术、低碳生产技术、循环生产技术、污染防治及处理技术是绿色工业制胜的法宝，绿色工业和传统工业的明显差异之一便是对新型绿色技术和生态技术的高度重视及应用。与此同时，绿色工业的健康发展也需要巨大的技术投入力度，而在这一领域，广西也在整体上处在一个相对弱势的地位。广西总体的工业技术含量及水平并不高，传统工业的生产工艺一直比较落后，工业经济的技术缺口也比较大，使得广西绿色经济发展的后劲不足。

由表 5 – 12 可知，从总体上看，和传统工业领域的技术研发投入力度比较起来，广西新型绿色工业技术的研发资金投入额度非常有限，在资金的数额方面和传统工业领域，尤其是和传统制造业的差距还十分巨大。此外，广西绿色工业技术的资金投入比例构成也不尽合理，有限的资金投入主要集中于医药及医疗设备领域，而在对提升广西绿色工业整

表 5 – 12　　　　广西工业产业 R&D 经费支出及投入比例

产　业		R&D 经费支出额度（万元）	R&D 经费投入比例（%）
传统产业	采矿业	16906.5	0.24
	制造业	795022.7	0.53
高新技术产业	医药业	35814.1	1.16
	电子及通信业	20193.3	0.45
	计算机办公设备业	354.2	0.01
	医疗设备业	6676.5	1.65

资料来源：广西壮族自治区统计局：《广西壮族自治区第三次全国经济普查主要数据公报》(2015)。

体发展水平而言十分重要的计算机和信息技术领域的资金投入则非常有限，这说明就广西在绿色工业技术领域的研发投入而言，不仅整体层面的资源投入力度较低，而且存在明显的结构性缺陷，这些都将对广西绿色工业的深度发展带来潜在的不利影响。

三、广西绿色工业发展的基本模式

工业经济是广西区域经济发展的支柱，工业的持续增长对广西区域经济的整体发展而言显得尤为重要。与此同时，广西传统的工业发展模式，尤其是偏重于重工业的工业发展体系虽然为广西地区经济增长做出了巨大贡献，但也在很大程度上破坏了广西区域生态系统的平衡与稳定。因此，广西必须尽快实施新型的绿色工业发展战略，对传统工业进行改造与升级。为此，广西必须立足于自身的实际情况，充分利用区域内部的资源优势和区位条件，在现有工业结构的体系和基础之上，建立一套科学合理，适合广西地域特征和产业优势，符合广西生态省建设发展战略的新型绿色工业发展模式。

（一）合理规划广西绿色工业发展的产业及区域布局

广西是一个自然资源和生态环境多样化特征比较明显的省份，省域内部不同区域之间的资源优势和产业结构的差异程度都比较大，而就一般意义上而言，绿色工业的发展同时也是一个系统工程，尤其是省域范围内绿色工业的发展要求必须能够充分发挥出整体层面的规模经济效应。因此，广西绿色工业发展首先要从整体的宏观层面进行科学的规划，合理地进行广西内部不同区域之间的产业结构划分及区域分布，提升广西区域范围内的资源综合利用程度，发挥不同区域的最大化资源优势，建立与地区资源条件和生态结构契合程度最高的绿色工业产业发展模式，同时使得广西不同区域之间的产业链接效应充分显现，实现不同层次、不同类型、不同规模绿色工业产业之间的资源共享，打造高度一体化、集约化、现代化的高效绿色工业发展产业体系。

广西区域范围内绿色工业的合理布局与分工，必须要能够充分发挥广西整体的资源优势和区位优势，广西区域内部的资源类别复杂多样，不同地区的资源禀赋各有所长，区域绿色工业发展的资源基础不尽相同。与此同时，广西作为一个地处西南区域的省份，同时与整体发展层次不同的东部、中部、西部数个省份接壤，广西内部不同地区工业结构及体系的转型面临着多样化的产业转移与衔接，广西不同区域之间绿色工业升级与改造的侧重点都有所不同。因此，广西绿色工业发展的整体布局，必须将广西全省分为若干个不同的工业产业带，以相邻及相近地区的数个城市为核心，在区域自然资源条件及工业产业结构的优势基础之上，形成具有规模效应，有核心竞争优势的产业带，对产业带区域内部的资源进行集中化的整合及使用，提升整体的产业竞争优势，形成广西绿色工业发展的多元化、多层次、高效益的整体产业格局与体系（见表5-13）。

表5-13　　　　　　　　广西绿色工业发展的产业及区域布局

类型	覆盖城市	重点工业产业	工业产业总体发展目标
北部湾地区海洋型工业产业带	南宁	精细化工、生物制药、信息技术	以海洋资源和海洋运输为依托，建设新型海洋绿色工业体系，形成完善的海洋型地区工业结构，提升北部湾海洋工业区的整体竞争优势
	北海	生物制药、海洋生物工程、海洋石化	
	钦州	能源、化工、海洋生物、海产品加工	
	防城港	海洋工业、冶金、海产品加工	
桂西地区资源型工业产业带	百色	铝加工、电力、锰加工、制糖、制药	以区域丰富的矿业资源和生物资源为依据，建设完整的资源加工体系和农产品深加工利用产业链
	河池	有色金属加工、制糖、食品、化工	
	崇左	锰加工、建材、制糖、食品、电力	
桂北地区传统型工业产业带	桂林	信息技术、生物技术、制药、环保	以传统工业体系结构为依据，对传统工业模式进行绿色升级与改造，以高新技术为基础大力发展绿色工业
	柳州	冶金、汽车、化工、机械制造	
	来宾	冶金、电力、制糖	

类型	覆盖城市	重点工业产业	工业产业总体发展目标
桂东地区外向型工业产业带	贺州	造纸、农产品加工、食品工业	充分利用东部地区的区位优势，承接东部发达省份的产业转移与内迁，形成以区域内部自然资源和优势产业为基础的外贸型工业产业结构
	梧州	日用化工、医药、食品加工	
	贵港	制糖、造纸、建材、食品	
	玉林	机械、陶瓷、医药、食品	

（二）推进广西区域绿色工业发展的生态园区建设

广西绿色工业的发展虽然要讲求整体层面的环境效益和经济效益，但广西整体的绿色工业体系构建只是宏观层面的规划与设计，广西省级绿色工业体系的有效实施必须要求有区域绿色工业产业集群与之配套，绿色工业的生态性和经济性决定了广西局部范围内绿色工业发展的最佳形式便是生态工业园区。与此同时，广西很多地区的传统工业产业规划设计不合理，升级及改造的成本很高，为节约广西绿色工业体系建设的长期成本，重新进行生态工业园区的规划、设计和建造虽然一次性资金投入较大，但从长远来看，依旧是投资回报率较高的理性方式。

对于广西这样一个整体经济实力不强，重工业发展所需的能源和资源短缺情况比较明显，土地资源供应较为紧张，生态环境脆弱性较高的西部省份而言，生态工业园区是广西许多地区，尤其是以喀斯特地貌为主的桂西南地区绿色工业发展的最佳选择。广西区域绿色工业发展的生态工业园区模式可以有效提高同类型以及相关型工业企业的资源共享程度和使用效率，大幅度降低工业企业的物流成本，提升工业企业排放物和污染物的处理效率和水平，从而使得广西区域范围内的绿色工业企业走上集约化、高能效、高效益、低污染的良性发展道路。

实际上，广西生态工业园区的发展并不落后，早在 2001 年，广西贵港市就成立了我国第一个生态工业园区，在制糖领域形成了"甘蔗—制糖—废糖蜜制酒精—酒精废液制复合肥""甘蔗—制糖—蔗渣造纸—

制浆黑液碱回收"等主要的制糖工业生态产业链，有效解决了制糖领域的结构性污染问题。广西新时期的生态工业园区建设，就是要以区域工业产业结构，区域生态环境为基础，因地制宜地实施规模化、效益化、生态化的工业产业集群发展模式，重点建设以柳州老工业区改造、来宾循环工业园区、贵港生态工业示范区、钦州临海工业开发区为代表的一批广西生态工业园区试点工程建设，以此来有效保障广西工业经济增长的同时，降低广西区域范围内工业发展的环境成本和生态代价。

（三）推行广西工业企业的循环生产模式与技术

省域范围内绿色工业体系的构建不仅要求有宏观层面的绿色工业产业布局，中观层面的绿色工业产业园区建设，还必须要有微观层面的绿色化生产过程与之配套，工业生产过程的绿色化是绿色工业的具体体现，也是整个绿色工业体系的输出端。绿色工业只有通过绿色化的生产过程才能真正实现可持续的工业发展理念，并且为社会提供大量合格的绿色工业产品，因此，生产过程的绿色化是绿色工业发展的最终落脚点。

就广西绿色工业的发展现状而言，如前所述，广西现阶段的工业结构中，重工业的比重明显偏大，而广西自身并不具备发展重工业所需的多种能源和资源基础，且以重工业为主的工业发展模式给广西整体生态系统造成了沉重的负担。但是，广西作为一个经济欠发达的省份，对重工业的倚重情况在短期内不可能得以有效改变。因此，对广西传统工业进行有效绿色改造的合理模式便是大力推行循环工业的生产模式，通过循环生产的方式大幅度地降低广西工业发展中的资源消耗，减轻广西工业发展的污染物排放。具体而言，在轻工业领域，广西要实现以制糖业、制药产业为主的循环生产模式；就重工业而言，广西需要在钢铁、化工、有色金属、机械制造行业大力推行循环生产工艺。总之，循环工业是最符合广西现阶段传统工业产业结构转型和新型绿色工业发展目标，以及广西资源和生态系统特征的绿色工业发展模式，循环工业体系的建立以及企业的循环生产过程能否顺利实现也是广西绿色工业升级与改造的重中之重。

第三节　广西生态经济省建设的绿色第三产业

在传统的产业结构划分中，第三产业是国民经济的重要组成部分，第三产业发展的充分与否不仅和普通民众的日常生活紧密相关，而且是衡量一国或地区整体经济发展水平及质量的重要标志。在我国省域生态文明和生态省建设的评价指标体系中，都对第三产业的发展指标有着明确的规定，由此可见，第三产业的发展状况对省域范围内经济及社会的整体发展而言具有十分重要的意义，有效促进第三产业的持续发展也是生态经济省建设的核心内容之一。

绿色经济对第三产业的发展尤为关注，绿色经济和传统经济发展模式的一个重要区别就是要求有效降低经济发展过程中的资源消耗和环境损耗，而在这一领域，和其他产业，尤其是和资源消耗大、环境污染严重的工业产业比较起来，第三产业有着得天独厚的自然优势。第三产业并不直接参与物质财富的生产，第三产业更多的是对资源和财富的流转及分配，第三产业的资源损耗量明显要少，第三产业在自身发展过程中对环境的负面作用也较轻。因此，在绿色经济的产业结构当中，第三产业的比例要明显高于传统产业，侧重于第三产业的发展也是绿色经济能够持续、低碳发展的重要保障之一。

广西虽然在整体层面的经济实力较弱，但这并不意味着广西不具备产业结构升级和经济增长的潜力。诚然，受自然条件、产业基础、技术水平、资金实力等多方面因素的共同制约，和其他省份比较起来，广西在农业、工业产业的竞争优势并不明显，甚至在很多领域还处在一种相对弱势的地位，然而，广西在第三产业的发展现状和潜力却并非如此。广西具备得天独厚的自然资源优势和地理区位优势，尤其是广西境内的旅游资源十分丰富，很多地方有着"养生天堂"的美誉，更为重要的是，广西紧邻越南，面向东盟，是"中国—东盟自由贸易区"的门户省份，因此，以生态旅游和东盟国际贸易为核心的广西第三产业有着巨大的市场潜力和前景。对广西这样一个自然条件优越，生态系统良好，农业水平不高，工业发达程度较低的西部省份而言，大力推进第三产业发展不仅可以有效促进广西整体经济实力的提升，而且能够保证经济增长的持续性，更为重要的是，可以在很大程度上维护广西较为脆弱的自然生态系统。因此，充分发挥广西区域范围内的比较优势，加快绿色第三产业的发展步伐，是广西生态省建设的科学决策，也是广西生态省建设的重点领域所在。

一、绿色第三产业的内涵

（一）绿色第三产业的基本含义

长久以来，由于第三产业并不直接涉及物质财富的生产过程，因此人们通常将第三生产视为是一种天然的绿色产业，对第三产业发展过程中的资源消耗和环境问题的关注度不够。这种观点其实有着一定程度的片面性。第三产业虽然并不直接涉及自然资源的消耗，但作为产业结构体系的重要组成部分，第三产业的发展也必须建立在完整的资源输入系统和环境输出系统的循环之上。实际上，第三产业和其他产业有着千丝万缕的联系，很多农产品和工业制成品的最终价值也只有通过第三产业的流通和转移才能够得以彻底实现，第三产业的发展对其他产业，尤其是工业发展有着十分明显的引导效应和刺激作用。很多时候自然资源在生产领域的大量消耗，归根到底是由于第三产业的强劲需求所导致的，这也正是经济学意义上"引致需求"的真正含义所在。第三产业虽非直接的物质生产领域，但同样会大量间接地消耗自然资源，同样会对环境带来潜在的负面影响。因此，当第三产业发展和壮大到一定程度之后，第三产业自身发展的环境成本和代价也会越来越高，第三产业在发展过程中对环境和生态系统的负面效应越来越受到关注，传统第三产业的发展理念和模式也日益显得不合时宜，于是就催生了绿色第三产业理念的产生及发展，尤其是随着绿色发展和绿色经济思想对传统产业结构影响的日益深入，绿色第三产业发展也越来越彰显出自身的重要性和紧迫性。

绿色第三产业是相对于传统第三产业而言的，传统的产业体系划分将第三产业基本等同于服务业，传统第三产业的范畴涵盖了第一、第二产业之外的其他所有产业。绿色第三产业是传统第三产业发展的更高层次，绿色第三产业是绿色发展理念和绿色经济思想与传统第三产业发展模式相互融合及演变的时代产物。相对而言，绿色第三产业和传统第三产业的在范畴领域的接近程度比较高，但是在内涵层面，绿色第三产业则明显比传统第三产业要显得丰富和深入得多。绿色第三产业并不仅仅是传统第三产业在产业结构方面的升级和改造，而是在产业发展理念层面的根本性变革，绿色第三产业追求的是产业发展的可持续性，是绿色、生态、持久的新型产业发展模式，绿色第三产业要求充分建立生态型的第三产业结构，为社会提供低碳环保、绿色健康的产品和服务。此外，就产业发展延伸的广度和深度而言，绿色第三产业在传统服务业领域的发展也不仅仅局限于提供质优价廉的服务产品，而是复合型、系统性的绿色服务体系，是综合了经济效益、社会效益、生态效益、健康效益于一体的绿色服务理念和绿色服务模式。

所谓绿色第三产业，是指在第三产业的发展过程当中，以可持续发展思想为根本宗旨，构建以绿色发展理念和绿色发展模式为基础的产业体系与结构，在维持第三产业持续高速发展的同时，显著降低对资源的消耗力度和环境的污染程度，从而使得第三产业的发展真正实现良好的环境效益和生态效益，保障第三产业走上一条持续健康的发展道路。

绿色第三产业是广义的第三产业，而非传统意义上狭义的第三产业。最早对传统产业结构进行划分的是英国经济学家 A. 费希尔，其在

20 世纪 30 年代所著的《安全与进步的冲突》一书中将第三产业界定为除第一产业和第二产业之外的其他产业。为便于不同产业之间的相互比较和理解，大部分机构和学者都将农业视为第一产业，将工业归属于第二产业，第三产业则被基本等同于服务业①。实际上，三大产业的划分充分体现了人类社会在自身发展过程中生产方式、经济形态及产业结构的变迁与演变。农业的主导地位被工业所取代是工业革命所带来的必然结果，也是人类社会步入现代文明的重要标志之一。随着网络技术、信息技术等新兴技术的发展与普及，以及社会文化和社会组织结构的进一步变革，服务业逐步成为国民经济增长的又一重要支柱，对工业的霸主地位构成有力挑战。西方发达国家服务业的产值早已占据 GDP 的大部分。随着我国经济发展体系的日益成熟与完善，国民经济中服务业的比重也在日益上升。绿色第三产业是传统第三产业发展的高级阶段，是对传统第三产业发展模式的修正和改良。传统第三产业虽然具备明显的比较优势，但在经过一段时期的发展之后，传统第三产业自身所固有的一些弊端也开始逐步显现，其中的一个明显表现就是对服务行业的过于倚重和偏好，造成第三产业结构及模式的简单化和同质化现象比较明显，从而使得第三产业增长的后劲不足，第三产业发展的持续性得不到有效保证。和传统第三产业不同，绿色第三产业的范畴并不仅仅局限于服务业，而是更为广泛的系统性产业范畴。绿色第三产业的发展并非简单的考虑整个国民经济的产业衔接，而是整个宏观生态经济系统的良性循环及发展，除维持传统经济系统的正常运转之外，绿色第三产业还要考虑社会文化系统、自然资源系统、生态环境系统的流转及发展。因此，绿色第三产业所涉及的生产要素比传统第三产业广泛得多，其经济增长渠道也要远胜于传统第三产业，绿色第三产业的增长动力并不局限于服务业，借助于宏观生态经济系统的流动与转移，绿色第三产业能够与其他产业发生更为深入与细密的联系，从而派生出其他可供选择的多种新型

---

① 谢振芳：《现代服务业与第三产业之辨》，载于《山东工商学院学报》2008 年第 6 期。

第三产业模式。

　　绿色第三产业是生态型的第三产业，而非传统型的第三产业。传统第三产业虽然不直接涉及物质财富的生产过程，但传统第三产业的发展和其他产业，尤其是和传统工业一样，主要注重的是自身产业的增长规模和速度，因此较为忽视产业发展过程中的环境成本，产业增长的间接资源消耗也比较大。而绿色第三产业则不同，绿色第三产业发展的基点便是宏观生态经济系统的和谐性与统一性，需要从生态系统和经济系统的整体层面来考量产业发展的模式与速度，因此和传统第三产业比较起来，绿色第三产业所受到的资源和环境生态约束要强烈得多，生态系统与经济系统之间的相互平衡与稳定是绿色第三产业发展的重中之重。此外，就产业发展的范畴而言，绿色第三产业也带有十分明显的生态特性，传统意义上一般将第三产业的服务范畴界定为产品服务、使用服务和结果服务三大类①，而绿色第三产业所涉及的服务范畴则超越了此类限制，除以上三大类型的服务体系之外，绿色第三产业还提供更为广泛、更为优质的生态服务，产业发展的生态型延伸是绿色第三产业的最大优势所在，也是绿色第三产业发展的核心理念。

（二）绿色第三产业的基本特征

　　绿色第三产业是第三产业发展的高级阶段，绿色第三产业既有着新型生态产业模式的创新，也有着对传统产业模式的绿色改良，绿色第三产业有着巨大的优势和便利，绿色第三产业的突出特性主要表现在以下几个方面。

1. 绿色性与持续性

　　和传统第三产业比较起来，绿色第三产业之所以被称为"绿色"，根本原因不是绿色产品和服务的提供，也不是绿色技术的研发和使用，

---

　　①　Uif S. Consumer Acceptance of Eco-efficient Services: A German Perspective [J]. Greener Management International, 1999, 25: 105-121.

而是绿色化的产业发展理念和模式。归根结底，绿色第三产业依靠的是生态型的绿色发展思想，思想层面的生态化转变是绿色第三产业可持续发展的根本保证，也是绿色第三产业发展的最终落脚点。因此，绿色第三产业的发展能够合理逾越资源环境和生态系统的瓶颈约束，绿色第三产业在自身发展过程中能够有效维护生态系统的平衡与稳定，形成绿色型增长的良好经济效益和生态效益。

2. 宏观性与系统性

绿色第三产业范畴远比传统第三产业广泛，因此，绿色第三产业的发展表现为更强的系统性和综合性，其发展的出发点不是局部的经济利益，而是更为宏观、更为系统的生态经济系统的整体利益。从整体生态经济系统的角度来考量自身产业的发展方向和模式是绿色第三产业发展的根本立足点；平衡整体生态经济系统内部的资源分配和利益共享是绿色第三产业发展的重点领域；能否在宏观层面维护生态经济系统的整体利益也是区分绿色第三产业与传统第三产业的重要标志。

3. 适度性与合理性

绿色第三产业追求的是可持续的产业增长模式，因此，绿色第三产业必须对自身产业规模和产业速度的增长加以科学的设定，绿色第三产业的增长是合理的增长，适度的增长，长远的增长，而不是短期的增长，局部的增长，盲目的增长。绿色第三产业的发展绝不是牺牲生态效益的发展，也绝不仅仅是经济效益的增长，绿色第三产业的发展是以生态系统与经济系统相互平衡为基础的稳定增长，为维护整体生态系统的良好运行，必要时绿色第三产业必须放缓自身的产业扩张规模和发展速度，这也正是绿色第三产业发展模式的科学性与合理性之所在。

二、广西绿色第三产业发展的基本情况

（一）广西绿色第三产业发展的主要问题

相对于传统产业而言，广西在绿色第三产业领域有着更为明显的发

展潜力和比较优势，但同时也明显存在着一些缺陷和不足之处。

1. 广西绿色第三产业的整体发展水平滞后

就总体经济实力而言，广西在全国大体处于中下游水平，广西三大产业的发展状况都不是十分理想，尤其是第三产业的发展水平明显滞后。和全国的平均水平比较起来，广西第三产业的增长率虽然较高，但广西第三产业产值在地区国民经济中所占的比重却明显低于全国平均水平，更为重要的是随着时间的推移，二者之间的差距越拉越大，即便是在全国第三产业比重首次超过第二产业的 2013 年，广西第三产业的比值增加幅度依旧十分有限，与全国平均水平的差距接近十个百分点。此外，仅就广西区域内部产业结构的贡献率而言，广西第三产业对经济增长的贡献率长期徘徊不前，甚至经常出现反复。这充分说明广西绿色第三产业的底子很薄，绿色第三产业发展的基础不是很好，有着先天性的不足，广西绿色第三产业在地区经济发展中的重要性还没能得到有效地体现，绿色第三产业的发展还亟须得到进一步的巩固和加强（见表 5 - 14）。

表 5 - 14　　　　　2007～2013 年广西第三产业发展基本情况

年份	第三产业增长率（%）		第三产业产值比重（%）		广西第三产业经济增长贡献率（%）
	全国	广西	全国	广西	
2007	11. 4	14. 2	39. 1	38. 8	38. 2
2008	9. 5	11. 7	40. 1	37. 4	36. 6
2009	8. 9	13. 8	42. 6	37. 2	37. 8
2010	9. 5	11. 1	43. 0	34. 9	29. 7
2011	8. 9	9. 4	43. 1	33. 5	27. 2
2012	8. 1	9. 5	44. 6	34. 7	29. 4
2013	8. 3	10. 2	46. 1	36. 0	34. 4

资料来源：广西壮族自治区统计局：《广西国民经济和社会发展统计公报》（2007～2013）；中华人民共和国国家统计局：《国民经济和社会发展统计公报》（2007～2013）。

2. 广西绿色第三产业发展的产业结构不合理

从第三产业结构的构成来看，广西现阶段第三产业的发展带有明显的传统第三产业的模式和色彩，传统第三产业规模在整个第三产业中所占的比重较大，而以新技术、生态化为主要优势的新型绿色第三产业的规模效益还不明显，这说明广西第三产业的发展结构还不太合理，绿色第三产业的整体发展模式还未成熟。

从权威统计数据中可以看出，迄今为止的广西第三产业构成当中，传统的流通产业（交通运输、仓储及邮政业）和服务产业（批发、零售和住宿餐饮业）对广西区域 GDP 的贡献率在稳步上升，尤其是服务部门的经济贡献率增长比较显著，在第三产业产值中所占的比例在不断加大，从业人员数量和资产总额也占据明显优势，而信息技术、教育、科技、生态、文化产业的发展总体迟缓，这表明广西绿色第三产业的发展还很不充分，绿色第三产业的增长空间还比较大（见表 5－15 和表 5－16）。

表 5－15　　　　　　　1978～2013 年广西第三产业产值构成

年份	第三产业产值占GDP 比重（%）	交通运输及邮政业产值占 GDP 比重（%）	批发、零售和住宿餐饮业产值占 GDP 比重（%）
1978	25.1	3.8	5.8
1979	22.5	3.5	4.7
1980	23.1	3.9	5.1
1981	24.6	3.5	9.2
1982	24.2	3.3	8.8
1983	25.2	3.5	8.3
1984	27.1	3.6	8.2
1985	27.0	3.4	8.0
1986	24.7	3.5	6.0
1987	24.8	3.8	5.6
1988	30.1	4.0	9.0
1989	32.2	4.2	11.6
1990	34.3	4.6	12.8
1991	35.2	5.9	12.0
1992	35.0	6.0	11.6

续表

年份	第三产业产值占GDP比重（％）	交通运输及邮政业产值占GDP比重（％）	批发、零售和住宿餐饮业产值占GDP比重（％）
1993	34.5	5.6	11.7
1994	32.9	4.6	10.9
1995	34.0	4.9	11.3
1996	33.9	5.2	11.8
1997	34.1	5.2	12.3
1998	34.4	5.2	12.9
1999	36.6	5.8	13.6
2000	38.0	6.0	13.9
2001	40.9	6.4	13.7
2002	42.6	6.9	13.6
2003	41.8	6.5	13.3
2004	39.7	6.1	12.1
2005	39.2	5.0	11.4
2006	38.7	5.0	10.9
2007	37.0	4.6	10.0
2008	36.0	4.8	9.5
2009	37.6	4.9	9.8
2010	35.4	5.0	11.0
2011	34.1	5.0	9.5
2012	35.4	4.8	10.3
2013	36.0	4.7	10.3

资料来源：广西壮族自治区统计局：《广西统计年鉴》（2014）。

表 5－16　　　　　　　　　广西第三产业分布情况

产业	企业法人数（万）	从业人员数（万人）	资产总额（亿元）
批发和零售业	6.4200	59.28	5638.30
交通运输仓储邮政业	0.4696	26.70	3398.90
餐饮和住宿业	0.3437	12.40	299.46

续表

产业	企业法人数（万）	从业人员数（万人）	资产总额（亿元）
信息技术、软件和信息技术服务业	0.2146	5.9	562.5
金融业	0.0713	3.6	24354.9
房地产业	0.8319	19.5	9111.0
租赁和商业服务业	1.6193	22.6	8679.9
居民服务、修理和其他服务业	0.3380	4.0	54.0
水利、环境和公共设施管理业	0.2762	9.1	610.3
教育	1.8301	65.0	21.6
卫生和社会工作	0.5387	29.4	14.6
文化、体育和娱乐业	0.6665	6.5	139.8
公共管理、社会保障和社会组织	4.9444	71.9	—

注：本书在引用广西第三产业资产数据时未统计行政事业单位及非企业法人单位资产。

资料来源：广西壮族自治区统计局：《广西壮族自治区第三次全国经济普查主要数据公报》(2015)。

3. 广西绿色第三产业发展的地区结构不够合理

第三产业的发展有着天然的便利条件，第三产业的发展对传统产业基础、资金实力、技术条件等诸多方面的要求并不像第一产业和第二产业那么明显，因此，第三产业往往是欠发达的落后地区经济发展的突破口。就广西而言，广西并非一个经济强省，相对于发达省份和地区而言，广西在工业和农业领域的发展基本不占据明显优势，尤其是广西很多喀斯特地貌的山区和边境地区的工业及农业发展都比较滞后，广西应当更多地将经济发展的侧重点放在第三产业领域，而正是在这个方面广西的情况也并不理想。从统计数据看来，广西第三产业的地区产值分布中，南宁、柳州、桂林、玉林等传统经济市县的第三产业产值比重很大，而防城港、贺州、来宾、崇左等地区的第三产业产值则长期在很低的水平上徘徊，这说明第三产业资源在广西内部的区域分布十分不均衡。绿色第三产业应当是一种均衡发展的第三产业，绿色第三产业要求大幅度缩减地区之间的第三产业发展差距，广西是一个第三产业资源丰富的省份，这也从侧面反映出广西绿色第三产业的资源优势未能充分转化成经济优势（见表5－17）。

表5－17　　　　　　广西第三产业发展的区域产值构成　　　　　单位：亿元

地区	2005 年	2006 年	2007 年	2008 年	2009 年	2010 年	2011 年	2012 年	2013 年
南宁	372.44	438.46	538.80	656.90	784.88	903.94	1076.28	1219.48	1342.73
柳州	186.95	210.79	239.99	274.15	319.18	365.87	440.17	525.87	575.84
桂林	194.92	223.33	269.32	312.07	358.33	407.89	465.37	515.71	565.59
梧州	80.96	91.22	94.91	118.17	137.52	158.10	180.62	202.52	221.55
北海	67.28	67.94	90.79	107.28	125.59	146.36	175.38	198.97	218.53
防城港	36.13	42.70	53.61	70.26	86.23	113.21	138.35	149.28	160.61
钦州	62.20	73.49	92.78	119.04	140.76	169.95	199.91	235.35	255.13
贵港	131.19	101.09	119.75	140.55	158.61	188.35	227.54	257.13	277.90
玉林	84.19	154.70	185.45	224.10	254.29	295.13	347.55	390.55	428.01
百色	69.75	80.91	96.26	110.56	136.31	154.80	174.66	203.89	222.22
贺州	41.30	47.15	56.65	65.15	80.84	93.62	112.39	125.25	134.97
河池	72.34	83.22	101.02	120.60	134.72	154.58	180.50	192.97	205.06
来宾	42.87	53.72	65.29	79.40	93.33	115.04	134.09	151.22	161.61
崇左	52.17	61.00	77.51	89.70	110.01	128.41	149.45	170.60	186.95

资料来源：广西壮族自治区统计局：《广西统计年鉴》（2006～2014）。

（二）广西绿色第三产业的发展潜力

广西虽然在绿色第三产业的发展方面存在着诸多问题和困难，但并不意味着广西绿色第三产业发展的后劲疲软，相反，广西绿色第三产业的发展有着潜在的巨大市场潜力，生态条件和区位优势都为广西绿色第三产业的发展提供了强大的支持和保障，只要加以充分利用，合理规划，广西绿色第三产业发展的前景十分广阔。绿色第三产业所蕴涵的经济价值和生态价值是广西生态省建设以及广西区域范围内可持续发展的重要产业支柱，绿色第三产业的充分发展也是广西充分利用自身资源和生态优势，跨越传统经济发展的资源瓶颈，走可持续发展的绿色经济发展道路的重要突破口。

1. 广西绿色第三产业发展的生态资源条件优越

就国内各省份经济发展的实际情况而言，广西在整体经济实力方面的排名一直都居于中下游，在很多传统经济指标方面，广西的发展都比较滞后，甚至就西部省份范围内而言，广西的整体发展情况也并不突出，传统经济发展模式和产业结构似乎一直都是广西经济发展的软肋。然而，广西在绿色第三产业领域的发展前景却并非如此，广西在绿色第三产业的发展方面有着相对明显的比较优势。广西虽然不是一个经济大省，但却是一个生态强省，为广西绿色第三产业的发展奠定了良好的自然条件和生态基础。绿色第三产业作为传统第三产业的升级与发展，对自然资源和生态系统有着极高的关联度和依附性，丰富的自然条件、良好的生态环境可以为绿色第三产业的发展带来极大的便利。就省域范围内的整体情况而言，广西有着优越的地理位置和气候条件，造就了广西境内丰富多样的动植物资源和自然生态景观，广西的生物多样性位居全国前列，很多绿色产品的总产量都名列前茅，这些都为绿色第三产业发展打下了良好的生态基础，是广西绿色第三产业发展的巨大比较优势所在。

2. 广西绿色第三产业发展的区位优势明显

传统意义上，第三产业经常与服务业等同，虽然从严格意义上看来，二者之间并非完全一致，在具体内涵与范畴领域有着些许差异，但这也从侧面说明第三产业在整体经济产业结构中的辅助作用与衔接功能。第三产业的发展是整体产业结构发展的重要辅助机制，与此同时，和第一产业及第二产业比较起来，第三产业发展也要求更为广泛的外向性和联动性，而正是在这一领域，广西也有着得天独厚的区位优势。就国内而言，广西地处我国西南区域，担负着衔接西南经济圈和华南经济圈的重要责任，是我国东西经济走廊的重要中间省份，是我国东中西部地区贸易往来的重要区域，是区域物流的重要通道，因此，广西绿色第三产业发展有着十分便利的区位优势和广阔的市场前景。就国际情况而言，广西是"中国—东盟自由贸易区"的重要门户省份，是我国改革开放的前沿阵地，更为重要的是广西不仅滨临北部湾，而且和越南直接接壤，与东盟国家有着陆路、海运、空运等立体型、多元化的国际贸易通道，是我国与东南亚国家进行贸易的重要省份，承接着国内商品向东南亚国家流通的重要职责，有着十分明显的国际贸易区位优势。随着我国与东盟国家贸易一体化的深入发展，国际物流及人员往来的日益频繁，广西进行国际贸易服务的比较优势会越来越明显，广西绿色第三产业发展有着十分广阔的国际市场前景。

三、广西绿色第三产业发展的基本模式

在传统的产业结构划分中，第三产业涉及的范畴十分广泛，包含除第一产业及第二产业之外的所有产业部门，而较之传统的第三产业而言，绿色第三产业的范畴会更为宽泛，因此，从经济学基本的比较优势理论看来，不同地区绿色第三产业的发展也必须有所侧重。就某一省份的绿色第三产业发展而言，省域范围内的绿色第三产业发展必须建立在省域内部的资源结构和产业优势基础之上，从省级宏观层面选择绿色第三产业发展的重点领域和突破口。而广西的资源优势和区位优势充分表明，广西绿色第三产业发展的重点应该首选生态旅游业和国际服务业，这两个领域的发展能够最大化地发挥出广西的自然生态优势和经济区位优势，创造出广西绿色第三产业发展的最大经济价值，不仅使得广西绿色第三产业的产值明显增加，而且能够显著提升广西绿色第三产业发展的整体质量。

（一）广西生态旅游产业发展模式

广西有着优越的气候条件、自然环境和人文风情，广西境内的旅游

资源十分丰富，广西拥有的国家级风景名胜区数量在全国处于领先水平。更为显著的是，广西旅游资源的整体档次较高，国家级景区当中所含的3A级景区和4A级景区的比例大，因此可以说广西不仅是名副其实的旅游资源大省，同时也是一个旅游强省，广西旅游产业的潜力十分巨大，这些都是广西大力发展生态旅游业的先决条件，更是广西促进生态旅游业持续发展的根本优势所在（见表5-18）。

表5-18 广西国家级景区数量及分布

地区	AAAAA 景区	AAAA 景区	AAA 景区	AA 景区
桂林	3	18	15	—
南宁	—	12	13	—
柳州	—	16	15	—
梧州	—	2	4	1
北海	—	4	3	1
防城港	—	4	4	2
钦州	—	3	2	2
玉林	—	3	4	2
贵港	—	2	1	2
贺州	—	3	1	4
百色	—	11	6	—
河池	—	5	10	4
来宾	—	2	3	1
崇左	—	2	3	2

资料来源：广西壮族自治区统计局：《广西统计年鉴》（2014）。

1. 均衡广西生态旅游资源在不同区域之间的合理分配

虽然广西境内的旅游资源十分丰富，但这些旅游资源在广西区域内部的开发和利用程度却存在着明显的地方性差异。以作为旅游资源开发标志之一的星际饭店数量分布为例，广西境内高档次的四星级以上饭店大部分都集中于少数几个城市，尤其是五星级饭店基本都位于南宁、桂林、柳州三座城市。除此之外，南宁、桂林、柳州、北海等城市所拥有的旅行社数量也明显多于其他地区，这些都这充分表明广西境内旅游资源的分配不均衡，优势旅游资源过度集中于少数几个著名的旅游城市和旅游风景区，造成了广西内部旅游资源开发程度的地区性差异十分明显，没有充分发挥出广西整体的旅游资源优势和潜力（见表5－19）。

表5－19　　　　　　　　广西旅游机构的地区分布

地区	旅行社	五星饭店	四星饭店	三星饭店	二星饭店	一星饭店
南宁	95	3	11	30	18	—
柳州	45	2	10	22	11	—
桂林	173	5	14	39	12	1
梧州	27	0	2	15	6	1
北海	49	1	4	18	12	1
防城港	33	0	4	23	0	1
钦州	20	1	2	22	1	1
贵港	20	0	5	10	6	1
玉林	34	0	4	9	10	1
百色	25	0	3	15	7	1
贺州	18	0	2	17	4	1
河池	38	0	6	28	12	1
来宾	17	0	2	11	5	1
崇左	11	0	4	13	14	0

资料来源：广西壮族自治区统计局：《广西统计年鉴》（2014）。

旅游资源分布的明显不均衡，导致广西境内不同地区之间旅游产业的发达程度存在着显著差异，不同地区旅游产业的产值差异巨大。从统计数据来看，南宁、桂林、柳州等广西传统旅游城市的旅游产业发展势头良好，旅游产业的产值明显超过其他地区。这表明广西不同区域之间旅游产业的发展水平存在着显著的地区性差异，很多地区优势旅游资源的市场潜力和价值并未得到有效的开发，就整体而言，广西现阶段生态旅游资源开发的深度和广度还不够，许多新兴旅游资源并未得以充分利用（见表5－20）。

表5－20　　　　　　　　　广西旅游收入地区分布　　　　　　　单位：亿元

地区	2010 年	2011 年	2012 年	2013 年
南宁	238.57	312.40	403.89	478.15
柳州	90.42	119.73	153.67	185.92
桂林	168.30	218.34	276.87	348.48
梧州	51.58	66.62	83.93	103.61
北海	68.64	87.74	112.34	139.94
防城港	29.07	40.48	52.62	64.51
钦州	27.60	40.76	51.86	61.92
贵港	35.34	49.73	67.03	87.52
玉林	50.54	68.08	89.67	117.86
百色	57.37	74.23	96.31	123.30
贺州	37.71	54.73	72.59	101.89
河池	44.10	59.42	90.23	113.40
来宾	16.10	33.19	41.90	50.59
崇左	37.62	52.16	66.81	80.06

资料来源：广西壮族自治区统计局；《广西统计年鉴》（2014）。

生态旅游业和传统旅游产业不同，传统旅游业只是片面追求总体产业价值的最大化，而生态旅游业除了充分挖掘旅游资源的市场价值外，还要讲求旅游资源分配及开发利用的均衡化。就现阶段广西生态旅游资源开发及利用的实际情况而言，广西生态旅游资源开发的核心还主要集中于传统的少数重点旅游区域和城市，广西大多数生态旅游资源并未得到充分的开发及利用，这意味着广西旅游资源在不同地区之间的分配及使用不均衡，严重地妨碍了广西生态旅游产业整体发展质量的提升。绿色生态旅游产业的发展理念要求尽快平衡旅游资源的地区性分配，使得广西大部分地区的优势旅游资源得以尽快地开发利用，缩小旅游产业发展的地区性差异，保证广西不同地区生态旅游产业的均衡发展，从而在整体上保障广西生态旅游产业发展的持续性。

2. 形成广西不同地区之间生态旅游产业模式的合理划分

广西不仅旅游资源的数量丰富，而且旅游资源的种类多元化。广西大部分区域位于亚热带地区，整体上属于亚热带季风性气候，温暖湿润，境内的植被覆盖率高，自然生态保护程度较好，动植物种类多样，生态旅游资源十分丰富。广西有着典型的喀斯特地貌，自然风光奇特，桂北及桂南、桂东地区的地形地貌差异程度很大，不同地域之间的自然风光风格迥异。广西有着漫长的海岸线，近岸岛屿数量众多，近海旅游资源丰富多样。同时广西是我国五个少数民族自治区之一，境内分布着壮、汉、瑶、苗、侗、京、回等数十个民族，有着多样性的民俗风情与传统文化。与此同时，广西陆地及海域均与东盟国家接壤，有着跨境旅游的先天优势与地理便利。此外，广西还是近代中国革命的发源地之一，为新中国的成立做出过巨大的贡献，红色旅游资源十分丰富。

数量众多，形式多样的旅游资源造就了广西开展生态旅游产业的巨大便利；另外，这也意味着广西不同地区生态旅游产业的发展必须突出自身的比较优势，避免不同区域之间生态旅游产业的趋同化发展，提升广西生态旅游产业的规模经济效应，保证广西生态旅游产业的整体效果。具体而言，广西不同地区生态旅游产业的发展必须充分依靠及开发自身的核心资源优势，形成自身生态旅游产业的品牌效应。同时，不同地区之间还要进行相同及类似旅游资源的充分整合，避免恶性竞争，形成具有规模效应的生态旅游产业链（见表 5 - 21）。

表 5 - 21 广西生态旅游产业发展的区域模式

生态旅游类型	主要覆盖区域	核心模式
绿色生态旅游	桂林、河池、来宾	绿色养生及医疗
民俗文化旅游	贺州、梧州、贵港	少数民俗风情
近岸海洋旅游	北海、钦州、防城港	滨海休闲及探险
红色文化旅游	百色、崇左	爱国主义传统
边境跨国旅游	百色、崇左、防城港	边境探秘
特色城市旅游	南宁、柳州、玉林	异域城市风情

3. 充分平衡广西生态旅游产业发展的生态容量和市场容量

生态旅游产业是可持续发展的旅游产业，与传统旅游产业不同，生态旅游产业追求的是旅游产业价值的长期化，而非短期内的效益最大化。因此，生态旅游产业的发展要求在充分挖掘旅游资源经济价值的同时，还要同步顾及旅游资源所在地的生态系统承载极限，绝不能以破坏性开发的方式来获取旅游产业的高速发展，严格禁止对生态旅游资源的过度开发和利用。

广西境内虽然有着十分丰富的生态旅游资源，但广西许多地区属于典型的喀斯特地貌，因此广西大部分区域的生态系统承载力较低，生态系统一旦遭受破坏，修复的期限很长，成本非常高，而且也很难保证达到预期效果。因此，广西要想保证生态旅游产业的长远发展，首先必须考虑的就是地区生态系统的承载容量，在此基础上进行生态旅游资源的合理开发与利用，将生态系统容量作为旅游资源开发的红线，在生态系统容量的限度内追求旅游产业的经济价值最大化。

合理平衡广西生态旅游产业发展的市场容量和生态容量，就必须对广西现行的生态旅游的总体产业模式及结构进行合理分配，具体而言，就是要形成省内旅游市场和省外旅游市场的并行模式与格局，以此来降低广西热点旅游地区的生态压力，同时做到广西全省范围内旅游资源的均衡开发。就省内旅游市场而言，广西生态旅游业的发展应以省内游客为主，充分利用"小长假"等契机，倡导短途旅游和就近旅游，使得广西为数众多的地区性优势旅游资源得以充分的开发及利用；就省外旅游市场而言，广西生态旅游产业的发展要进一步依靠品牌优势资源，利用季节性折扣等多种促销和优惠手段，均衡省外游客资源的阶段性需求，降低广西重点生态旅游资源的环境压力。总之，省内旅游市场和省外旅游市场的相互融合、取长补短，既能创造广西生态旅游资源的巨大经济价值，同时又能显著降低广西生态旅游资源的系统承载压力，较好地兼顾广西生态旅游资源开发的市场容量和生态容量，保障广西生态旅游产业走上可持续发展的道路。

（二）广西国际服务产业发展模式

服务业是传统第三产业的别称，甚至在很大程度上服务业和第三产业这两个概念可以直接互换，通常而言，服务业产值占据传统第三产业总产值的很大一部分，由此可见，服务业的充分发展是确保第三产业蓬勃发展的重要支柱。和传统第三产业类似，绿色第三产业的可持续发展同样需要新型服务产业的大力支持，而就广西服务业发展的现实基础和条件而言，充分利用"中国—东盟自由贸易区"门户省份的区位优势，大力发展外向型的国际服务产业，是广西整体服务业发展的科学选择，也是广西第三产业发展和广西生态省建设的核心途径。

1. 提升广西国际贸易的整体结构质量

就整体而言，东盟国家有着广袤的地理区域，丰富的自然资源，统一的市场运行机制，以及相对庞大的人口数量，因此，东盟是一个贸易需求总量巨大的国际性市场，东盟国家的市场影响力及辐射范围不容小觑。东盟市场对我国区域经济增长有着强大的吸引力和促进作用，尤其是对于地处我国西南部的广西而言，东盟市场是广西自身经济发展过程中不可忽视的重要影响因素。实际上，广西与东盟国家的贸易往来由来已久，随着我国与东盟国家国际关系的深层次耦合，国家对广西寄予了越来越明显的"桥头堡"定位，这给广西的区域经济发展带来了难得的历史性机遇。与此同时，在与东盟国家的国际贸易布局中，国家对广西的政策倾斜也是越来越明显。

随着"中国—东盟自由贸易区"的深入发展，广西作为直接面向东盟的边境省份，有着与东盟国家开展对外贸易与合作的天然便利，同时，广西也承担着我国与东盟国家对外开放及国际贸易的重要职责。从总体上看，广西与东盟国家的贸易合作与交流进行得也比较顺畅，贸易总量也在不断攀升，国际贸易发展的势头良好。但仔细分析不难发现，广西与东盟国家在对外贸易领域也还是存在一些明显的问题，主要表现就是广西与东盟国家的国际贸易主要集中于少数几个国度，尤其是与越南一个国家的贸易量占据了广西与东盟国家整体贸易总量的很大一部分，这说明广西与东盟国家贸易存在着较大的变数，介于我国与东盟国家国际关系的敏感性，国际环境的风云变幻会对广西的对外贸易产生严重的结构性冲击。因此，广西必须尽快拓宽与东盟国家的贸易渠道，除传统的越南、印度尼西亚、新加坡、马来西亚等几个主要贸易国度之外，广西还要充分利用自身的区域便利和产业优势，提升与缅甸、柬埔寨、老挝等东盟后进国家的贸易总量，拓宽广西与东盟国家的贸易渠道，优化广西对外贸易的市场结构，在最大程度上降低广西对外贸易的市场风险（见表 5 - 22）。

表 5 - 22　　　　　　　广西与东盟国家进出口商品总值　　　　单位：万美元

国别	进出口	出口	进口
越南	1269744	1143447	126297
印度尼西亚	102245	18941	83304
新加坡	66033	43175	22858
马来西亚	76517	18802	57715
泰国	49129	20642	28487
菲律宾	19261	7143	12119
缅甸	3665	3616	39
柬埔寨	2955	1361	1595
老挝	1539	865	674
文莱	398	398	—

资料来源：广西壮族自治区统计局：《广西统计年鉴》（2014）。

此外，就广西对东盟国家贸易的结构和质量而言，整体情况也不是十分理想，尚有值得改进之处。据权威部门的相关统计数据显示，近年来，在广西对东盟国家的出口商品中，农产品、原材料及初级工业制成品的比重较大，机电产品及高新技术产品的比重明显偏低，这说明广西与东盟国家的贸易总量虽然较为可观，但贸易的净利润却比较有限，广西与东盟国家贸易的整体质量不高，存在较高的可替代性。因此，为推进广西与东盟国家贸易的进一步发展，增强广西在与东盟国家贸易过程中的话语权，就必须加快广西自身产业结构，尤其是工业结构的淘汰、改造和升级，形成具有明显比较优势的外贸产业及产品，逐步增加广西对东盟国家的高附加值、高科技含量产品出口，提升广西与东盟国家贸易结构的含金量，巩固及加强广西在与东盟国家贸易领域的竞争优势。

2. 充分构建广西国际物流集散中心的区域地位

在我国的边境省份当中，广西有着开展口岸经济的地理优势和交通便利，广西是我国为数不多的沿边及沿海边境省份之一，是我国西南地区对外开放的门户省份，更是"中国—东盟博览会"的永久举办地。广西不仅与作为东盟主要国家的越南有着直接的陆地边境线，而且广西所含的北部湾海域覆盖整个东南亚地区，有着十分明显的国际物流枢纽地位。广西是我国西南地区极为重要的国际商务和物流中心省份，是我国西南地区的国际物流集散地之一，大力发展国际性物流产业是新时期广西第三产业发展的重点领域所在，也是广西绿色第三产业发展的主要动力之一。

为促进广西国际物流产业的顺利开展，广西应充分利用自身的区位优势，以陆路交通和海运交通为媒介，打造以崇左（含凭祥）为中心的国际陆路物流节点城市，形成以崇左（含凭祥）为核心的国际型物流产业园区，简化国际陆路物流的通关手续，提升国际陆路物流的周转效率，真正起到承接我国东部发达地区与东南亚国家陆路贸易交通的"桥头堡"作用。在海运物流领域，广西有着辐射北部湾，面向东南亚的天然地域优势，与此同时，广西有着数个自然条件优良的海运港口，拥有发展国际性海运物流的明显比较优势。因此，广西应当以防城港、钦州等沿海城市为依据，充分发挥海运国际物流的低成本优势，打造面向东南亚的国际海运物流集散地，使得广西成为我国大宗海运商品的主要集散地之一，提升广西物流产业发展的整体水平与质量。

3. 扩宽广西国际服务业的发展渠道

广西不仅有着与越南直接接壤，辐射东南亚的整体区位优势与便利，可以在国际贸易领域与东盟国家互通有无，而且广西与部分东盟国家，尤其是东盟后进国家比较起来，在教育、就业、医疗等领域有着相对领先的优势地位。因此，广西应该面向东盟国家提供文化交流、互换留学、疾病治疗、跨国劳工等深层次、宽领域的国际性服务产业体系，拓宽广西与东盟国家国际型服务业发展的渠道，丰富广西与东盟国家国际型服务业发展的内容及形式，逐步深广西与东盟国家之间经济及产业联系的紧密程度。

此外，作为近代史上较早的开埠通商省份之一，广西也是我国著名的侨乡省份之一，广西的容县、北流、岑溪等地区在东南亚国家分布着为数众多的华侨。鉴于中华文化特有的糅性，境外华侨大多对祖国有着难以割舍的情结，与此同时，他们在中国大陆地区有着企业经营、子女教育、健康理疗、寻根问祖、走亲访友等多类型、深层次的需求，这些需求的有效满足不仅能够拉近与海外华侨的距离，而且还能够产生巨大的经济效益。因此，加强针对海外华侨，尤其是东南亚华侨的服务产业发展，能够明显增加广西境内的资金引入力度，在很大程度上缓解广西经济发展所面临的资金短缺状况。

第六章 广西生态经济省建设的
绿色制度创新

　　生态省建设是我国省域范围内整体发展模式的根本性变革，同时，生态省建设也是一项庞杂的系统工程，生态省建设面临着许多不确定性因素，而且存在着较高程度的风险和障碍。因此，生态省虽然基本等同于生态经济省，新型的绿色产业结构虽然是生态经济省建设的核心领域，但却并非生态省建设的全部内容，生态省建设的顺利开展还必须有赖于健全的绿色制度与之配套。完善而有效的绿色制度不仅是生态省建设不可或缺的重要组成部分，同时也是生态省建设的重要保障机制。绿色制度的健全和改善能够对生态省建设起到积极的促进和保护作用，提升生态省建设的整体发展速度和建设质量，更加有效地维护生态省建设及发展的可持续性，更高程度地体现出生态省建设过程中应当蕴涵的生态文明理念和宗旨。

第一节　广西生态经济省建设的生态文明指导思想

　　如前所述，生态文明是事关人类社会生存及发展的根本理念和基本模式，生态文明理念也是我国未来很长一段时期内的宏观治国理念和整体发展战略。生态文明建设是生态文明发展理念的实现途径，与此同时，生态文明的复杂性和系统性也决定了生态文明建设必须建立在广泛的地域范畴之上，地域空间的广阔性、层次性和多样性是生态文明建设实践的基本前提。而就我国经济及社会各方面发展的实际情况而言，省级行政区域正是我国生态文明建设实践的理想地域及空间平台，我国生态省建设其实就是生态文明在省域范围内的具体表现形式，生态文明理念在我国省级行政区域内的实践实质上也就是生态省建设。因此，作为生态省建设的理念基础，生态文明毫无疑问地应当成为生态省建设过程中必须遵循的根本性指导思想，这既是生态文明理念的必然要求，同时也是生态省建设过程的科学选择。

生态省建设并不局限于促进省域范围内的整体发展水平，而是从根本层面对省级行政区域内的传统发展理念和发展模式进行一场彻底的变革，构建一种全新的省域范围内的可持续发展理念和模式。因此，生态省建设的系统性、复杂性和多样性都是前所未有的，生态省建设也将面临巨大的困难和挑战，付出的成本和代价也十分高昂。同时，生态省建设作为省域范围内发展模式的根本性变革，所涉及的领域纷繁复杂，牵扯的利益主体多种多样，需要调配和利用的资源种类和数量也将是空前的，为此，生态省建设亟须宏观层面的整体把握和调控，而传统的理论基础不足以保证生态省建设的顺利进行，因此，生态省建设需要更高层面的理念指引。生态文明理念的诞生和发展，不仅是生态省建设的最新理论渊源，同时更是生态省建设难得的历史契机，生态文明为生态省建设提供了更为强大的理论支持和保障，这是生态文明作为生态省建设指导思想的必要性所在。

以生态文明基本理念作为我国生态省建设过程中的指导思想，不仅是我国经济及社会发展的必然选择，同时也具备现实层面的可行性。生态文明是一场针对我国社会整体层面发展理念及发展模式的彻底性变革，生态文明涉及我国经济及社会发展的各层次，各领域，生态文明对我国经济社会各方面发展影响的广泛性和深入性都将是前所未有的。以生态文明作为我国生态省建设过程当中的最高指导思想和基本原则，为我国生态省建设创造了难得的历史机遇与便利。长期以来，我国省级行政区域范围内的发展模式均是片面地以经济增长为最高指标，忽视发展过程当中的环境代价和生态成本，这种状况积累了数十年之后，导致我国很多省份的发展先后步入了资源和环境"瓶颈"状态。然而，即便如此，传统省域发展模式依旧存在着巨大的历史惯性，省域范围内传统发展模式的变革面临着诸多的问题和障碍。生态文明理念的适时诞生及发展，从宏观层面对我国省级行政区域内的发展模式给予了全新的理论基奠和思想指引，不仅催生了生态省建设的实践及发展，更为重要的是唤醒了省域范围内的环境和生态意识。迄今为止，生态省建设已成为我国绝大多数省份的共识，我国大多数省份先后提出了建设生态省的发展战略，并且制定了详尽可行的生态省建设规划及发展纲要，从整体上看，我国生态省建设迎来了蓬勃发展的良好局面，已经形成了多种类型的生态省建设模式和经验。与此同时，生态文明的发展理念也为生态省建设创造了前所未有的便利条件，生态文明理念不仅为生态省建设赋予了强大的理论动力，而且在法律、制度和文化层面提供了生态省建设全方位的保障体系，在生态文明的时代潮流号召下，传统省域发展模式中残存的诸多顽疾和弊端将被逐渐解决和改良，生态文明思想的庇佑，将使得生态省建设过程中的困难和障碍明显削弱，生态省建设的速度将明显加快，生态省建设的效果将更加明显。

以生态文明的理念看来，生态省建设的完整含义需要从两个方面来理解：生态省建设既涉及同一省域内部的资源分配与利益共享，同时又要考虑到不同省域之间的生态系统平衡与经济产业布局。由此可见，生态省建设必须同时顾及省域内部及省域外部的双重平衡，这在无形当中增加了生态省建设的难度和复杂性，因此也更加需要运用生态文明的理念加以调节和分配。尤其是对于像广西这样经济实力不强，整体欠发达的省份而言，在生态省建设过程当中时刻注意以生态文明的理念作为思想指引也就显得尤为重要。

从我国现阶段生态省建设的实际情况来看，生态省建设虽然是以省级行政区域为基本划分单位，但这绝不意味着生态省建设就是某一省域内部的事情。相反，即便生态省建设是我国生态文明实践的主要形式，生态省是我国生态文明建设的重要载体，但由于生态文明是事关我国所有地域的宏观发展战略，生态文明有着前所未有的全局性和系统性，因此，局部的生态省建设也只是我国生态文明发展战略的组成部分而已，从生态文明的理念看来，需要从整个国家的宏观层面来综合不同省份之间的生态省建设模式。此外，仅就生态系统自身的开放性、整体性和流动性而言，省域之间也是不可能完全割裂的，不同省份共有的山脉、水系、海域等自然生态系统之间都会产生千丝万缕的联系，因此，对某一省份的生态省建设而言，"就省论省"是一种不负责任的思想和做法。不同省份之间的生态省建设，只能站在生态文明的理念高度，从整个国家的整体层面来考虑相邻及相近省份之间的资源保护力度及开发模式、产业结构衔接及转型模式、人口流动范围及频率等诸多领域的具体事宜，唯有如此，才能从整体上保证我国生态文明建设的实际效果，从而实现生态省建设的最终目的。

就广西而言，广西位于我国西南区域，是我国西南地区重要的战略生态屏障地带，广西区域范围内自然生态系统的完整性和持续性对我国整个西南地区整体生态系统的平衡与稳定有着至关重要的作用。此外，就自然资源属性和产业结构而言，广西与相邻及相近的几个省份之间有着诸多的相似之处，尤其是和广西比较起来，海南、广东两省也都是热带水果、蔬菜和热带旅游资源的大省，相互之间的产业结构有着明显的重合与交叉，省域之间的产业竞争状况比较激烈。因此，为维护我国西南地区的整体生态平衡，避免省域之间的恶性产业竞争，保证不同省份之间生态省建设的整体效果，广西在生态省建设过程中必须从我国生态文明建设的整体大局出发，综合考虑自身省域的资源开发力度及生态保护模式，同时与周边省份形成产业结构调整的联动机制，避免与周边省份在产业结构领域的同质化竞争，形成具有自身特色与比较优势的生态型产业结构，既为广西生态省建设提供强大的经济驱动力，又能保障广西生态省建设的可持续发展。

　　生态省建设不仅需要考虑不同省份之间的生态系统平衡与产业结构衔接，还要顾及自身省域内部的利益分配格局。生态省建设是一场省域范围内的巨大变革，生态省建设的参与主体具备十分明显的多元化现象，生态省建设也将势必影响到多方面的利益主体。生态省建设需要对省域内部不同地区之间，不同部门之间，不同产业之间，以及不同人群之间的传统利益分配格局进行重新构建与组合，因此，生态省建设的困难性和复杂性也是显而易见的。从长远来看，生态省建设虽然可以保障全省范围内的均衡发展，而"经济人"的基本假设告诉我们，局部利益优先是一种普遍存在的自然选择，在生态省建设过程中不可避免地会受到地方主义、部门主义、个人主义的干扰和阻挠，对这些弊端的破除与缓解，仅仅依靠单纯政策法规的宣传与号召是不够的，必须从生态文明的理念当中汲取更为丰富、更为有力的思想指引。因此，仅就省域内部而言，生态省建设也必须以生态文明理念为指导思想，以全省范围内的整体利益为重，合理协调不同地区、不同领域、不同阶层之间的利益分配，以保证生态省建设的整体效果。

　　广西是一个区域发展不均衡性较为显著的省份，受经济基础、自然条件、产业结构以及地区政策的影响，广西不同区域之间发展的层次和质量都存在一定程度的差异。南宁、柳州、桂林等市的整体发展水平一直较高，而其他大部分地区，尤其是广西西南部资源富集地区的百色、河池、崇左等市的发展长期滞后，虽然这些地区的自然资源总量丰富，但地区经济基础较差，加之处于限制开发的生态保护区域，传统工业化的发展模式受到很大程度的限制，因此长期以来这些地区处在一种相对弱势的不利地位，经济发展的后劲不足，与南宁、柳州等发达地区的差距日趋扩大。广西生态省建设要求必须缩小地区发展水平的差异，实现生态省建设均衡发展的宗旨，因此，从生态文明的理念看来，广西部分相对发达、资源消耗量较大的地区对承担生态保护责任的欠发达地区应当进行一定程度的生态价值补偿。此外，广西生态省建设还要求在全省范围内平衡资源的使用及收益，科学划分不同地区之间的产业布局，协调不同利益群体之间的权益分配，以体现生态省建设的公平性与合理性，这些都必须以生态文明理念为指引，以生态文明的思想高度来衡量广西生态省建设的实际效果，打破地方保护主义和局部利益主义的桎梏，以保障广西生态省建设整体利益的最大化和持续化。

第二节　广西生态经济省建设的绿色制度保障模式

生态省建设必须以生态文明理念为思想指引，这是生态省建设实践的科学总结，但生态文明作为一种宏观层面的战略性指导思想，并不能对生态省建设产生直接的作用，生态文明对生态省建设的指导和促进必须依赖于一定的中间机制。具体而言，就是生态文明必须内化为完善的制度体系，生态文明只有借助于绿色制度体系才能充分构建生态省建设的保障机制，形成对生态省建设的促进和维护作用。此外，就生态省建设的内容而言，绿色制度体系本身也是生态省建设不可或缺的重要组成部分，绿色制度体系的完善程度对生态省建设及发展的实际效果有着至关重要的直接影响。因此，从生态省建设的长远效果来看，在生态省建设过程中应当着重构建完善的制度体系与机制。

一、广西生态经济省建设的绿色行政

前文已述，生态省建设是一项极为庞杂的系统工程，生态省建设需要投入大量的资源，耗费的时限很长，而且面临着较大的不确定性。因此，为推进生态省建设的顺利进行，保障生态省建设的长期效果，生态省建设就需要多元化的参与主体，以降低生态省建设过程中的风险，提高生态省建设的整体效果。而就我国生态省建设的实际情况而言，我国的传统文化、社会结构、政治体制等多方面的综合因素决定了政府毫无疑问地应当成为生态省建设的重要主体，政府在生态省建设过程中应

当，而且能够承担起主要责任，政府在生态省建设过程中的参与程度在很大程度上直接决定了生态省建设的实际效果。因此，如何才能充分构建政府对生态省建设的引导理念，管理模式，激励和监督机制是我国生态省建设过程中的首要问题。

实际上，我国现阶段省域范围内的经济发展所存在的诸多不足不仅仅是经济领域的问题，相反，在很大程度上也是由于传统省级行政管理模式的弊端所导致的，传统的行政理念对经济发展的诱导是我国很多省份在自身发展过程中环境问题频发，生态成本高居不下的主要症结所在。因此，为适应生态省建设的时代潮流，就必须对传统的行政模式进行彻底的改革，构建以可持续发展为宗旨，符合生态文明理念的根本内涵，与生态省建设的实质要求相匹配的新型绿色行政理念和管理模式。

所谓绿色行政，是相对于传统行政而言的，行政所涉及的范畴比较广泛，就行政理念及管理体制对经济发展的约束而言，传统行政是单维度的行政，传统行政注重的往往是经济增长速度的提高和经济发展规模的扩大，而并不顾及经济发展过程中的环境污染和生态破坏问题，因此，可以说传统行政是经济发展的附庸，传统行政并没有充分发挥出对经济发展的正确引导作用。我国在改革开放的前几十年内，大部分省级政府的行政理念都是以经济发展为主要任务，这也正是导致我国很多省份的经济发展遭遇环境和生态"瓶颈"的主要原因。

和传统行政不同，绿色行政是新型的行政模式，绿色行政同样重视经济发展，但绿色行政理念下的经济发展并非为所欲为，而是受到诸多的限制和约束，最主要的就是绿色行政要求经济发展过程中的产业结构和区域规模充分考虑资源和环境系统的承载极限，绿色行政首先考虑的是经济发展与环境生态系统的和谐统一，绿色行政需要的是可持续的经济发展，而非短期内的经济增长。因此，和传统行政比较起来，绿色行政可谓是一种资源节约型、环境友好型的行政。就省级政府对生态省建设的参与及管理而言，绿色行政就是要纠正传统行政在理念层面和操作层面存在的诸多误区，重新创建新型的行政管理模式，以保障生态省建设的可持续发展。

广西是一个整体发展较为落后的省份，在省级行政领域，广西依旧残存着较多的传统行政的身影，这是现阶段广西生态省建设所面临的主要障碍之一。因此，为配合生态省建设的时代需求，广西必须从省级行政的角度入手，以构建新型的绿色行政为主要任务，为广西生态省建设提供最大化的便利，最大限度地减少广西生态省建设过程中的阻力和障碍。

绿色行政的涉及面较为宽泛，从生态省建设的实践而言，绿色行政可以从宏观政策层面和微观操作层面两个领域对生态省建设形成正确的引导和监督机制，以规范生态省建设的发展历程，提升生态省建设的整体效果。

（一）绿色产业政策

生态省实质上是生态经济省，新型绿色产业结构的构建是生态省建设的核心内容，而产业结构带有明显的政策领域的色彩，产业结构政策的制定也是政府行政的重要职能之一。因此，从省级政府行政的角度出发，就是要求对省域范围内的传统产业结构进行重新布局与分配。具体而言，就是省级政府必须从自身的区域优势、资源禀赋和生态特性等多方面的综合因素出发，科学制定与自身省域实际情况相符合，能够充分发挥自身省域优势的绿色产业政策，形成有比较优势，可持续发展的绿色产业体系。

就广西现阶段产业结构的实际情况而言，和其他省份比较起来，受资金、技术等多方面因素的制约，广西在传统工业领域的地位并不突出。相反，广西是一个绿色生态资源的大省，广西在绿色第三产业，尤其是生态旅游业的发展潜力十分巨大，有着十分广阔的市场前景。此外，就生态系统的特性而言，从整体上看，虽然广西生态系统的质量较高，但同时也面临着生态系统承载力较弱的不利格局，传统工业产业对广西生态系统的损害是十分显著的，广西并不适合于传统工业产业的大规模发展。因此，就广西省级政府的行政职能而言，在今后的产业政策制定过程中，逐步降低高能耗、高污染的工业产业比重，大力发展低碳环保的绿色第三产业，是建立在广西生态系统实际情况基础之上的科学决策，同时也是广西生态省建设得以有效实施的重要保证。

（二）绿色区域政策

就生态省建设而言，除经济发展的绿色产业政策之外，经济发展的绿色区域布局也是政府行政的重要职能之一，省域范围内区域产业结构的合理布局不仅可以提升产业发展的规模经济效应，大幅度提高资源的整体利用效率，更为重要的是能够避免地区产业结构之间不必要的同质化竞争，从而充分保证生态省建设的整体质量。经济发展的绿色区域政策要求省级政府改变传统单一以行政区划为界限的职能模式，制定新型的区域产业发展政策，从全省范围内生态系统的整体性和经济发展的一体性出发，科学合理的划分不同的区域产业带，既要充分发挥同一地区的资源优势，又要注意不同地区之间产业结构的相互衔接，做到全省范围内经济效益和生态效益的有机统一。

广西是一个自然资源和生态系统多元化现象比较明显的省份，广西北部、东部及西南部等不同区域之间的资源优势、地质结构等诸多方面都存在着明显区别，广西不同区域的产业结构差异显著。这就要求广西在制定区域产业政策的时候，必须充分考虑不同区域的资源状况与生态特性，将广西全省划分为若干个不同的生态产业区域，有针对性的发展不同区域、不同模式的绿色产业集群，既使得不同区域的资源优势得以最大限度地充分利用，又能够最大化地保障不同区域生态系统的完整性。

（三）绿色 GDP 考核制度

省级政府对生态省建设的整体调控，除了在宏观层面的政策性规范，引导及约束生态省建设的发展方向和基本模式之外，还可以在更为细致的微观执行层面有所作为，省级政府可以通过绿色行政直接参与生态省建设的实际进程。省级政府作为生态省建设的主要管理者和参与者，能够对生态省建设进程产生直接而重要的显著影响，其中最为主要的就是省级政府通过制定省域内部新型的 GDP 考核模式及考核指标，来引导地区性生态省建设朝着绿色、可持续的发展模式迈进，具体而言，就是构建全新的绿色 GDP 理念及绿色 GDP 考核模式。

所谓绿色 GDP，从宏观层面上讲，是与生态文明时代需求相符合的 GDP 发展模式，以生态文明的理念来看，生态省建设所需的是新型的绿色 GDP，而非传统的黑色 GDP。传统 GDP 考量的主要是 GDP 的增长速度，至多涉及 GDP 增长过程当中的资源消耗和能源消耗水平，而并没有将 GDP 增长的环境成本和生态代价纳入考核体系，因此，传统 GDP 的考核模式存在严重的结构性缺陷，不能完整反映出 GDP 增长的整体成本。而绿色 GDP 则截然不同，绿色 GDP 不仅注重 GDP 增长的速度，还对经济增长所带来的环境和生态问题给予极大程度的重视，绿色 GDP 要求将 GDP 发展过程中的环境指标和生态指标纳入整体的 GDP 评价和考核体系。因此，和传统 GDP 比较起来，绿色 GDP 体系的科学性和完整性有了极大的提高，绿色 GDP 包涵了经济增长过程中的环境成本和生态代价，能够更为准确全面地反映出 GDP 增长的宏观整体质量。

作为生态省建设的重要主体，为引导生态省建设的可持续发展，省级政府应当构建全新的绿色 GDP 考核模式，而非传统的 GDP 考核理念及指标体系。传统省域范围内的 GDP 考核模式没有正确区分省域范围内不同地区实际情况的差异，也不顾及经济增长所带来的环境代价，仅以经济发展指标作为主要考核内容，对环境污染和生态破坏基本采取的是漠视甚至放纵的态度，因而是一种片面性，简单化的 GDP 考核模式，这种误区和偏见导致了我国很多省域范围内的经济增长均是以环境的巨大牺牲为代价。生态省建设所需的新型绿色 GDP 考核制度，需要省级政府制定全面、系统、科学的考核指标体系，彻底纠正传统 GDP 考核制度片面侧重经济发展速度的狭隘误区，综合考量经济指标、环境指标、社会指标、生态指标等多个维度，全方位、多层次地考核省域范围内经济增长的整体水平和结构性质量。

就整体情况而言，广西是一个生态系统较为脆弱的省份，广西区域范围内的许多地区，尤其是桂西南部地区的生态承载力较弱，经济增长的环境容量较低，一旦传统经济增长模式对生态系统造成破坏，恢复的周期将相当长，成本也将相当高昂。此外，广西不同区域的产业结构存在较大差异，经济发展水平参差不齐，单一维度的传统 GDP 考核制度和指标不仅存在着明显的不公平性，更为严重的是容易诱使广西落后地区转向"唯经济论"的发展误区，从而造成广西生态省建设的严重结构性失衡，彻底偏离广西生态省建设的初衷。因此，广西区政府必须制定新型的绿色 GDP 考核制度，改变传统 GDP 考核以经济总量和增长速度为主要指标的错误趋势，针对广西不同区域的实际情况，以不同地区的资源特性和生态容量为基础，构建不同指标结构与权重，以生态保护和经济发展为共同核心的新型绿色 GDP 考核制度与指标体系。

除以上几个方面之外，为规范广西生态省建设的发展方向和进程，广西区政府还应当构建包括绿色财政、绿色金融、绿色法律等多个领域的省级层面的绿色行政体系，为广西生态省建设提供更为全面、更为深入的保障模式。

（四）案例：广西来宾市施行绿色 GDP 考核[①]

实际上，在生态省建设领域，广西各级政府正在摸索以生态文明理念为宗旨，与生态省建设实际需求相符合的绿色行政模式，并且已经取得了一定的效果，尤其是以广西来宾市绿色 GDP 考核为代表的新型绿色行政制度，对广西全域范围内的生态省建设起到了良好的借鉴和促进作用。

---

① 资料来源：《广西着力建设生态文明示范区》，载于《中国环境报》2011 年 6 月 21 日；《来宾市考核绿色 GDP》，载于《中国环境报》2014 年 12 月 25 日。

　　来宾市位于广西中部地区，境内山地多，平原少，工业不发达，整体产业基础薄弱，经济发展疲软，综合经济实力在广西处于落后水平。按照传统的 GDP 考核模式，来宾市属于典型的欠发达地区，经济发展指标长期滞后。但是，来宾市并非不具备经济增长的潜力，来宾市的自然资源丰富，生态系统保持状况较好，来宾市下属的许多县市有着优越的自然条件，以来宾市金秀瑶族自治县为例，金秀县虽然是著名的贫困县，但却是广西最大的天然水资源和林业资源保护区，森林覆盖率高达87.3%，有着多个国家级自然保护区和国家级森林公园。尽管坐拥多种类型的优势资源，用传统 GDP 来考量，金秀县却是一个典型的贫困县。因此，来宾市政府于 2008 年对金秀县做出差别化考核的科学决策，具体而言，就是以生态环境保护、生态旅游产业和城镇化取代传统的地区生产总值、财政收入和工业化建设三大考核指标，鼓励金秀县以自身资源基础和生态优势为依据，大力发展绿色产业。

　　虽然取消了传统的 GDP 考核，金秀县的经济发展却并没有陷入停滞状态，相反还呈现出蓬勃发展的势头，2010 年金秀县的地区生产总值增长 13.9%，财政收入增长 26.5%，农民人均收入也有了大幅度的增长，全县整体经济情况明显好转。2009 年和 2011 年，来宾市政府将金秀县的成功经验推广到邻近的忻城县和合山市，同样取得了较为明显的效果。

　　2014 年，来宾市在金秀、忻城、合山三个县市的前期实践基础之上开展了更深层次的绿色 GDP 考核模式，正式下发了《2014 年金秀、忻城、合山绩效"差别考核"细则》，将生态保护、绿色产业作为绿色 GDP 考核的重点。此外，在具体执行过程中还要求在不同地区实施多元化和差异化的绿色 GDP 考核制度，针对三个县市的具体情况，分别设定了不同的绿色 GDP 指标权重。具体而言，金秀县绿色 GDP 指标所占比例为 22.5%，忻城县为 20%，合山市为 15%。

　　经过几年的发展，来宾成为广西首个开展绿色 GDP 考核的地级市，而且，来宾绿色 GDP 考核的成功经验已经引起广西区级政府的高度重

视，并且对其进行了系统性的研究和推广，形成广西生态省建设的绿色
行政体系和推进机制。

从广西来宾市绿色 GDP 考核的成功模式和经验来看，就政府行政职
能的改良及发展而言，在生态省建设过程当中，及时建立新型的绿色行
政理念及模式，是生态省建设取得良好效果的重要保证。政府行政虽然
是"看不见的手"，但却对生态省建设有着明显的规范和推动作用，以
绿色 GDP 考核为代表的政府新型绿色行政理念及绿色行政模式，赋予了
生态省建设更多的地区自主权，大规模降低了生态省建设的综合管理成
本，创造出因地制宜，风格多样的生态省建设区域模式，并且引导和规
范地区经济发展朝着生态省建设的整体目标迈进，不仅能够保障生态省
建设的经济发展，而且有效维护了整体生态系统的完整运行，最大限度
地体现了生态省建设的本质内涵。因此，对于广西这样一个欠发达省份
而言，在生态省建设的历程中，政府应当及时改革自身的行政理念及制
度，加快实施绿色行政制度，以绿色制度作为广西生态省建设的有力
推手。

二、广西生态经济省建设的绿色消费

生态省建设是一项庞杂的系统工程，生态省建设不仅需要耗费的时
间很长，而且需要更加多元化的参与主体。此外，生态省建设的影响范
畴十分广泛，几乎涉及省域范围内经济及社会发展的方方面面，生态省
建设不仅影响到产业地区分布、经济模式转型等宏观领域，而且影响到
普通民众的日常生活，生态省建设与普通民众的联系也是十分紧密。因
此，除政府这一主要的生态省建设主体之外，生态省建设还需要社会公
众的大力支持与积极参与，公众作为生态省建设的参与主体，可以对生
态省建设形成全面有效地监督和促进机制，分散生态省建设的成本，更
好地保证生态省建设的整体效果。

就整体层面的意义而言，普通民众作为生态省建设的主体之一，参

与生态省建设最为直接，最为便利，也最为有效的方式便是形成有效的绿色消费理念及模式，构建绿色消费的氛围和制度。从传统政治经济学的角度来看，消费在生产过程中的作用和地位都十分突出，消费不仅是资本循环的重要环节，同时也是社会化大生产的重要组成部分。尤其是人类社会进入工业文明时代以来，消费已经演变成为刺激经济增长和社会进步的重要途径之一。另外，消费也是一把"双刃剑"，传统的消费理念及模式在刺激经济发展的同时，也是人类社会发展过程中环境污染和生态破坏的重要因素，因此，生态文明时代的到来，要求在全社会范围内形成新型的绿色消费理念，构建可持续发展的消费模式。

就生态省建设而言，绿色消费制度的形成可以明显加快生态省建设的进程，提升生态省建设的实际效果。具体来讲，绿色消费对生态省建设的影响体现在直接和间接两个层面。首先，就直接途径而言，通过节约使用、重复利用等方式，绿色消费模式可以大量减少消费环节所产生的资源消耗和污染物排放，从而在很大程度上降低生态环境所面临的压力。其次，从间接途径来看，社会公众绿色消费理念及习性的养成，对生态产业的培育有着巨大的滋养作用，对生态产品的生产及销售有着明显的刺激机制，可以在很大程度上扩大绿色产业的发展规模，降低绿色产品的生产成本，从而使得生态省建设的总体成本大为降低。同时，通过绿色消费模式的形成及发展，以绿色产品和绿色服务为媒介，生态省建设能够给普通民众带来切身利益的实惠，使得生态省建设能够获得最为广泛的社会认同，从而构建生态省建设的强大社会基础。

（一）绿色消费的内涵

严格意义上讲，绿色消费产生的背景较为复杂，除生态文明的时代召唤，以及生态省建设的实质需求之外，消费社会浪潮的过度泛滥也在很大程度上催生了绿色消费理念的产生。消费社会是人类社会工业化发展的一种必然结果，随着工业化程度的日益加深，市场经济的主导性地位越来越突出，市场竞争的程度日趋激烈，传统经济发展模式对消费机制的依赖程度越来越大，加之伴随着公民社会的逐步成熟，传统资产阶级与劳工阶级矛盾的逐步缓和，普通劳动者的收入水平有了显著提高，普通民众的消费需求日趋强烈，消费潜力得以极大释放，消费逐渐演变成为刺激经济增长的重要内生要素。随着这种趋势的愈演愈烈，消费也逐渐蜕变了其本色，消费的主要功能已不再是满足日常生活的基本需要，而是逐渐演变成为一种象征性的符号，至此，消费社会已初具雏形。此后，随着消费社会的进一步演绎，消费行为也逐步地催生了异化现象，出现大量的过度性消费、奢侈型消费、炫耀性消费等诸多不合理的消费行为。这种现象的发展和泛滥不仅会破坏社会的和谐与稳定，激化社会矛盾，而且这种社会性的过度消费倾向使得消费环节所产生的资源消耗量极大，不可避免地会导致资源的无谓消耗，而且会产生大量的废弃物，使环境和生态系统承受极大的负担，这是消费社会形成及发展所带来的最大负面效果之一。

以消费社会为背景的传统消费理念和消费模式，旨在无条件地满足社会公众的消费欲望及需求，仅仅看到国民消费对经济增长的刺激和推动作用，而完全忽视消费行为的负面效应，没有意识到消费也会产生环境成本和生态代价，因此传统消费模式是和传统经济发展模式相对应的一种狭隘的消费理念。绿色消费则正好相反，绿色消费并不是一味地满足社会公众的消费需求，绿色消费有一个最为基本的前提，那就是消费行为对环境所产生的不利后果不能超越环境生态系统的承载极限，消费模式的建立和发展必须考虑生态系统的环境容量，因此，绿色消费是符合绿色经济发展需求的新型消费理念和模式。

相对于传统消费模式而言，绿色消费是可持续性的消费，是以生态文明为最高指导思想的一种消费理念和消费模式，绿色消费的内涵可以从两个层面来进行阐述。就消费理念而言，绿色消费提倡的是合理消费、适度消费、节约消费，绿色消费理念坚决反对各种形式的不合理消费行为，要求消费者约束自身的消费欲望，减少对物质资源的依赖程度，更多地转向心灵需求。此外，绿色消费要求消费者将个人消费行为置于宏观的生态系统当中来进行考量，尽最大可能减少消费行为给环境和生态系统所带来的负担。就具体消费行为而言，绿色消费模式通过多种途径号召和劝导消费者在日常生活当中减少不可再生资源的消费量，提倡低碳消费和循环消费行为，鼓励消费者优先选择购买绿色产品和绿色服务，要求消费者适当地承担自身消费行为的环境成本，以个人的消费行为支持绿色产业的发展和绿色产品的生产。

（二）广西绿色消费模式的构建

对广西这样的欠发达地区而言，在生态省建设的过程当中，及时构建新型的绿色消费模式显得尤为重要。广西是一个经济发展落后的省份，从区域经济发展的一般规律来看，落后地区在经济高速发展的过程当中，往往伴随着地区居民消费能力的迅速提升，尤其是传统工业制成品和奢侈品的销量会急剧上升，消费市场的繁荣不可避免地会给地区环境造成压力。在这一点上，广西所面临的形式更加不容乐观，广西境内的喀斯特地貌现象普遍，生态系统较为脆弱，且广西境内山地多，平原少，人口、资源及环境的紧缺状况比较严重。此外，广西的自然资源存在结构性欠缺，石化能源及部分主要工业原材料的自给率较低，资源的获取成本较高。传统消费模式的过度发展虽然能够在一定程度上刺激广西区域经济的增长，但传统消费所带来的资源消耗和污染物排放却容易超越广西环境生态系统的承载极限和自我修复能力。因此，就消费在地区经济发展中的地位和作用而言，绿色消费是确保广西生态省建设平稳发展的重要途径。

绿色消费模式的建立本身也是一个系统工程，绿色消费也需要多元化的参与主体，一般而言，绿色消费模式的形成需要政府、企业及社会三方面机制的共同努力。就广西绿色消费模式的建立而言，首先，广西各级政府应当承担起绿色消费模式构建的主要责任，在全省范围内综合平衡各方面的资源和力量，塑造有利于绿色消费理念形成及发展的整体氛围。其次，广西境内的企业应积极参与绿色消费市场的建立，将大量合格的绿色产品投入市场，平衡绿色消费市场的供求关系，满足消费者对绿色产品日益增长的需求。再次，就广西区内的普通民众而言，应当改变自身的传统消费选择及消费倾向，在经济能力的承受范围之内优先选择购买绿色产品，以自身的实际行为支撑绿色消费市场的成熟及发展。

绿色消费模式的形成不仅需要多元化的参与主体，而且需要多样化的实现形式，绿色消费模式的构建主要包括市场途径、法律途径和文化途径等几个方面。就广西区域绿色消费体系建设来说，首先，必须充分依赖市场机制的力量，绿色消费模式不能一味依靠财政补贴和政府号召，绿色产品和绿色服务必须有着较强的市场价值和市场竞争能力。为此，必须在广西境内培育有代表性的绿色产业和绿色企业，形成绿色产品的规模经济效应和消费示范效应，降低绿色产品的成本，使得绿色产品拥有更为广阔的市场空间和潜力。其次，绿色消费模式的养成还需要相关法律制度的规范，对广西境内存在的畸形消费行为，应当制定专门的法律加以制止和惩罚，杜绝不合理消费行为的扩散。再次，绿色消费模式的培育还需要文化的软环境，因此，应当运用多种的宣传及教育手段，在广西境内形成浓郁的绿色消费氛围和绿色消费环境。

（三）案例：广西绿色食品消费现状①

广西是一个绿色资源大省，发展绿色农业的生态条件良好，绿色农产品消费市场的培育有着得天独厚的自然条件。然而，在现实层面，广西绿色农产品市场的发展却不尽如人意，就整体发展水平而言，广西绿色食品获证企业数、产品数和年度销售额均低于全国平均水平。从人均绿色食品消费情况来看，广西也处于全国中下游水平，绿色食品年度人均产值仅为 51 元，明显低于 66 元的全国平均水平。此外，广西绿色食品消费额占居民食物消费总额的比例不足 3%，而且其中相当一部分是白砂糖之类的食品添加原料，扣除这部分比例之后，广西居民人均绿色

---

① 资料来源：《广西绿色食品消费整体偏低》，载于《中国食品报》2006 年 2 月 23 日。

食品消费量还将大幅度降低。因此，从总体上看，广西绿色食品消费市场的规模还很小，绿色食品消费市场的发展还远未成熟，普通民众并未从绿色食品产业中获得实惠和福利。

广西绿色食品消费市场的疲软，原因主要在于产业规模化程度偏低，品牌优势不明显。就现阶段的总体发展情况而言，广西绿色食品产业呈现出明显的零星分布状态，还未形成有规模的绿色食品产业集群，也没有形成有特色的地区性绿色食品产业带，导致广西绿色食品产业的整体竞争力低下。同时，广西现阶段绿色食品产业的专业化分工不够细致，绿色食品的差异程度较小，绿色食品同质化竞争现象明显，降低了广西绿色食品产业的整体经济效益。此外，广西绿色食品产业总体上并无具备明显优势的绿色食品品牌，缺乏有代表性的绿色食品龙头企业，市场上可供选择的绿色食品数量稀少，品种单一，在一定程度上制约和限制了普通民众对绿色食品的购买欲望。

广西绿色食品消费市场的现状，从侧面反映出广西现阶段整体层面上绿色消费模式和绿色消费市场的培育尚存在着诸多的问题，有着许多可供改进之处。为加速广西绿色消费模式的形成，需要在以下几个方面重点加强：首先，就行政制度而言，广西各级政府对绿色消费市场的扶持力度还不够，并未从根本上充分构建有利于绿色消费模式形成的宏观环境。因此，在今后的生态省建设过程中，广西区级政府必须从政策、法律、财政、税收等多个角度构建立体型的绿色政策保障体系，为广西区域范围内绿色消费市场的培育和壮大创造尽可能多的优惠条件。其次，针对广西绿色产业整体发展水平不高的现状，必须对广西现有的绿色产业结构进行充分整合与升级，提高广西绿色产业的整体实力和发展潜力，最大化地保障绿色消费市场的供给平衡，使得广西绿色消费模式的形成获得强大的产业支柱。此外，对于广西普通民众而言，应该加深对自身绿色消费意识的培养，更深层面的理解绿色产品的生态价值，养成自身良好的绿色消费习性，从个人购买习惯和家庭消费结构着手，以实际行动支持广西绿色消费产业的成熟及发展。

第三节　广西生态经济省建设的
"省—市—区"模式

　　生态省建设是一项庞杂的系统工程，内容复杂，形式多样，如果进行更进一步地分析，不难发现生态省建设其实同时具备两个方面的典型属性：横向的复杂性和纵向的层次性。所谓横向的复杂性，主要是指生态省建设的涉及面非常广泛，影响的因素非常多，这就要求生态省建设具备多元化的参与主体，动用各方面的力量，综合考虑省域范围内的资源分配和利益共享。所谓纵向的层次性，强调的主要是生态省建设的结构体系，生态省建设是一个整体的宏观系统，然而就同一省域内部的不同区域而言，生态省建设不可能采取固定不变的模式，因此就有必要将生态省建设进行细化和分解。具体而言，就是以地域性的自然条件和生态系统为依据，构建"生态省—生态城市—生态社区"的主要层次结构体系，将生态省建设的整体宏观系统逐步分解为省域内部的若干个区域子系统建设，每个区域子系统内部都有着完善的运行功能，同时，各个区域子系统之间又有着紧密的互动和联系。这样，既能保证生态省建设的宏观性和整体性，又能创造生态省建设的区域模式和多样性。

　　从我国生态省建设的提出及发展历程来看，我国政府在正式开展生态省建设的实践工作之前，已经在全国不同省市的范围内广泛开展了以县、区两级行政区域为主的生态示范区建设，因此，可以说生态县、生态区建设是我国生态省建设的先期实验，我国生态省建设也是生态县、生态区建设发展到一定阶段的必然结果。此外，国家环保总局于2003年5月23日颁布的《生态县、生态市、生态省建设指标（试行）》，以及于2007年12月26日颁布的《生态县、生态市、生态省建设指标（修订稿）》中，均是同时发布了生态省、生态市、生态县的三级建设指标和评价标准。从这些评价指标体系中可以明显地看出，生态市（县）、生态区是我国生态省建设的主要结构体系和层次，就我国生态省建设的实际情况而言，我国宏观层面的生态省建设，应当逐级分解为中观层面的生态市（县）建设，以及微观层面的生态社区建设，这是对我国生态省建设的合理性解构，不仅将明显加快我国生态省建设的进程，而且能够有效提升我国生态省建设的整体效果。

一、广西生态城市建设

就我国生态省建设的实际情况而言，生态省建设的重点应当在城市，生态省建设的核心和重点也就是以省域范围内不同地区的自然资源条件和生态系统特性为依据，构建不同类型的生态型城市。新中国成立之后，历经几十年的计划性行政管理体制和经济发展模式，使得我国省域范围内的优势资源基本集中于城市，尤其是省会城市和大中型城市，城市发展的整体水平远高于农村地区。与此同时，改革开放以来，受工业化进程的辐射和拉动，我国绝大多数省份的城市化进程明显加快，我国各省城市聚集了省域范围内的大部分人口，传统工业产业布局也基本集中于城市，城市第三产业的发展水平也明显高于农村。就省域范围内而言，城市的资源消耗量以及污染物排放量要远高于农村，城市所面临的环境和生态问题较之农村地区也要严重得多。因此，城市毫无疑问应当成为我国生态省建设的重点区域，生态城市建设的成败在很大程度上直接决定了我国生态省建设的实际效果。

（一）生态城市的内涵

生态城市是一个相对较为新颖的称谓，虽然关于生态城市的概念界定，至今尚无统一的说法，但一般认为生态城市的概念起源于 20 世纪 70 年代联合国教科文组织发起的"人与生物圈计划"[①]。生态城市的产

[①] 原丽红、谢志刚：《生态城市建设与市民生活方式的生态化》，载于《华北电力大学学报》（社会科学版）2013 年第 2 期。

生有着清晰的时代背景，第二次世界大战结束之后的二三十年间，西方主要的资本主义国家都经历了前所未有的经济增长和社会繁荣，然而，此时西方国家的环境污染和生态破坏问题也达到了空前的程度。作为经济及文化的中心，西方许多国家的城市生态问题显得尤为突出，城市问题转而演变成为西方社会的热点话题，西方国家开始反思传统的城市生活理念和城市发展模式。此外，随着经济全球化的日益扩展，源于西方国家的城市问题也逐渐困扰着越来越多的发展中国家，"城市病"也成为一种困扰全人类的普遍问题，新型城市发展理念和发展模式的重要性被正式提上人类社会发展的历程，这种时代性的需求直接催生了对生态城市的理论研究和实践探索。

生态城市实质上就是市级行政区域范围内的一种可持续发展的生产模式和生活方式。生态城市是生态省建设的重要组成部分，生态城市很好地结合了生态省建设所蕴涵的绿色经济发展、绿色人居生活的双重发展目标。生态城市同样是以可持续发展思想为根本理念，生态城市是以人与自然相互和谐为基础的一种人类经济发展方式和现代生活模式。生态城市要求彻底打破传统城市的发展理念和发展模式，生态城市建设及其发展首先考虑的不是城市的经济增长、城市规模和人口总量，在生态城市的理念看来，决定城市发展前途及命运的根本问题是城市所依赖的生态系统的平衡性和完整性，城市的产业结构，城市的扩张速度，城市的人口数量绝不能超越生态系统的承载极限，环境和生态系统的承载容量是城市发展的上线。因此，生态城市追求的是城市范围内的生产模式及生产方式的可持续发展，这是生态城市与传统城市最为本质的区别。

生态城市是一套局部性的复合型生态系统，生态城市虽然是生态省的主要构成部分，但生态城市自身也有着完善的系统性。从整体上看，生态城市是典型的"自然—经济—社会"复合系统，生态城市既带有自然的生态属性，同时兼具人类智慧的身影。同时，生态城市系统可以细分为自然生态系统、经济发展系统、社会文化系统等多个子系统，生态城市的各个子系统之间各自承担着不可替代的职能作用，也正是不同子系统之间的相互衔接与互动，才保证了生态城市总体系统的良性运转及发展①。总之，系统性是生态城市的本质属性之一，不同子系统之间的解构与整合也是生态城市建设的重点所在（见表6-1）。

表6-1 生态城市系统构成及其功能

功能	社会子系统	经济子系统	自然子系统	基础设施子系统
生产	各种人文资源如智力、体力、制度、文化	获得物质产品、精神产品、中间产品和废弃物的生产过程	光合作用、化合作用、次级生物生产力、水文循环	主要能源产出（光能、电能、热能等）
消费	共享信息文化，获取情感需求	消费各类型生产资料和生活资料	资源消耗与能量循环、废弃物排放与污染物净化	占有及使用各类型基础设施设备
还原	治安、保险、道德约束	市场调节及均衡	碳氧平衡、大气扩散、土壤吸收、自净功能、转化功能、生态恢复	—

资料来源：汤薇：《生态城市基本问题研究》，《枣庄学院学报》，2013年第2期。

（二）广西生态城市建设模式

广西是一个发展滞后的省份，一直以来，受整体经济实力以及传统区域经济发展不均衡等多种因素的制约，广西区域范围内的城市化比例一直不高，明显低于全国城市化的平均水平，因此，在未来很长一段时期之内，城市化依旧是广西经济及社会发展的主要动力之一。城市化的快速发展既给广西生态省建设创造了难得的机遇，同时也使得广西境内原有的城市生态问题愈加严重，广西特殊的地貌特征和地质结构决定了广西大多数城市的生态系统承载力较低，持续的城市化进程将会给原本就脆弱的广西城市生态系统带来更大的压力。因此，

---

① 高红贵、刘忠超：《创建多元性的绿色经济发展模式及实现形式》，载于《贵州社会科学》2014年第2期。

广西生态省建设应当对生态城市给予更多的政策倾斜和资源分配，以生态城市建设作为突破口，将生态城市建设作为广西生态省建设的核心及重点，合理解决广西生态省建设过程中的资源开发利用和区域产业布局问题。

生态城市追求城市发展系统与自然生态系统的和谐统一，自然生态系统的秉性是生态城市建设及发展的前提条件。因此，生态城市必定带有明显的地域特征，就生态省建设而言，生态城市并无统一的固定模式，省域范围内的生态城市建设模式必定是多种多样的。在这一点上，广西表现得尤为明显，受自然资源、地质结构、经济基础、民俗文化等众多方面因素的影响，广西不同地区的城市规模、城市产业结构、城市发展水平存在着明显的差异，城市发展的侧重点也不尽相同。因此，广西生态城市建设只能以不同地区的实际情况出发，以不同地区的自然资源结构和生态系统特性为依据，形成不同地区生态城市建设的支柱性产业结构，因地制宜地发展不同类型的地区性生态城市建设模式，切记生搬硬套。

生态城市的建设及发展并不仅仅是为了保护自然环境及生态系统，生态城市要求实现经济增长和生态保护的和谐统一。因此，产业结构依旧是生态城市建设的重要内容，只是值得注意的是，生态城市产业结构的选择是以城市生态系统特性和资源环境承载容量为首要条件的，产业结构与生态系统之间的适应性和匹配性是保障生态城市可持续发展的关键所在。因此，生态城市在建设过程当中，应当依据不同地区的实际情况，针对性的发展因地制宜的重点性支柱产业。就广西区域的整体情况而言，广西不同区域的资源特性差异较大，不同城市产业结构的资源基础都不一样，不同城市适合发展的主要支柱产业也都不尽相同。因此，广西不同区域的生态城市建设，应当以本地资源条件为基础，建立适合本地实际情况的生态产业模式，充分形成有竞争性的规模型生态支柱产业，为生态城市建设提供持久的绿色经济动力（见表6－2）。

表6-2 广西生态城市建设模式

生态城市	代表区域	支柱产业	建设模式
工业城市	柳州、玉林	低碳工业、循环工业	工业型生态城市
资源城市	河池、百色、崇左	绿色资源产业	资源型生态城市
旅游城市	桂林、梧州、贺州	生态旅游产业	旅游型生态城市
沿海城市	北海、防城港、钦州	沿岸近海生态产业	沿海型生态城市
功能城市	南宁、来宾、贵港	高新技术产业及服务业	功能型生态城市

从传统城市化的发展规律来看，工业化是城市化的主要诱因，工业化也是城市化的根本动力。广西未来城市化进程的持续增长，从根本上讲也是由于广西整体的工业化水平偏低所导致的。与此同时，传统的工业化模式使得广西城市化进程产生了许多的环境负面效应，因此，广西生态城市建设要想避免传统城市化发展的误区，就必须打破传统工业化模式的魔咒，走新型工业化的道路。新型工业化是广西生态城市建设可持续发展的根本动力，广西新型工业化的发展道路，就是要以广西区域内不同地区的自然资源结构和环境系统容量为依据，建立不同类型、不同规模的绿色工业模式和体系，并且将绿色工业化与生态城市化的进程有机结合，使得广西境内生态城市建设与绿色工业化的发展步伐相互协调，以绿色工业化为根本动力，促进广西生态城市建设的可持续发展。

（三）案例：广西柳州生态城市建设①

柳州是广西最大的工业城市，也是广西工业化程度最高，工业产业最发达的城市。柳州的整体经济实力在广西名列前茅，与此同时，柳州的环境污染程度在广西境内也是首屈一指，柳州的工业结构以制造业和重化工业为主，汽车、钢铁、冶金、石油、化工等传统的高能耗、高污染、高排放产业的大规模发展，导致柳州城市范围内的污染问题十分严

---

① 资料来源：《2020年柳州建成生态市投204亿实施近200个工程》，广西新闻网2010年8月22日。http://lz.gxnews.com.cn/staticpages/20100822/newgx4c709e99-3203033.shtml。

重，城市生态系统遭受了极大的破坏，柳州市民的身体健康和生活质量受到严重威胁。为从根本上扭转这一不利局面，柳州市政府于 2006 年提出建设生态柳州的发展战略，明确提出了"生态立市、工业强市"的发展口号，并且历经数年时间制定了详尽的《柳州生态市建设规划》，严格遵照实施，经过几年的发展之后，已经取得了明显的效果，柳州生态城市建设已初现端倪。

柳州生态城市建设制定了完善的目标体系和评价标准，将经济增长效益、资源消耗数量、生态改善水平、社会进步程度等多方面因素统统纳入评价指标体系。按照《柳州生态市建设规划》的发展目标，到 2020 年，柳州市环保投资占地方 GDP 的比重要超过 3.5%，单位 GDP 能耗降至 0.9 吨标准煤，工业固体废弃物处置率达到 90%，工业用水重复率达到 80%，森林覆盖率达到 60%，保护区面积达到 18%，饮用水达到国家二类标准，城市污水处理率达到 85%，城市垃圾处理率达到 90%，城市人均绿地面积达到 11 平方米。

从总体上看，柳州市生态城市建设走的是整体生态化的道路模式，柳州生态城市建设将全市范围细分为四大主要城区，六个附属县市，将四县六市纳入柳州生态城市建设的整体范畴，既要求四县六市之间的统筹规划，合理分工，又要求四县六市内部分类实施，依据自身的实际情况制定不同的生态城区建设模式和评价标准。

柳州生态城市建设有着明显的阶段性，柳州生态城市建设时间跨度为 2008～2020 年。其中，2008～2010 年为起步阶段，2011～2015 年为快速发展阶段，2016～2020 年为深化提高阶段，每一阶段都有着各自的主要任务和评价指标。

《柳州生态市建设规划》的最终目标是将柳州市建设成为产业发达、生态良好、人与自然和谐发展的国家级生态示范城市。为此，柳州市政府将投入巨大的资金，预计在柳州市生态城市建设周期内的资金总预算高达 204.8 亿元，涉及生态重点产业、环境污染防治及治理、资源保护利用、防灾减灾等八大类重点领域，200 多个构成项目。

从柳州生态城市建设的实践过程中可以明显看出，柳州生态城市建设已经形成了一套成熟的模式和体系，对广西其他地区的生态城市建设具有一定的借鉴价值。首先，柳州生态城市建设是由政府组织和牵头，这表明生态城市建设需要动用的资源种类和数量巨大，生态城市建设的参与主体多种多样，生态城市建设讲求的是城市系统整体层面的综合效益，因此政府必须在生态城市建设过程中起到充分的引导和监督作用。其次，柳州生态城市建设制定了详细的评价标准，这表明生态城市建设虽然是一种新型的城市发展模式，但为了规范生态城市的发展方向，合理推进生态城市建设的进程，必须制定一套系统全面、切实可行的生态城市建设评价指标体系，这是保证生态城市建设质量的重要环节。再次，柳州生态城市建设将城市产业发展与城市生态保护并重，柳州依据自身的资源状况和传统产业优势，在生态城市建设过程中重点发展生态型绿色工业产业，加大对传统工业的绿色改造力度，大力发展低碳工业和循环工业，保障柳州工业的可持续发展。这说明生态城市建设并不提倡经济的低水平发展，绿色经济是确保生态城市发展的核心动力，绿色产业结构是生态城市建设的落脚点。

此外，现阶段柳州生态城市建设模式也还存在一定的不足和值得改进之处，主要体现在以下几个方面。首先，柳州生态城市建设的时间跨度为 13 年，十来年的时间就达到生态城市建设的指标而言基本足够，但生态城市建设是一项长期的实践过程，生态城市建设指标的完成并不代表生态城市建设过程的结束。生态城市建设是一种城市发展理念和模式的变革，而绝非城市发展速度的竞赛，过度看重生态城市建设的数值和指标，对生态城市建设限定硬性的时间框架都是不太符合生态文明理念的，实质上还是传统城市发展模式的变迁，这一点尤其应当引起广西其他地区生态城市建设的注意。其次，柳州在广西境内属于整体较发达的市级行政区域，柳州的经济实力明显强于广西其他地市，因此，柳州生态城市建设指标应当具有较高的含金量，然而，从《柳州生态市建设规划》中可以看出，柳州生态城市建设的部分核心指标，尤其是环境和生态指标在广西区域范围内并不靠前。例如，和《生态广西建设规划纲要》比较起来，《柳州生态市建设规划》中的保护区面积、单位 GDP 能耗、环保产业比重、城市污水处理率、城市生活垃圾无害化处理率等重要指标都不如前者。这表明柳州市生态城市建设评价指标有着明显的选择性和避重就轻，现阶段柳州生态城市建设的整体质量和水平并不太高，柳州市生态城市建设还有着明显的提升空间，这些都是广西其他地区在进行生态城市建设时应当注意避免的。

二、广西生态社区建设

从生态省所涉及的基本范畴以及生态省建设的主要内容来看，生态省建设同时具备宏观性和微观性的双重属性。从宏观层面来看，生态省建设是一项宏大的系统工程，生态省建设事关省域范围内经济及社会发展战略的根本性转型，因此，生态省建设必须高屋建瓴，统筹规划。从微观领域而言，生态省建设要求必须能够给普通民众带来具体的实惠，以使得生态省建设获得广泛的社会支持，否则，生态省建设也就失去了现实层面的实际意义。因此，就生态省建设的内容而言，除了宏观层面的绿色产业结构的升级与改造，绿色制度及文化的制定及推行之外，还需要有对普通民众产生直接影响的具体措施和手段，也就是说，生态省建设必须能够将生态省的发展理念贯穿到社会公众的日常生活当中去，而就这一点而言，生态社区建设毫无疑问有着无可比拟的巨大优势与便利。生态社区是生态省建设理念在现实领域的细化和体现，生态社区系统实质上是生态省建设的微观子系统，生态社区系统通过自身的良性运行，以日常的衣食住行为媒介，潜移默化地对民众的生活方式和消费模式产生潜在的重大影响，能够使得普通民众从切身利益当中领悟生态省建设的内涵，从而使得生态省建设获得最为广泛的民意基础，并且确保生态省建设得到最为强大的社会性保障。

此外，就生态省建设的逻辑层次和结构体系而言，如果说生态城市是生态省建设在中间层面的分解与承接，那么生态社区就是生态省建设的微观落脚点，通过"省—市—社区"的三级结构层次，生态省才能够实现宏观理论层面与微观实践领域的有效统一，生态省建设也才能得以实现最终的现实意义。因此，可以说生态社区建设是生态省建设的基石，生态社区建设同时也是生态省建设实际效果的重要保障途径。

（一）生态社区的内涵

"社区"是人类社会在微观层面的一种组织结构和生活方式，社区有着悠久的历史，传统意义上，社区是人类生活的共同体，在社区范围内，社区成员之间有着较为密切的关系以及较为频繁的联系。因此，社区内部有着一定的正式以及非正式的组织结构和行为规范，社区对所属居民的日常生活及行为方式有着重要而直接的影响。

社区并不是近代社会的专门产物，远在农业社会甚至更早之前，人类社会就已经历经了很长时期的社区发展阶段，但现代意义上的社区还是城市化进程的主要产物之一。因此，作为城市功能的重要组成部分，社区也沿袭了城市化发展所带来的诸多弊端，传统社区在人口密度、能源结构及能源消耗总量、垃圾处理方式、交通状况等多个方面存在明显的弊端，究其根本原因，是因为传统社区注重的仅是社区系统自身的运行状况，考虑的主要是社区人口容量的最大化和社区经济价值的最大化，而基本忽视社区生态系统的环境容量，没有考虑社区系统与周边生态系统的协调一致。因此，经过长时期的扩张之后，传统社区的整体运行质量和效率急剧下降，尤其是社区居民身心健康状况受到日益严重的威胁，传统社区被新型生态社区取代也是一种必然的趋势。

生态社区是相对于传统社区而言的，生态社区并无统一的称谓，生态社区同时也有着绿色社区、健康社区等其他类似的叫法。和传统社区比较起来，生态社区在本质上是一种新型的人类社会聚居形态，生态社区追求的是可持续发展的生产方式、居住模式和生活方式，生态社区是可持续发展理念与公众日常生活相结合的最佳模式与途径，生态社区通过日常生活当中的衣、食、住、行等细微之处，向普通民众传达着生态文明的理念和要求。就其内涵而言，生态社区也是综合了自然、经济、社会等各方面因素的复合型生态系统，生态社区遵循的是自然生态系统和人类社会系统的和谐统一。生态社区的日常运行以可持续发展为宗旨，以新能源、新材料、低碳技术、循环技术等为具体手段，实现社区整体层面的低能耗、低消耗、低排放、低污染，保障社区运行的可持续发展。此外，就自身内部构成要素而言，生态社区建设同样有着多个不同领域的参与主体，生态社区的运行同样需要不同类型的组织机构密切配合，生态社区的建设和运营必须构建一整套完善的制度体系（见图6-1）。

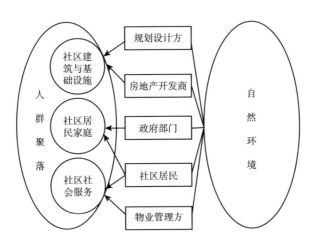

图6-1　生态社区组成要素及其关系

资料来源：周传斌、戴欣、王如松：《城市生态社区的评价指标体系及建设策略》，载于《现代城市研究》2010年第12期。

（二）广西生态社区建设模式

就城市化的整体发展水平而言，广西还处于较低的水平，广西城市化的进程还将持续很长一段时期，为提高城市化的整体水平和发展质量，需要对广西区域内的传统社区进行大规模的现代化改造，同时新建大批新型的绿色环保型社区。因此，作为广西生态省建设的微观基础，广西生态社区建设有着至关重要的基础性作用。此外，为提高广西生态社区建设的质量，需要对以下几个方面给予重点关注和投入。

广西生态社区建设，需要政府层面的政策倾斜与扶持。和传统社区不同，生态社区并不一味追求社区规模的扩大，但生态社区的开放程度比传统社区要高得多，因此生态社区建设需要动用更多的社会资源，同时需要更多参与主体。生态社区的建设和运行涉及土地划拨及扭转，建筑规划及设计，能源供给，垃圾处理，交通、文化、娱乐设施配套等多个领域，生态社区的建设主体复杂多样，生态社区关系到不同部门的资源整合及利益分配。因此，生态社区虽然是微观层面的生态省建设实践，但却需要宏观层面的资源调配，这就决定了广西各级政府在生态社区建设过程中承担起主要责任，协调广西生态社区建设过程中的矛盾及冲突，提升广西生态社区建设的实际效果。

广西生态社区建设需要大量新型绿色技术的运用。绿色技术是生态社区建设及发展的助推器，绿色技术也是生态社区的重要标志之一。生态社区之所以能够做到社区自身运行和生态环境系统的协调一致，其中一个很重要的原因就是绿色技术和生态技术的大规模应用，尤其是新能源、新材料技术，以及绿色环保的生态型垃圾处理技术。广西生态社区建设，应当在房屋设计、能源供给、装饰照明、废物利用等多个领域大力采用新型的绿色生态技术，降低社区整体运行的资源损耗和能源消耗，减轻社区运行给环境和生态系统所造成的压力，确保广西生态社区的可持续性运转和发展。

广西生态社区建设应当同时兼顾不同类型的社区模式。一般而言，生态社区建设包括传统社区改造和新型生态社区建设两种途径，就广西而言，对传统社区进行生态化改造更加符合广西区域的实际情况，传统社区改造可以降低广西生态社区建设的总体成本，加快广西生态社区建设步伐，使得更多广西民众从生态社区建设及发展中获利，拓宽广西生态社区的辐射范围。因此，广西在注重新型生态社区建设的同时，应当将更多的资源运用于传统社区的生态化改造过程之中。

广西在加强城市生态社区发展的同时，也不能忽视农村生态社区建设。广西是一个城乡差别较大的省域，传统农村社区的建设水平明显落后于城市社区，而生态省建设讲求的是城乡之间的均衡发展，生态省建设要求尽最大可能缩短城乡之间的发展差距。因此，探寻适合广西农村社区建设的科学模式，提升广西农村社区的建设水平，缩短广西城市社区和农村社区之间的发展差异，是广西生态社区建设的核心任务之一，同时也是广西生态省建设的本质要求。

广西生态社区建设必须充分依靠社区组织和社区文化的力量。生态社区建设虽然需要政府的宏观管理，但生态社区模式的多种多样和生态社区实际情况的差异性决定了政府不宜直接干预生态社区的建设及管理过程，政府对生态社区的引导和规范需要借助于一定的社区组织，在我国，这种社区型的组织形式往往就是社区居委会。居委会是我国社会日常运行和管理过程当中的一种基层社会组织，居委会以一种非官方的组织身份承担了许多的官方职能，居委会在我国社区管理和居民社会生活当中起着巨大的作用①。因此，广西生态社区建设必须充分依赖和发挥以居委会为主的社区组织的日常管理、监督机制及作用，形成生态社区运行的有效模式。此外，作为生态文明和生态省建设的微观表现形式，除了正式的规章制度、组织结构等外在约束机制之外，生态社区的良性运行还需要软环境的内在促进作用，具体而言，就是要在生态社区内部形成浓郁的生态型社区文化。由于社区氛围的紧凑性，社区成员相互之间熟悉程度较高，日常联系的频率也比较大，社区成员之间就会形成一种潜在的行为模式和规范，这就是社区文化。所谓社区文化，就是社区成员在社区所在地的日常生活当中所形成的共有价值观和思维方式②。社区文化对社区成员的日常生活方式有着潜移默化的重大影响，因此，

---

① 高红贵、刘忠超：《创建多元性的绿色经济发展模式和实现形式》，载于《贵州社会科学》2014 年第 2 期。

② 刘庆龙、冯杰：《论社区文化及其在社区建设中的作用》，载于《清华大学学报》（哲学社会科学版）2002 年第 5 期。

广西生态社区建设还必须在社区范围内构建良好的生态文化环境，形成绿色消费和绿色生活的社区绿色文化氛围，促进社区内部成员之间的相互约束，充实和完善广西生态社区的内涵，提升广西生态社区建设的内在品质。

广西生态社区建设要充分调动社区家庭的积极性和参与度。家庭是生态社区的基本构成单元，社区家庭及内部成员的日常消费行为和生活方式对生态社区建设有着最为直接的影响①。生态社区能否有效运行和管理，在很大程度上取决于社区家庭的支持力度，社区家庭成员通过平常的衣、食、住、行，在最为细致的微观层面实践着生态省建设的要求，将生态省建设理念充分融入自身的日常生活，为生态省建设提供了最为可靠的保证。因此，广西生态社区建设必须发展大批的生态型家庭，改变家庭成员的传统消费习惯和生活方式，鼓励和号召家庭成员减少对传统能源及资源的消耗量，提倡低碳出行、低碳生活和环保消费，从细微之处着手，从身边小事做起，以实际行动支持广西生态社区建设。

（三）案例：广西上林县高秋生态社区建设②

广西城镇化的整体水平较低，农村人口在社会总人口中的比重较大，因此，广西农村社区的建设及发展也就显得尤为重要。事实上，广西在农村社区建设领域已经进行了一些探索和尝试，以上林县大丰镇高秋社区为代表的广西农村新型生态社区建设也已取得有一定示范效应的成果。

上林县隶属广西壮族自治区首府南宁市管辖，境内山地多，平原少，工业基础薄弱，农业发展水平较低，农业人口比重大，"三农"问题比较严重。受经济基础条件，社会管理模式以及传统文化的影响，上

---

① 程云蕾：《论生态社区与家庭建设的基本规范》，载于《经济研究导刊》2011 年第 27 期。
② 资料来源：《高秋社区：生态农村家园的典范》，载于《广西日报》2009 年 4 月 1 日。

林县农村社区发展水平长期滞后，农民居住条件差，农村生活垃圾及污水处理率低，"脏、乱、差"的现象较为普遍。为此，上林县政府以大丰镇高秋社区为试点，在本县农村范围内开展了新型农村生态社区建设工作，经过几年的实践及发展，已经取得了显著的成果。

在生态社区建设之初，政府邀请专业设计部门对生态社区建设进行了整体的前期规划，总计投入资金上百万元，实行主干道硬化、绿化、亮化工程，修建绿色环保型的垃圾池和污水处理池，并且在社区居民家庭中推广沼气池，环保型厕所和新型太阳能。

在保护社区生态环境的同时，为提高社区居民的经济收入，高秋社区以地区生态条件为基础，大力发展循环型生态农业，推广"稻＋灯＋蛙""猪＋沼＋稻＋蛙"等生态农业种植及养殖模式，利用猪的排泄物生产沼气，利用沼气产生的废渣、废液种植水稻，以灯捕虫养蛙，用蛙粪肥田，杜绝化肥和农药的使用。生态农业循环模式给高秋社区带来了双向的经济效益和生态效益，社区绿色种植业和生态养蛙业已经形成规模，农民年均纯收入超过 20 万元。

为在社区内部形成浓厚的生态文化范围，高秋社区建设了专门的生态科技及绿色文化活动室，并且将社区生态环境保护写入村民公约，要求村民负责自家范围内的环境卫生，每周定期组织村民集体参加卫生大扫除活动。

经过几年的生态富民工程建设之后，高秋生态社区建设成果显著，高秋社区已经建设成为集休闲、娱乐、观光为一体的生态和谐新农村样板，先后被评为上林县小康生态文明示范村、南宁市新农村建设百村示范村、广西壮族自治区农业厅乡村清洁工程建设示范村。

广西上林县大丰镇高秋社区的农村生态社区建设模式有着积极的借鉴意义及推广价值。高秋生态农业社区的建设充分利用了自身的资源优势和生态条件，因地制宜地发展社区照明和污水处理系统，在生态技术的选择及运用方面遵循的是简单易行、便于推广的基本原则，没有片面追求高新技术的应用，生态社区建设的总体成本并不算太高，而且运行效果良好，具有较高程度的普及性及推广性。此外，高秋生态社区在建设过程中集合了政府部门、社区管理部门、设计规划部门、建筑商以及社区居民等多重参与主体，较好地兼顾及平衡了各方面的利益。在注重保护社区生态环境的同时，高秋社区通过建立可持续发展的生态产业循环体系，因地制宜地发展以绿色种植业、绿色养殖业和生态旅游业为重点的支柱产业，很好地解决了社区居民就业问题，明显增加了社区居民收入，给社区居民带来了极大的经济实惠，使得生态社区建设博得了社区居民的广泛支持。为保持生态社区建设的长期效果，增强生态社区发展的持续性，除了硬件设施的改善之外，高秋生态社区建设还十分重视生态社区软环境的培育，以社区公约和社区集体活动为契机，大力开展社区内部绿色生态文化的宣传及推广，使得高秋社区建设及发展获得了强大的无形保障。

结　　论

本书通过疏理生态省建设的相关理论基础，探寻生态省建设的思想渊源，总结我国生态省建设的发展历程，分析我国现阶段生态省建设的主流模式，得出生态省实质上是生态经济省，生态省建设实质上是构建省域内部绿色经济发展模式的科学结论。在此基础上，以广西生态经济省建设为样本，开创性地提出了以发展绿色经济为核心促进我国生态省建设的新观点，并且更进一步地构建了以绿色产业结构为主，以绿色制度为辅的生态省建设新型模式。

本书的成果在理论层面丰富了我国生态省建设模式研究的范畴和广度，是对我国传统生态省建设模式的理性反思及合理补充。在实践领域，本书的研究成果不仅能够直接促进广西生态经济省建设的进程，提升广西生态经济省建设的整体效果，而且对全国范围内的生态省建设都具有积极的指导意义，能够为我国已开展生态省建设的省份提供更为合理，更为多元化的模式借鉴和参考。

一、研究的主要观点

生态省建设是未来很长一段时期我国省域范围内经济发展及社会转型的必然趋势。改革开放以来，在经历了数十年的经济高速发展之后，我国绝大多数省份的环境污染和生态破坏问题日益严重，传统省域发展模式的弊端逐渐显现。为保障我国经济及社会的可持续发展，必须尽快以省级行政区域为平台，深入开展大规模的生态省建设，同时以生态省建设为契机，提升我国整体的环境质量水平和生态保障能力，实现我国生态文明建设的宏伟目标。

生态省建设必须以生态文明理念为指导思想，生态省建设其实就是生态文明在省域范围内的实现形式。生态省建设作为我国生态文明宏观发展战略的重要组成部分和表现形态，必须在全国范围内通盘考虑，不同地区的生态省建设势必超越省域的行政划分和区域限制，生态省建设要求在不同省域之间进行资源的高度整合与调配，协调不同省域之间的生态效益和经济利益。与此同时，生态省建设是一项庞杂的系统工程，涉及多方面的利益，参与的主体也是多种多样，传统的省域发展理念无法有效平衡生态省建设内部的利益博弈与冲突，生态省建设亟须更高层次的理念引领和思想指导。这些都决定了生态省建设必须以生态文明思想为指导，打破生态省建设过程中局部利益和短期利益的桎梏，保障全国范围内生态省建设的整体效果，构建生态省建设的长效发展机制。

经济发展是生态省建设的核心动力，生态省本质上是生态经济省。生态省建设固然要求实现省域范围内的环境保护和生态安全，但生态省建设绝不意味着省域范围内经济发展的缓慢甚至停滞，保持经济的高速增长依旧是生态省建设的核心发展目标之一，生态省在内涵层面其实就是生态经济省。生态省建设并不是纯粹的理论设想及宣传口号，生态省建设只有通过经济领域的比较优势才能充分彰显出自身的巨大价值和现实说服力，能否有效促进经济的持续性增长是衡量生态省建设实际效果的主要标志之一。生态省建设过程中对生态环境的保护是建立在可持续发展理念基础之上的保护，而不是简单的自然生态主义下的保护。

发展绿色经济是生态省建设的重要途径，实现经济发展模式的绿色转型是生态省建设的关键所在。传统省域发展模式的主要弊端就在于经济发展方式的不合理，在经济增长过程中忽视环境成本和生态代价，致使省域范围内的经济发展终究会遭遇到资源承载极限的"瓶颈"限制。因此，生态省建设的关键就在于经济发展模式的转型和改良，生态省建设要同时实现经济增长和生态保护的双重目标，就必须从根本上改变传统的经济增长方式，构建以绿色经济为核心的新型省域发展模式，以绿色经济作为生态省建设及发展的核心推动力，依靠绿色经济来实现省域范围内的可持续发展。

我国现阶段传统的生态省建设模式存在明显弊端，需要进行及时的改良和创新。就我国生态省建设的现状而言，自从 1999 年海南省率先开展生态省建设的实践以来，迄今为止，我国已有超过半数的省份明确提出生态省建设的战略发展目标，并且大多制定了详细的生态省建设规划纲要。尤其是生态文明理念成为我国政府的治国方略之后，我国各地区生态省建设的进程明显加快，从总体上看，我国生态省建设的实践已经取得了一定的效果。但是，在充分肯定生态省建设成效的同时，也应当清醒地意识到我国目前的生态省建设依旧存在着一些不足之处，最主要的就是现阶段在我国生态省建设过程中占据主导地位的"区域生态模式"，也被称作生态省建设的生态功能区模式。简单而言，就是依据自然资源和生态属性的不同，将省域范围内的生态省建设划分为若干个区域，不同区域之间的资源优势和产业模式都存在一定程度的差异。诚然，区域生态模式是对生态省建设的一种简单分类及分解，方便易行，实施的难度较低，在短期内可以加快生态省建设的进程。但从长远来看，区域生态模式突出的主要是生态省建设的生态属性，而没有充分体现出生态省建设的经济内涵，亦即在生态省建设的区域生态模式当中发展的韵味并不浓厚。同时，过于强调生态功能区域的划分，容易使生态省建设受到地域条块分割和行政管辖混乱的不利影响，降低生态省建设的整体成效。因此，为充分体现生态省建设的经济内涵，保障生态省建设的长期效果，有必要对生态省建设的区域生态模式进行反思和改良，重新构建生态省建设的"经济生态模式"。具体而言，就是以绿色经济发展为核心，以绿色经济作为生态省建设的突破口和侧重点，逾越生态省建设的地区限制，理顺生态省建设过程中的行政管辖，在全省范围内形成规模效益的绿色经济体系，构建省域范围内的绿色发展模式，以此来为生态省建设的可持续发展提供长效的经济动力,从而真正实现省域范围内经济发展和生态保护的有效统一。

绿色产业结构既是绿色经济的核心内容,也是生态省建设的重要驱动机制。经济的可持续发展是生态省建设的长效动力,因此,对生态省建设而言,绿色产业结构体系的构建就是要求在生态省建设的过程中,从省域范围内的资源优势和生态特性出发,在整体层面上综合考虑,因地制宜地发展具有明显竞争优势的绿色农业、绿色工业和绿色第三产业,以新型的绿色产业结构来促进省域范围内经济发展的绿色转型,以完整的绿色产业体系来实现生态省建设的整体利益,打破生态省建设中的行政干扰和地域限制。与此同时,对不同省份的生态省建设而言,绿色产业结构的具体构成和表现形式都是不尽相同的,并无固定的模式可供遵循,只能以省域范围内的实际情况为根本出发点,构建不同类型生态省建设的绿色产业发展模式。

绿色制度是绿色经济的重要组成部分,同时也是生态省建设的重要保障。生态省建设是省域发展模式的根本性变革,生态省建设的实践过程几乎影响到省域范围内的所有领域,生态省建设的涉及面非常广泛,经济发展模式的绿色转型虽然是生态省建设的核心,但却并不能解决生态省建设过程中出现的所有问题,生态省建设的复杂性和系统性也决定了必须要有强大的制度保障。具体而言,生态省建设需要政府层面的绿色行政、绿色财政、绿色税收、绿色金融制度作为生态省建设的宏观制度保障体系。除此之外,生态省建设还需要形成生态消费的基层社会制度,以及"省—市—区"三级层次的结构制度。总之,对生态省建设而言,绿色制度是绿色产业的有益补充,绿色产业和绿色制度二者共同构成了生态省建设的绿色经济生态模式。

二、研究的不足之处

本书写作及修改的完成并不意味着研究过程的结束,本书选题的深入研究将是一个持续性的长期过程。尽管本书的研究已经取得了些许的成果，有着一定程度的创新意义和实践价值，但就整体而言，本书的研究还存在着一些不足之处，应当在后期的研究过程中做进一步的提高和完善。

本书研究的理论基础构建较为扎实和完备，但在实践层面的具体设计还不够细致，书中所提出的对策及建议的微观可行性还有待提高。具体而言，在构建广西生态经济省建设的绿色产业模式时，对广西三大绿色产业，尤其是绿色第三产业的发展模式设计不够具体和完善。在广西生态城市以及生态社区建设模式的构建方面，没有设计有较强现实指导意义的建设标准及评价指标体系。今后将就此领域开展进一步的细致分析及研究，以进一步提高本书的实践价值。

书中所引用的数据资料较为单一，数据主要来源于国家统计局和广西壮族自治区统计局的年度统计公报和统计年鉴，虽然数据的权威性有着较高程度的保证，但部分行业数据的针对性和具体性不是很高。今后将尝试从各行业及相关部门获取更为详尽细致的专业数据资料，充分体现出数据的行业特性和地区特征，对本书形成更为有力的佐证，以进一步增强本书的说服力。

本书的写作虽以广西生态经济省建设为样本，并且通过实际案例来进行细致分析，但受到写作时间和科研经费的限制，没有条件进行实地调研，欠缺第一手资料，无法有效形成完善而系统的样本分析。今后待时机成熟时，将开展一次深入细致的实地考察及调研，形成完备的直接数据，以翔实的案例论证本书的主要观点和结论。

此外，本书在遣词造句和文字表达方面还需要进一步的仔细推敲和提炼，以进一步提高本书逻辑的严谨性和阅读的通畅性。

参 考 文 献

［1］爱德华·巴比埃、罗雪群:《绿色经济的政策挑战与可持续经济的发展》,载于《经济社会体制研究》2013 年第 3 期。

［2］包双叶:《论生态文明建设纳入"五位一体"总体布局的逻辑原点》,载于《广西社会科学》2013 年第 12 期。

［3］卞有生:《生态示范区、生态县、生态市、生态省建设规划编制导则》,载于《环境保护》2003 年第 10 期。

［4］别红暄:《生态文明建设视域下我国政府管理体制创新探析》,载于《中州学刊》2014 年第 12 期。

［5］边燕燕、邓玲:《西南民族地区推进生态文明建设存在的问题与对策——以四川民族地区为例》,载于《贵州民族研究》2014 年第 12 期。

［6］程世丹:《生态社区的理念及其实践》,载于《武汉大学学报》(工学版) 2004 年第 3 期。

［7］陈银娥、高红贵:《绿色经济的制度创新》,中国财政经济出版社 2011 年版。

［8］陈健:《我国绿色产业发展研究》,华中农业大学博士学位论文,2008 年。

［9］陈飞、诸大建:《低碳城市研究的内涵、模型与目标策略研究》,载于《城市规划学刊》2009 年第 4 期。

［10］常虹:《循环经济、绿色经济、生态经济和低碳经济》,载于《科技视界》2013 年第 6 期。

［11］曹东、赵学涛、杨威杉：《中国绿色经济发展和机制政策创新研究》，载于《中国人口·资源与环境》2012 年第 5 期。

［12］曹莉萍、诸大建、易华：《低碳服务业概念、分类及社会经济影响研究》，载于《上海经济研究》2011 年第 8 期。

［13］曹丽新、吴长利、王治江等：《推进辽宁生态省建设对策初探》，载于《环境保护》2007 年第 12 期。

［14］段宁：《清洁生产、生态工业和循环经济》，载于《环境科学研究》2001 年第 6 期。

［15］邓楠：《中国的可持续发展与绿色经济——2011 年中国可持续发展论坛主旨报告》，载于《中国人口·资源与环境》2012 年第 1 期。

［16］董立延：《新世纪日本绿色经济发展战略——日本低碳政策与启示》，载于《自然辩证法研究》2012 年第 11 期。

［17］付永胜、朱杰：《绿色行政体系的建设研究》，载于《环境保护》2004 年第 12 期。

［18］傅泽强、杨明、段宁等：《生态工业技术的概念、特征及比较研究》，载于《环境科学研究》2006 年第 4 期。

［19］方时姣：《最低代价生态内生经济发展》，中国财政经济出版社 2011 年版。

［20］方时姣：《绿色经济视野下的低碳经济发展新论》，载于《中国人口·资源与环境》2010 年第 4 期。

［21］方时姣：《以生态文明为基点转变经济发展方式》，载于《经济学动态》2011 年第 8 期。

［22］方时姣：《绿色经济思想的历史与现实纵深论》，载于《马克思主义研究》2010 年第 6 期。

［23］方时姣：《对我国生态农业研究的若干思考》，载于《农业经济问题》2003 年第 11 期。

［24］冯方祥：《呼伦贝尔绿色产业发展研究》，中国农业科学院博士学位论文，2013 年。

［25］冯永峰：《海南：生态省面临的生态难题》，载于《生态经济》2008 年第 7 期。

［26］冯银、成金华、张欢：《基于资源环境 AD—AS 模型的湖北省生态文明建设研究》，载于《理论月刊》2014 年第 12 期。

［27］高倩、王远、贺晟晨等：《绿色消费研究进展及政策分析》，载于《生态经济》2008 年第 10 期。

［28］高红贵：《中国环境质量管制的制度经济学分析》，中国财政经济出版社 2006 年版。

［29］高红贵：《中国绿色经济发展中的诸方博弈研究》，载于《中国人口·资源与环境》2012 年第 4 期。

［30］高红贵：《关于生态文明建设的几点思考》，载于《中国地质大学学报》（社会科学版）2013 年第 5 期。

［31］高红贵：《低碳经济结构调整运行中的财税驱动效应研究》，载于《财贸经济》2010 年第 12 期。

［32］高红贵：《国外发展循环经济的经验及启示》，载于《统计与决策》2006 年第 17 期。

［33］高红贵、刘忠超：《创建多元性的绿色经济发展模式及实现形式》，载于《贵州社会科学》2014 年第 2 期。

［34］高红贵、刘忠超：《中国绿色经济发展模式构建研究》，载于《科技进步与对策》2013 年第 24 期。

［35］高红贵、汪成：《论建设生态文明的生态经济制度建设》，载于《生态经济》2014 年第 8 期。

［36］高吉喜、陈艳梅、姚野：《生态省：建设和谐社会的一种新尝试》，载于《环境保护》2008 年第 23 期。

［37］洪峰：《加快建设生态省：构建和谐新陕西》，载于《环境保护》2007 年第 5 期。

［38］哈文、汪志国：《生态文明理论与生态安徽实践——对 6 年来安徽生态省建设的思考》，载于《江淮论坛》2009 年第 3 期。

[39] 胡其图:《生态文明建设中的政府治理问题研究》,载于《西南民族大学学报》(人文社会科学版)2015 年第 3 期。

[40] 黄娟、贺青春、高凌云:《绿色消费:我国实现绿色发展的引擎——十六大以来中国共产党关于绿色消费的重要论述》,载于《毛泽东思想研究》2011 年第 4 期。

[41] 黄勤:《我国省级生态文明建设的特点、模式和对策》,载于《贵州社会科学》2012 年第 4 期。

[42] 黄勤、曾元、江琴:《中国推进生态文明建设的研究进展》,载于《中国人口·资源与环境》2015 年第 2 期。

[43] 黄颖:《以生态市建设助推生态省建设》,载于《环境保护》2008 年第 12 期。

[44] 季昆森:《循环经济与生态省建设》,载于《马克思主义与现实》2005 年第 4 期。

[45] 剧宇宏:《中国绿色经济发展的机制与制度研究》,武汉理工大学博士学位论文,2009 年。

[46] 孔德新:《绿色发展与生态文明——绿色视野中的可持续发展》,合肥工业大学出版社 2007 年版。

[47] 孔垂柱:《发展高原特色农业建设绿色经济强省——云南发展农业特色产业的实践与思考》,载于《云南社会科学》2013 年第 1 期。

[48] 凌欣:《生态省建设的理论及实践研究》,中国海洋大学博士学位论文 2008 年版。

[49] 蔺雪春:《生态文明辨析:与工业文明、物质文明、精神文明和政治文明比较》,载于《兰州学刊》2014 年第 10 期。

[50] 卢伟:《发展绿色经济加快转变经济发展方式》,载于《宏观经济管理》2012 年第 2 期。

[51] 蓝虹:《奥巴马政府绿色经济新政及其启示》,载于《中国地质大学学报》(社会科学版)2012 年第 1 期。

[52] 李有润、沈静珠、胡山鹰等:《生态工业及生态工业园区的研

究及进展》，载于《化工学报》2001 年第 3 期。

[53] 李迅、刘琰：《中国低碳生态城市发展的现状、问题与对策》，载于《城市规划学刊》2011 年第 4 期。

[54] 李迅、曹广忠、徐文珍等：《中国低碳生态城市发展战略》，载于《城市发展研究》2010 年第 1 期。

[55] 李海龙、于立：《中国生态城市评价指标体系构建研究》，载于《城市发展研究》2011 年第 7 期。

[56] 李浩、李建东：《生态城市规划实效论——兼议生态城市规划建设的矛盾性与复杂性》，载于《城市发展研究》2012 年第 3 期。

[57] 李国敏、卢珂：《县级政府在绿色经济发展中的管理机制创新研究》，载于《中国人口·资源与环境》2013 年第 4 期。

[58] 李正图：《中国发展绿色经济新探索的总体思路》，载于《中国人口·资源与环境》2013 年第 4 期。

[59] 李慧明、刘倩：《"深绿色消费"——基于循环经济的绿色消费》，载于《生态经济》2008 年第 1 期。

[60] 李文华：《生态文明与绿色经济》，载于《环境保护》2012 年第 11 期。

[61] 李文华、刘某承：《关于中国生态省建设指标体系的几点意见与建议》，载于《资源科学》2007 年第 5 期。

[62] 李文华：《对生态省建设的几点思考》，载于《环境保护》2007 年第 5 期。

[63] 李文华：《可持续发展与生态省建设》，载于《科学对社会的影响》2004 年第 1 期。

[64] 李平星、陈雯、高金龙：《江苏省生态文明建设水平指标体系构建与评估》，载于《生态学杂志》2015 年第 1 期。

[65] 李争、朱青、花明等：《基于 PSR 模型的江西省生态文明建设评价》，载于《贵州农业科学》2014 年第 12 期。

[66] 李忠：《促进我国绿色经济发展的对策建设》，载于《宏观经

济管理》2012 年第 6 期。

[67] 李伟、江秀辉：《循环经济理论与生态城市的建设》，载于《特区经济》2007 年第 2 期。

[68] 李赋屏：《广西矿业循环经济发展模式研究》，中国地质大学博士学位论文 2005 年版。

[69] 李斌：《绿色新政下中国绿色经济发展的相关问题研究》，东北财经大学博士学位论文 2013 年版。

[70] 刘学谦、杨多贵、周志田等：《可持续发展前沿问题研究》，科学出版社 2010 年版。

[71] 刘庆广：《甘肃省循环经济发展模式研究》，兰州大学博士学位论文，2007 年。

[72] 刘思华：《刘思华可持续经济文集》，中国财政经济出版社 2007 年版。

[73] 刘思华：《生态文明与绿色低碳经济发展总论》，中国财政经济出版社 2011 年版。

[74] 刘思华：《科学发展观视域中的绿色发展》，载于《当代经济研究》2011 年第 5 期。

[75] 刘思华：《对建设社会主义生态文明论的若干回忆——兼述我的"马克思主义生态文明观"》，载于《中国地质大学学报》（社会科学版）2008 年第 4 期。

[76] 刘思华：《中国特色社会主义生态文明发展道路初探》，载于《马克思主义研究》2009 年第 3 期。

[77] 刘思华：《发展低碳经济与创新低碳经济理论的几个问题》，载于《当代经济研究》2010 年第 11 期。

[78] 刘思华：《对建设社会主义生态文明论的再回忆——兼论中国特色社会主义道路"五位一体"总体目标》，载于《中国地质大学学报》（社会科学版）2013 年第 5 期。

[79] 刘思华、方时姣：《绿色发展与绿色崛起的两大引擎——论生

态文明创新经济的两个基本形态》，载于《经济纵横》2012 年第 7 期。

　　［80］刘思华：《一部探索地方可持续发展的力作——〈广西经济与社会可持续发展研究简评〉》，载于《学术论坛》1999 年第 5 期。

　　［81］刘思华：《保证生态需要应当放在实现人的全面发展的首位——评柳杨青〈生态需要的经济学研究〉一书》，载于《当代财经》2005 年第 5 期。

　　［82］刘忠超：《消费社会背景下的当代中国环境问题研究》，载于《生态经济》2014 年第 8 期。

　　［83］刘忠超：《生态消费：生态文明建设融入经济建设的新视角》，载于《绿色科技》2014 年第 2 期。

　　［84］刘纯彬、张晨：《资源型城市产业体系绿色重构初探——以绿色工业构建为例》，载于《青海社会科学》2010 年第 1 期。

　　［85］刘伟明：《中国绿色农业的现状及发展对策》，载于《世界农业》2004 年第 8 期。

　　［86］刘建霞：《试论生态工业的发展途径》，载于《经济问题》2008 年第 4 期。

　　［87］刘振清：《新中国成立以来中国共产党生态文明建设思想及其演进概观》，载于《理论导刊》2014 年第 12 期。

　　［88］倪外：《基于低碳经济的区域发展模式研究》，华东师范大学博士学位论文 2011 年版。

　　［89］庞昌伟、龚昌菊：《中西生态伦理思想与中国生态文明建设》，载于《新疆师范大学学报》（哲学社会科学版）2015 年第 2 期。

　　［90］彭斯震、孙新张：《中国发展绿色经济的主要挑战和战略对策研究》，载于《中国人口·资源与环境》2014 年第 3 期。

　　［91］秦丽杰：《吉林省生态工业园区建设模式研究》，东北师范大学博士学位论文 2008 年版。

　　［92］仇保兴：《我国城市发展模式转型趋势——低碳生态城市》，载于《城市发展研究》2009 年第 8 期。

[93] 仇保兴:《生态城市使生活更美好》,载于《城市发展研究》2010 年第 2 期。

[94] 钱玲、龚明波、刘媛:《循环经济、低碳经济和绿色经济及我国的战略选择》,载于《当代经济》2012 年第 2 期。

[95] 任会来、李冰:《农村生活燃料与生态文明型社会主义新农村建设研究》,载于《生态经济》2013 年第 10 期。

[96] 任正晓:《中国西部地区生态循环经济发展研究》,中央民族大学博士学位论文 2008 年版。

[97] 宋言奇:《刍议国内外生态社区研究进展及其特征、意义》,载于《现代城市研究》2010 年第 12 期。

[98] 苏振锋:《低碳经济 生态经济 循环经济和绿色经济的关系探析》,载于《科技创新与生产力》2010 年第 6 期。

[99] 沈清基、安超、刘昌寿:《低碳生态城市的内涵、特征及规划设计的基本原理探讨》,载于《城市规划学刊》2010 年第 5 期。

[100] 史鸿乐、吕桂宾、田劲杰:《绿色行政体系中识别环境因素的意义及标准》,载于《环境科学与技术》2005 年第 4 期。

[101] 孙爱真:《生态文明建设的路径依赖与制度支持》,载于《学术探索》2014 年第 10 期。

[102] 孙春兰:《坚持科学发展观建设生态文明——福建生态省建设的探索与实践》,载于《求是》2012 年第 18 期。

[103] 单菁菁:《中国生态文明建设:进程、问题及对策》,载于《中州学刊》2013 年第 12 期。

[104] 田美荣、高吉喜、张彪等:《生态社区评价指标体系构建研究》,载于《环境科学研究》2007 年第 3 期。

[105] 唐啸:《绿色经济理论最新发展述评》,载于《国外理论动态》2014 年第 1 期。

[106] 吴志刚、缪磊磊:《城市生态社区的构建研究》,载于《华南师范大学学报》(社会科学版) 2005 年第 5 期。

[107] 吴明红：《中国省域生态文明发展态势研究》，北京林业大学博士学位论文，2012 年。

[108] 翁奕城：《国外生态社区的发展趋势及对我国的启示》，载于《建筑学报》2006 年第 4 期。

[109] 武春友、常涛：《生态社区综合评价指标体系的初步探讨》，载于《中国人口·资源与环境》2003 年第 3 期。

[110] 伍国勇、段豫川：《论超循环经济——兼论生态经济、循环经济、低碳经济、绿色经济的异同》，载于《农业现代化研究》2014 年第 1 期。

[111] 王威：《中国省域经济发展方式转变评价研究》，福建师范大学博士学位论文 2013 年版。

[112] 王晓光：《基于循环经济导向的生态工业系统实现路径选择》，载于《生产力研究》2006 年第 5 期。

[113] 王瑞贤、罗宏、彭应登：《国家生态工业示范园区建设的新进展》，载于《环境保护》2003 年第 3 期。

[114] 王灵梅、张金屯：《生态学理论在生态工业发展中的应用》，载于《环境保护》2003 年第 7 期。

[115] 王玲玲、冯皓：《绿色经济内涵微探——兼论民族地区发展绿色经济的意义》，载于《中央民族大学学报》（哲学社会科学版）2014 年第 5 期。

[116] 王增智：《对生态文明研究的三个关键性概念再审视》，载于《湖北社会科学》2015 年第 1 期。

[117] 王越、费艳颖：《生态文明建设公众参与机制研究》，载于《新疆社会科学》2013 年第 5 期。

[118] 王立英：《吉林省环境保护与生态省建设的问题与对策》，载于《经济纵横》2004 年第 4 期。

[119] 王保利、姚延婷：《基于品牌战略的陕西绿色农业产业集群发展研究》，载于《中国软科学》2007 年第 1 期。

[120] 魏晓双：《中国省域生态文明建设评价研究》，北京林业大学博士学位论文 2013 年版。

[121] 魏娜：《"绿色财政"与"绿色经济"——以辽宁省为例》，载于《科技管理研究》2013 年第 7 期。

[122] 宛永红：《农业循环经济及其在安徽生态省建设中的作用》，载于《安徽农业科学》2005 年第 8 期。

[123] 谢鹏飞、周兰兰、刘琰等：《生态城市指标体系构建与生态城市示范评价》，载于《城市发展研究》2010 年第 7 期。

[124] 熊远光、刘琼秀：《边境地区绿色经济发展模式对策研究——以广西省为例》，载于《农业经济》2014 年第 9 期。

[125] 薛维忠：《低碳经济、生态经济、循环经济和绿色经济的关系分析》，载于《科技创新与生产力》2011 年第 2 期。

[126] 徐承红、张佳宝：《四川省生态工业经济发展研究》，载于《生态经济》2008 年第 3 期。

[127] 小约翰·柯布、王伟：《中国的独特机会：直接进入生态文明》，载于《江苏社会科学》2015 年第 1 期。

[128] 袁丽静：《循环经济、绿色经济和生态经济》，载于《环境科学与管理》2008 年第 6 期。

[129] 姚燕：《新世纪以来生态文明建设的回顾与分析》，载于《当代中国史研究》2013 年第 3 期。

[130] 姚介厚：《生态文明理论探析》，载于《中国社会科学院研究生院学报》2013 年第 4 期。

[131] 杨文进：《和谐生态经济发展》，中国财政经济出版社，2011 年。

[132] 杨云彦、陈浩：《人口、资源与环境经济学》，湖北人民出版社 2011 年版。

[133] 杨作精：《"绿色行政"与 ISO14001 环境管理》，载于《环境保护》2001 年第 10 期。

［134］杨芸、祝龙彪：《建设生态社区的若干思考》，载于《重庆环境科学》1999 年第 5 期。

［135］杨志、张洪国：《气候变化与低碳经济、绿色经济、循环经济之辨析》，载于《广东社会科学》2009 年第 6 期。

［136］杨运星：《生态经济、循环经济、绿色经济与低碳经济之辨析》，载于《前沿》2011 年第 4 期。

［137］杨保军、董珂：《生态城市规划的理念与实践——以中新天津生态城总体规划为例》，载于《城市规划》2008 年第 8 期。

［138］杨松茂、张鸿：《建设陕西生态省的循环经济发展研究》，载于《水土保持通讯》2005 年第 3 期。

［139］颜华、曹与昆：《黑龙江省生态省建设的评价》，载于《林业经济问题》2008 年第 2 期。

［140］余春祥：《绿色经济与云南绿色产业战略选择研究》，华中科技大学博士学位论文 2003 年版。

［141］余建辉、刘燕娜、戴永务等：《福建生态省建设对策的思考》，载于《福建论坛》（人文社会科学版）2005 年第 7 期。

［142］严安：《积极推动我国生态工业健康发展》，载于《前沿》2009 年第 1 期。

［143］严立冬：《绿色农业发展与财政支持》，载于《农业经济问题》2003 年第 10 期。

［144］严立冬、崔元锋：《绿色农业概念的经济学审视》，载于《中国地质大学学报》（社会科学版）2009 年第 5 期。

［145］严立冬、张亦工、邓远建：《绿色农业理论体系与组织管理方法初探》，载于《中南财经政法大学学报》2007 年第 6 期。

［146］严立冬、何伟、乔长涛：《绿色农业产业化的政策性金融支持研究》，载于《中南财经政法大学学报》2012 年第 2 期。

［147］严耕、林震、吴明红：《中国省域生态文明建设的进展与评述》，载于《中国行政管理》2013 年第 10 期。

[148] 严耕、杨志华、林震等：《2009 年各省生态文明建设评价快报》，载于《北京林业大学学报》（社会科学版）2010 年第 1 期。

[149] 中国 21 世纪议程管理中心、可持续发展战略研究组：《全球格局变化中的中国绿色经济发展》，社会科学文献出版社 2013 年版。

[150] 郑四华、郭灵：《生态工业的基础理论及问题研究综述》，载于《企业经济》2010 年第 2 期。

[151] 郑四华、龚志文：《江西省生态工业发展对策探讨》，载于《企业经济》2010 年第 3 期。

[152] 郑德风、臧正、孙才志：《绿色经济、绿色发展及绿色转型研究综述》，载于《生态经济》2015 年第 2 期。

[153] 张昌勇：《我国绿色产业创新的理论研究与实证分析》，武汉理工大学博士学位论文 2011 年版。

[154] 张新婷、黄龙跃：《论发展我国绿色服务业的系统对策》，载于《江苏商论》2009 年第 4 期。

[155] 张新婷、许景婷：《政府在发展我国绿色服务业方面的作用及对策》，载于《生产力研究》2010 年第 3 期。

[156] 张玉静、高兴武、陈建成：《社会公众对绿色行政的认知状况调查分析》，载于《中国行政管理》2013 年第 1 期。

[157] 张焕波：《中国省级绿色经济指标体系》，载于《经济参考研究》2013 年第 1 期。

[158] 张旭辉：《生态省建设实践经验谈》，载于《环境保护》2008 年第 23 期。

[159] 张欢、成金华、冯银等：《特大型城市生态文明建设评价指标体系及应用研究——以武汉市为例》，载于《生态学报》2015 年第 2 期。

[160] 张欢、成金华、陈军：《中国省域生态文明建设差异分析》，载于《中国人口·资源与环境》2014 年第 6 期。

[161] 张力军：《大力发展循环经济　扎实推进生态省建设》，载于

《循环经济》2005 年第 10 期。

　　[162] 张墨、高帅、陈静：《基于生态文明观的循环经济发展思路》，载于《生态经济》2014 年第 1 期。

　　[163] 张荣华、郭小靓：《生态文明的社会制度基础探析》，载于《山东社会科学》2014 年第 11 期。

　　[164] 赵清：《生态社区理论研究综述》，载于《生态经济》2013 年第 7 期。

　　[165] 赵大伟：《中国绿色农业发展的动力机制及制度变迁研究》，载于《农业经济问题》2012 年第 11 期。

　　[166] 赵建军：《制度体系建设：生态文明建设的"软实力"》，载于《中国党政干部论坛》2013 年第 12 期。

　　[167] 朱婧、孙新章、刘学敏等：《中国绿色经济战略研究》，载于《中国人口·资源与环境》2012 年第 4 期。

　　[168] 朱晓东、李杨帆、陈姗姗：《江苏生态省建设理论与实践》，载于《环境保护》2006 年第 3 期。

　　[169] 朱孔来：《对生态省概念、内涵、系统结构等理论问题的思考》，载于《科学对社会的影响》2007 年第 2 期。

　　[170] 朱孔来、孙志伟、张首芳等：《生态省建设进程指标体系及其监测评价》，载于《管理世界》2007 年第 2 期。

　　[171] 朱孔来、张首芳：《对生态省建设有关问题的思考》，载于《齐鲁学刊》2006 年第 6 期。

　　[172] 周旗、李城固：《我国绿色农业布局问题研究》，载于《人文地理》2004 年第 1 期。

　　[173] 周传斌、戴欣、王如松等：《生态社区评价指标体系研究进展》，载于《生态学报》2011 年第 16 期。

　　[174] 周传斌、戴欣、王如松：《城市生态社区的评价指标体系及建设策略》，载于《现代城市研究》2010 年第 12 期。

　　[175] 周珂、欧阳杉：《绿色经济在中国的启蒙与复兴》，载于《法

学杂志》2012 年第 3 期。

[176] 周惠军、高迎春:《绿色经济、循环经济、低碳经济的三个概念辨析》,载于《天津经济》2011 年第 11 期。

[177] 周蓉、王成、徐铁等:《绿色经济与低碳转型——市场导向的绿色低碳发展国际研讨会综述》,载于《经济研究》2014 年第 11 期。

[178] 曾贤刚:《"里约 + 20"成果文件中关于绿色经济的解读》,载于《环境保护》2012 年第 14 期。

[179] 诸大建、刘强:《在可持续发展与绿色经济的前沿探索——诸大建教授访谈》,载于《学术月刊》2013 年第 10 期。

[180] 诸大建:《绿色经济新理念及中国开展绿色经济研究的思考》,载于《中国人口·资源与环境》2012 年第 5 期。

[181] 诸大建:《从"里约 + 20"看绿色经济新理念和新趋势》,载于《中国人口·资源与环境》2012 年第 9 期。

[182] 诸大建:《生态经济与循环经济》,载于《复旦学报》(社会科学版) 2005 年第 2 期。

[183] 诸大建、臧漫丹、朱远:《C 模式:中国发展循环经济的战略选择》,载于《中国人口·资源与环境》2005 年第 6 期。

[184] 诸大建:《可持续发展研究的 3 个关键课题与中国转型发展》,载于《中国人口·资源与环境》2011 年第 10 期。

[185] AtKisson. Alan., A Fresh Start for Sustainable Development. *Development*, March 2013.

[186] Antunes, Paula., NGOs and Ecological Economics: Introduction. *Ecological Economics from the Ground Up*, 2013.

[187] Bernstein. Steven., Rio + 20: Sustainable Development in a Time of Multilateral Decline. *Global Environmental Politics*, November 2013.

[188] Brockington. Dan., A Radically Conservative Vision? The Challenge of UNEP's Towards a Green Economy. *Development and Change*, January 2012.

[189] Bretschger. Lucas., Sustainability Economics, Resource Effi-
ciency, and the Green New Deal. *International Economics and Economic Poli-
cy*, August 2010.

[190] Babonea. Alina-Mihaela., Joia. Radu-Marcel., Transition to a
Green Economy—A Challenge and a Solution for the World Economy in Multi-
ple Crisis Context. *Theoretical and Applied Economics*, October 2012.

[191] Bina. Olivia., The Green Economy and Sustainable Develop-
ment: An Uneasy Balance? *Environment and Planning C: Government and
Policy*, December 2013.

[192] Cato. Molly Scott., Green Economics: Putting the Planet and Poli-
tics Back into Economics. *Cambridge Journal of Economics*, September 2012.

[193] Cook. Sarah, Smith. Kiah., Introduction: Green Economy and Sus-
tainable Development: Bringing Back the "Social". *Development*, March 2012.

[194] Carfi. David., Schiliro. Daniele., A Coopetitive Model for the
Green Economy. *Economic Modelling*, July 2012.

[195] Chen. Shiyi, Golley. Jane., "Green" Productivity Growth in
China's Industrial Economy. *Energy Economics*, July 2014.

[196] Chen. Andrew H., Warren. Jennifer., Sustainable Growth for
China: When Capital Markets and Green Infrastructure Combine. *Chinese
Economy*, September-October 2011.

[197] Costanza. Robert., Liu. Shuang., Ecosystem Services and Envi-
ronmental Governance: Comparing China and the U. S.. *Asia and the Pacific
Policy Studies*, January 2014.

[198] Chester, Lynne., Change or Reform Capitalism: Addressing the
Ecological Crisis [Review Article]. *Review of Radical Political Economics*,
Summer 2014.

[199] Faccer. Kristy, Nahman. Anton, Audouin. Michelle., Inter-
preting the Green Economy: Emerging Discourses and Their Considerations for

the Global South. *Development Southern Africa*, September 2014.

［200］Gendron, Corinne., Beyond Environmental and Ecological Economics: Proposal for an Economic Sociology of the Environment. *Ecological Economics*, September 2014.

［201］Jones. Benjamin., Driving a Green Economy through Public Finance and Fiscal Policy Reform. *Journal of International Commerce*, *Economics and Policy*, December 2011.

［202］Kemp-Benedict. Eric., The Inverted Pyramid: A Neo-Ricardian View on the Economy-Environment Relationship. *Ecological Economics*, November 2014.

［203］Linner. Bjorn-Ola., Selin. Henrik., The United Nations Conference on Sustainable Development: Forty Years in the Making. *Environment and Planning C: Government and Policy*, December 2013.

［204］Mouysset. L., Agricultural Public Policy: Green or Sustainable? *Ecological Economics*, June 2014.

［205］Park. Jeongwon., The Evolution of Green Growth Policy: An Unwelcome Intrusion on Global Environmental Governance? *Journal of East Asian Economic Integration*, June 2013.

［206］Shen. Zhen Fen, Redclift. Michael R., Ecotourism: An Alternative Form of Green Industry in China. *International Journal of Green Economics*, 2012.

［207］Trica. Carmen Lenuta, Papuc. Marilena., Green Economic Growth Premise for Sustainable Development. *Theoretical and Applied Economics*, January 2013.

［208］Victor. Peter A, Jackson. Tim., UNEP's Green Economy Scenarios: Commentary. *Ecological Economics*, May 2012.

［209］Wang. Jianming, Yam. Richard C. M., Tang. Esther P. Y., Ecologically Conscious Behaviour of Urban Chinese Consumers: The Implications to Public Policy in China. *Journal of Environmental Planning and Management*, September 2013.

[210] York. U, Surrey. England., UNEP's Green Economy Scenarios: Commentary. *Ecological Economics*, May 2012.

[211] Yang. Chonglin, Poon. Jessie P. H., A Regional Analysis of China's Green GDP. *Eurasian Geography and Economics*, September-October 2009.

[212] Zaharia. Constantin, Tudorescu. Nicolae, Zaharia. Ioana., The Growth of the Green Economy. *Economics, Management, and Financial Markets*, September 2011.

后　记

　　本书是在本人博士论文基础之上修改完善而成，之所以最终决定以专著的形式公开出版，除了导师、同门、家人与朋友的鼓励及支持之外，更为重要的是想以一种相对正规的形式，为自己几年的博士生涯留下些许人生的印记，也算是对自己人生阶段的一场致敬。

　　2012年9月，伴随着小儿诞生不久的无比喜悦与依依不舍，我十分荣幸地步入中南财经政法大学经济学院，开始攻读人口、资源与环境经济学专业博士研究生。这三年来，我经历了最初的迷茫与焦虑，直至逐步的坚定与执著，这的确是一个漫长而痛苦的涅槃过程。幸运的是，我最终明确了适合自己的研究领域和方向，对本专业的热爱程度也日渐加深，可以说，这是我读博三年来最大的收益和成效。三年来的博士学习和生活不仅提升了我的整体科研能力，而且磨炼了我的心智，中南财经政法大学优美的校园风景和浓郁的人文氛围对我产生了潜移默化的熏陶及影响，使我变得日渐成熟与稳重。

　　在这三年的博士生涯当中，首先应当感谢的是我的恩师高红贵教授，作为高老师麾下的第一名博士研究生，起初一度使我诚惶诚恐，但高老师和蔼而亲切的笑容瞬间化解了我的忧虑。身为一名令人尊敬的学者与长辈，高老师在学习及生活的各方面给予了我很多的帮助，尤其是在博士论文写作期间，高老师以其严谨的治学态度，高屋建瓴的理论修为，对我的博士论文提出了诸多宝贵的中肯意见，极大地提升了本人博士论文的结构完整性和内容充实性。此外，为养成我良好的科研习惯，培养我的科研兴趣，提升我的科研能力，高老师对我进行了严格而系统的科研指导及磨炼，不仅带领我多次参加学术会议，而且让我承担国家社科基金的部分基础性研究工作，使我得到了系统而科学的完整科研锻炼，受益匪浅。

本书的顺利完成，还要感谢中南财经政法大学经济学院的陈皓教授、刘思华教授、方时姣教授，以及中南财经政法大学工商管理学院的严立冬教授，尤其是刘思华教授以七十多岁的高龄，对本书进行了悉心指导，极大地提升了整体理论高度。

在写作过程中，还要感谢刘青、徐扬、汪成、陈芳、杜林远、陈峥、方杏村、陈平、江月亭、黄耶等众多师弟师妹的鼎力帮助，以及陈中伟、丁翠翠、袁刚、苏方元、付皓等大批同窗的支持与勉励，使我最终得以熬过写作的黑暗和痛苦，迎来了黎明的胜利与曙光。

感谢中南财经政法大学研究生院和中南财经政法大学经济学院，感谢中国生态经济协会生态经济教育委员会对本书写作给予的大力支持。

这三年的博士学习得以顺利完成，尤其需要感谢的是我的夫人古玉芳，在我读博期间，几乎是你以一人之力承担了抚养小孩的重任，无数个不眠之夜，都是你在独自抚慰着小孩的哭闹，你以自己的心力交瘁换来了小儿的茁壮成长。作为你最应该依靠的人，我读博士的这三年也是你最艰苦难熬的三年，在你压力最大，最需要帮助的时候我却没能陪伴在你的身边，仅就这点而言，我已是一个不称职的丈夫，这份歉意与自责可能这辈子都没有机会偿还。庆幸上天眷顾于我，能与你结为连理是我莫大的荣幸，你也是我一生中最值得珍惜与爱护的人。

感谢我的岳母，是您给予我无私的帮助，使我免去了许多的后顾之忧，尤其是在小孩的教育方面您不遗余力，使得小孩日渐聪慧，活泼可爱。感谢我的母亲以及几位姐姐和姐夫，是你们一直在背后默默地支持着我，给予了我莫大的鼓励和信心。感谢我的儿子刘武侯，你是上天赐予我的精灵，也是我奋斗的动力。你虽少不更事，但却给我带来了许多的欢乐，是我疲惫时候的兴奋剂，这三年当中我陪伴你的时间过于稀少，没能尽到做父亲的责任，请允许我日后给予你加倍的弥补与偿还。

其他所有对本人给予帮助的单位以及个人，在此一并感谢！

受写作时间及本人水平所限，本书不可避免地存在诸多纰漏及不足之处，衷心希望各位有缘结识本书之人不吝赐教，以督促本人继续本书的未尽研究，逐步完善本书的框架结构，提升本书的理论意义及应用价值。

刘忠超

2018 年 8 月于春晖湖